软件体系结构动态演化方法

徐洪珍　著

哈尔滨工程大学出版社
Harbin Engineering University Press

内容简介

本书对软件体系结构动态演化相关的技术进行了研究，其内容包括基于超图文法的软件体系结构动态演化、软件体系结构动态演化的约束和应用条件刻画、软件体系结构动态演化的冲突检测、基于关联矩阵的软件体系结构动态演化、基于偏序矩阵的软件体系结构动态演化、基于狼群算法的软件体系结构动态演化、基于信任的软件体系结构动态演化、软件体系结构演化的状态转移系统构建、软件体系结构动态演化的不变化和活性验证等。

本书可供从事软件动态演化、软件体系结构动态演化研究与设计的学者、技术人员及相关专业的研究生参考使用。

图书在版编目(CIP)数据

软件体系结构动态演化方法 / 徐洪珍著. —哈尔滨：哈尔滨工程大学出版社，2021.3

ISBN 978-7-5661-3000-6

Ⅰ. ①软… Ⅱ. ①徐… Ⅲ. ①软件-系统结构-研究 Ⅳ. ①TP311.5

中国版本图书馆 CIP 数据核字(2021)第 028917 号

选题策划：马佳佳
责任编辑：唐欢欢
封面设计：李海波

出版发行 哈尔滨工程大学出版社
社　　址 哈尔滨市南岗区南通大街 145 号
邮政编码 150001
发行电话 0451-82519328
传　　真 0451-82519699
经　　销 新华书店
印　　刷 北京中石油彩色印刷有限责任公司
开　　本 787 mm×1 092 mm 1/16
印　　张 11.5
字　　数 284 千字
版　　次 2021 年 3 月第 1 版
印　　次 2021 年 3 月第 1 次印刷
定　　价 49.80 元

http://www.hrbeupress.com
E-mail:heupress@hrbeu.edu.cn

前　　言

随着计算机技术和网络技术的不断发展，软件的用户需求、计算环境等不断改变。当面对这些变化的需求和环境时，软件往往需要不断演化才能增强生命力，才能生存。软件动态演化已经成为软件生命周期中的重要组成部分。然而，由于软件的外部环境、开发过程以及软件本身等的复杂程度不断加大，导致了软件动态演化日益复杂，软件动态演化也面临着诸多的问题和挑战。

研究人员尝试从软件需求、体系结构、代码复用等方面揭示软件动态演化的规则或规律，并探索软件动态演化的建模和分析方法。软件体系结构在复杂软件系统设计中的核心地位，使其成为研究软件动态演化的重要组成部分，如何在体系结构层次上刻画和分析演化也成为软件动态演化研究的关键问题。尽管研究者已经从不同的背景和角度对软件体系结构动态演化开展了研究，但还存在诸多问题，例如缺乏演化条件分析、冲突检测、形式化验证等，且演化的效率不高。针对现有研究的不足，本书重点开展了以下方面的研究工作：

1. 提出了一种基于超图文法的软件体系结构动态演化方法。利用超图表示软件体系结构，设计了基于超图和超图态射的软件体系结构的八类通用演化规则，讨论了基于超图文法的软件体系结构动态演化建模过程。

2. 提出了一种基于条件超图文法的软件体系结构动态演化方法。建立了超图约束的定义，运用超图约束表示软件体系结构动态演化的约束，左、右应用条件描述演化规则运用的前断言和后断言，构建条件超图文法刻画软件体系结构的整个动态演化过程。

3. 提出了一种基于临界对的软件体系结构动态演化冲突检查方法。讨论了基于超图文法的软件体系结构动态演化过程中，演化规则运用的冲突定义和冲突特征，建立了软件体系结构动态演化冲突临界对的定义，通过分析临界对的完备性，设计了基于临界对的软件体系结构动态演化冲突的有效检测算法。

4. 提出了一种基于关联矩阵的软件体系结构动态演化方法。建立了软件体系结构动态演化的关联矩阵、关联度矩阵等定义，给出了软件体系结构的关联矩阵、关联度矩阵表示，接着给出了基于关联矩阵的软件体系结构动态演化方法，并讨论了软件体系结构动态演化过程中关联度矩阵的特征，最后从算法实现的角度，讨论了软件体系结构动态演化实现的相关算法。

5. 提出了一种基于偏序矩阵的软件体系结构动态演化方法。介绍了分层软件体系结构动态演化的相关概念，建立了分层软件体系结构的包含关系矩阵、层级关系矩阵等偏序矩阵表示，讨论了描述分层软件体系结构及其动态演化行为的偏序矩阵之间的关系及证明，给出了基于偏序矩阵的软件体系结构动态演化方法，讨论了分层软件体系结构动态演化过程中偏序矩阵的特征，并从算法实现的角度，讨论了分层软件体系结构动态演化实现的相关算法。

6. 提出了一种基于狼群算法的软件体系结构动态演化方法。综合考虑多方面因素，构建了一个八维的云服务 QoS 评价指标体系，给出了各个评价指标的量化表达式，分析了云服务组合动态演化的流程和几种基本结构，给出了每种基本结构中云服务 QoS 属性的计算公式，采用狼群算法实现了云服务组合的动态演化，并针对狼群算法可能陷入局部最优，过早收敛等不足，通过应用信息熵初始化狼群，对游走步长进行自适应修改，引入自适应共享因子和越界处理等，对狼群算法进行改进，采用改进后的狼群算法求解云服务的组合动态演化问题。

7. 提出了一种基于信任的软件体系结构动态演化方法。以面向服务的构件为对象，将构件之间的信任关系分为直接信任和间接信任两种，讨论了基于直接信任和推荐信任的面向服务构件系统动态演化方法。在基于直接信任的构件系统动态演化中，给出了面向服务的构件直接信任模型，建立了构件服务信任、构件信任值、构件可信度等定义，提出一种面向服务的构件可信度计算方法、面向服务的构件可信演化推理相关机制，以及构件可信度动态更新模型，并通过案例进行了演示说明。在基于推荐信任的构件系统动态演化中，给出了面向服务的构件推荐信任模型，建立了直接信任度、推荐信任度、综合信任度等定义，给出了推荐信任度和综合信任度的计算方法，并通过案例进行了演示说明。

8. 提出了一种基于模型检测的软件体系结构动态演化形式化验证方法。为了运用模型检测技术对软件体系结构动态演化进行形式化验证，提出了软件体系结构动态演化条件超图文法到状态转移系统的映射方法，通过该映射方法，构建了软件体系结构动态演化的状态转移系统，并利用线性时态逻辑 LTL 公式和计算树逻辑 CTL 公式，描述了软件体系结构动态演化的不变性和活性，设计相应的验证算法，实现了相关性质的形式化验证。

本书能够出版，首先要感谢我的导师曾国荪教授多年来的教诲和指导，其次也要感谢陈利平、蔡文华、李星星等的支持与帮助。

限于作者的学识和能力，本书难免存在不足之处，恳请读者批评和指正。

著　者
2020 年 8 月

目　　录

第 1 章　绪　　论

1.1　软件演化的定义

随着计算机技术的不断发展以及应用的日益普及,软件已逐渐成为国民经济的一大支柱产业,成为国家综合实力的一种象征。如今,计算机软件已经在社会各个领域中得到了广泛应用,包括政府、企业和个人都在不同程度地使用各种软件。然而,软件的生产率和软件的质量通常达不到人们的预期。究其原因是,变化性是现代软件的本质特征[1],特别是随着计算机技术如 Internet、普适计算、移动计算、云计算等的不断发展,软件变得越来越开放和复杂[2-6]。相应地,软件的使用环境、用户需求等也不断发生变化。当遇到不断变化的环境和需求时,软件系统通常变得力不从心或者难以应对[7]。

正如 Lehman 等[8]所指出的那样,现实世界的软件系统要么变得越来越没有应用价值,要么必须持续变化以适应新的环境和需求。为了提高适应性和增强生命力,软件系统必须能够随时间不断被改变[3-6,9]。为了处理软件变化,早期的研究人员提出了将软件生命周期划分为软件定义、软件开发和软件维护三大阶段[10],其中软件维护阶段专门用来处理软件后期的软件相关变化活动。软件维护定义为软件已经交付使用后,为了改正错误或满足新的需求而修改软件的过程[11],即在传统的软件生命周期模型中,软件系统一旦交付用户使用,就进入了软件维护阶段。然而,以改正错误、改进性能或者适应新环境为目的的软件维护通常是在不改变原有设计方案的前提下,对软件进行一些维护活动,以保持当前软件系统的正常运行[1]。这意味着,软件维护通常是对软件做某些局部的修改,但不会涉及软件较高抽象层次的系统结构,因而无法很好地适应其外部环境不断变化的需求,而且,由软件维护的定义可知,软件维护主要关注的是交付之后的软件修改活动。

然而,变化贯穿于整个软件的生命周期中。并且,当前软件变化的动因很大程度上来自用户对当前软件系统的不满意[8]。为了描述和处理整个软件生命周期中的变化,Lehman 等[12]指出:为了适应不断变化的环境和需求,如支撑技术的改变、硬件环境的改变、用户需求的改变等,软件系统可以采用类似于生物演化的方式进行变化,即进行软件演化。

软件演化(Software Evolution)是指在生命周期中软件不断被改变、调整、加强,以便达到所期望状态的行为和过程[1,3-6,12]。在现代软件系统的生命周期内,软件演化是一项贯穿始终的活动,系统需求的改变、软件体系结构的改变、实现功能的增强、新功能的加入、软件缺陷的修复、运行环境的改变等,无不要求软件系统应该具有较强的演化能力。

从20世纪70年代概念被提出,发展到现在,软件演化已经成为软件工程学科中一个非常活跃和备受关注的研究领域[13]。软件演化的研究涵盖了软件生命周期中各个方面的变化,包括软件开发过程的变化、程序代码的变化、软件维护的变化,等等。软件演化研究领域目前有两大主流观点[14-17],一种是What and Why观点,一种是How观点。What and Why观点是将软件演化作为一门科学学科,主要研究软件演化现象的本质规律,分析和解释软件演化的驱动因素、影响等,该观点主要是对软件演化进行基础理论方面的研究[15-16]。How观点是将软件演化作为一门工程学科,主要研究软件演化中有助于软件开发的相关方面,该观点主要关注软件演化的技术、方法、工具,以及指导、实现并控制软件演化的相关活动[15,17]。

软件演化研究致力于理解什么是决定软件系统演化的主要机制,努力发现软件开发过程、程序代码、软件维护等变化之间的关系,以使软件开发者可以采用更加有效的技术进行软件开发,并指导软件演化,以适应各类变化,减少软件维护的代价。软件演化研究对于延长软件的生命周期、提高软件对环境变化的适应能力、降低软件的开发成本等具有极其重要的意义[18]。但是,软件演化目前还是一个年轻的研究领域,还存在一系列的问题没有得到根本解决[18-19]。如何科学、可靠地进行软件演化是目前软件工程领域中面临的一个主要挑战[13,18]。

1.2 软件演化的分类

按照不同的标准,如演化发生的时间、演化对象的粒度、演化的预设性等,软件演化可以有不同的分类方法[15]。

1.2.1 按软件演化发生的时间分

按照演化发生的时间,软件演化可以分为:软件静态演化和软件动态演化[13,15-17]。

1. 软件静态演化

软件静态演化是指发生在软件停机状态下的演化。这类演化通常发生在源代码级,其优点是不用考虑软件运行状态的变迁。然而停止一个软件则意味着中断它提供的所有服务,这会造成软件的暂时失效。

2. 软件动态演化

软件动态演化是指发生在软件运行期间的演化。这类演化的优点是软件不会暂时失效,具有持续可用的优点。但由于涉及软件运行状态及其状态迁移等问题,软件动态演化比软件静态演化在技术上更难处理。

1.2.2 按软件演化对象的粒度分

按照演化对象的粒度,软件演化可以分为基于过程和函数的软件演化、基于对象的软件演化,基于构件的软件演化和基于体系结构的软件演化[13]。

1. 基于过程和函数的软件演化

基于过程和函数的软件演化是指发生在过程和函数级的软件演化，例如发生在动态链接库 DLL(Dynamic Link Library)级的演化。

2. 基于对象的软件演化

基于对象的软件演化是指发生在类或者对象级的软件演化。这类演化利用对象和类的相关特性，在软件升级时，可以将系统修改局限于某个或某几个类中，以提高软件演化的效率。

3. 基于构件的软件演化

基于构件的软件演化是指在现有构件的基础上，对其进行修改，以满足用户的新需求。从构件组成的角度来看，构件演化主要包括三种类型：

(1)信息演化，是指给构件增加新的内部状态；

(2)行为演化，是指在保持构件对外接口不变的情况下，修改构件的具体功能，重新实现构件的内部逻辑；

(3)接口演化，则是指对构件的接口进行修改，包括增加、减少和替换原构件的接口。

4. 基于体系结构的软件演化

基于体系结构的软件演化是指从软件体系结构出发，来进行整个软件系统的演化，包括删除构件、增加构件和连接件、修改构件和连接件、合并构件和连接件、分解构件和连接件等。

1.2.3 按软件演化的预设性分

按照演化的预设性，软件演化可以分为：预设的软件演化和非预设的软件演化[14]。

预设的软件演化是指软件开发人员在开发过程中预先设置的演化，软件在运行过程中则可以根据预设的条件，当一定的条件满足时，就进行相应的演化。

非预设的软件演化是指不能被软件开发人员在开发过程中所预见的演化。这时，软件根据实际情况，进行一定的自主演化。

1.3 软件动态演化的重要性

支持动态演化的软件能在运行时改变软件系统的实现，包括完善、扩充软件系统功能，改变软件体系结构等，而不需要重新启动或者重新编译软件系统[3-6,20]。对于一般的商业应用软件来说，如果具有动态演化的特性，软件系统不需要重新编译就可更新和扩充功能，将大大提高软件系统的适应性和敏捷性，从而延长软件的生命周期，增强竞争力。而对于一些执行关键任务的软件，尤其是一些基于互联网，应用于金融、交通、国防等领域的分布式软件，通过停止和重启软件系统来实现演化可能导致不可接受的延迟、代价或危险。例如，航空交通控制软件、全球性金融交易软件等必须以 7×24 小时的方式运行，但又经常需要演化以适应外部环境和需求的变化，它们必须在不停机甚至质量不降低的前提下进行扩展和升级。这些扩展和升级迫切需要通过以动态演化的方式来进行。

可见,软件动态演化的能力日益重要。由于具有持续可用等优点,软件动态演化日益得到学术界和工业界的重视,已经逐渐成为软件工程领域研究的热点。

1.4 软件体系结构动态演化的基本概念

1.4.1 软件体系结构的相关概念

软件体系结构是20世纪90年代兴起的一种软件开发技术,描述了软件系统的结构组成,组成元素之间的交互、连接及其遵循的约束或规约等[21]。它从全局的角度描述了系统需求和系统元素之间的对应关系,为软件系统提供了一个结构、行为和属性的高级抽象[22-23]概念。软件体系结构将软件开发的重心从一行行的代码设计,转移到像构件、连接件等之类的系统元素设计,以及这些元素之间的交互设计上,这样既有助于解决不断增加的软件复杂性问题,又有助于构件的重用和软件生产率的提高[22]。在软件开发过程中,软件体系结构不仅是软件需求和实现之间的桥梁,而且是设计级重用的必然产物[23],因此软件体系结构已经成为现代软件开发过程中一个至关重要的组成部分。

软件体系结构试图在软件需求和软件设计之间架起一座桥梁,以解决软件系统的结构和需求向实现平稳过渡的问题。经过多年的研究应用,软件体系结构已经作为一个明确的文档和中间产品存在于现代软件开发过程中,并且已经成为软件开发过程中的核心制品。作为控制软件复杂性、提高软件质量、支持软件开发和复用的重要手段,软件体系结构自提出以来,就受到软件研究者和实践者的密切关注[21],并且已经发展成了软件工程中的一个重要研究领域[23]。

1.软件体系结构的定义

软件体系结构在软件工程领域里有着极为重要的影响。然而,到目前为止,软件体系结构还没有一个统一的、被公认的定义[23-24]。许多研究者已从不同的侧面、角度对软件体系结构进行了定义,其中典型的主要有以下几种[22,25-30]:

(1)Mary Shaw 和 David Garlan 的定义[22]

软件体系结构是软件设计中的一个层次,主要处理关于软件系统总体结构设计和描述方面的一些问题,包括软件系统的组成元素、组成元素之间的交互、组成元素组合的模式和这些模式上的约束[26,30]。

(2)Dewayne Perry 和 Alexander Wolf 的定义[26]

软件体系结构是软件系统的组成元素,即构件的集合,包括处理构件、数据构件和连接构件,其中处理构件是对软件系统中数据进行加工的元素,数据构件是软件系统中被加工的信息元素,连接构件是把软件系统的不同部分组合互连在一起的元素[78-79]。

(3)Philippe Kruchten 的定义[27]

软件体系结构有四个角度,它们分别从不同的侧面对软件系统进行了阐述:概念角度描述了系统的主要构件以及它们之间的关系;模块角度包含功能分解与层次结构;运行角度描述了一个系统运行时的动态组织结构；代码角度描述了各种代码和库函数在软件开发环境中的组织。

(4) David Garlan 和 Dewayne Perry 的定义[28]

软件体系结构包括系统构件的结构、构件的相互关系，以及控制构件设计演化的原则和指导方针三个方面。

(5) Len Bass、Paul Clements 和 Rick Kazman 的定义[29]

软件体系结构包括构件、构件的外部可见属性、构件之间的交互，其中，构件的外部可见属性是指构件的功能、性能、容错能力、可用资源、约束条件、提供的服务等。

(6) IEEE610.12—1990 软件工程标准中的定义[30]

软件体系结构是以构件、构件之间的交互关系、构件与环境之间的交互关系为主要内容的某一软件系统的基本组织结构，以及指导上述方面设计与演化的原理。

尽管以上定义从不同的方面或者角度对软件体系结构进行了描述，侧重点也不尽相同，但它们的核心内容都是软件系统的结构，都涉及构件、构件之间的交互关系、构件和连接件形成的拓扑结构等[22,25]。因此，一个特定系统的软件体系结构主要由以下三个部分组成[31]：

(1) 描述软件系统计算单元的构件集合；

(2) 描述构件之间交互的连接件集合；

(3) 构件和连接件如何组合在一起的软件体系结构配置。

为了能够刻画软件系统演化时应该遵循的一些关键属性和约束[3-4]，并有效地指导软件体系结构演化，本书将约束也作为软件体系结构的一个组成部分，为此给出以下定义。

定义 1.1(软件体系结构) 软件体系结构(Software Architecture, SA)描述了软件系统的结构组成，组成元素之间的交互关系、连接关系及其遵循的约束或规约等。一个软件体系结构可以定义为一个 4 元组 $SA=(C_p, C_n, C_f, C_s)$，其中，

(1) C_p 表示软件系统中构件的集合；

(2) C_n 表示软件系统中连接件的集合；

(3) C_f 表示软件系统中构件和连接件的配置；

(4) C_s 表示软件系统中约束关系的集合。

下一节将分别给出这些软件体系结构组成部分的定义。

2. 软件体系结构的组成

定义 1.2(构件) 构件(Component)是软件系统中的计算或处理单元，是指具有一定功能、可识别的软件元素[22]。一个构件可以定义成一个 4 元组 $C_p=(i_p, A_p, X_p, P_p)$，其中，

(1) i_p 表示构件的标识；

(2) A_p 表示构件的属性集；

(3) X_p 表示构件的动作集；

(4) P_p 表示构件的端口集。

在结构上，构件是语义描述、通信端口和实现代码的统一体。在形态上，构件可以看成是实现了某种计算逻辑的相关对象集合。在软件体系结构中，构件具有不同的粒度，它小到

可以只是一个过程，大到可以是一个应用程序，也可以是进程、函数、对象、类库或数据包等[22]。作为一个封装的实体，构件隐藏了其内部的具体实现，且只能通过它的端口与外部环境进行各种交互，其中构件端口表示构件与外部环境的交互点，通过这些不同的端口，构件可以实现与外部环境的不同交互，例如提供服务、请求服务等[22,25]。

定义 1.3（连接件） 连接件（Connector）是指用于描述构件之间的交互，以及支配这些交互规则的软件元素[25]。一个连接件可以定义成一个 4 元组 $C_n = (i_n, A_n, X_n, R_n)$，其中，

（1）i_n 表示连接件的标识；

（2）A_n 表示连接件的属性集；

（3）X_n 表示连接件的动作集；

（4）R_n 表示连接件的角色集。

连接件描述了整个软件系统中各种构件之间是如何进行交互的。构件之间的交互包括消息的传递、方法的调用、数据的传递和转换、构件之间的同步关系等。

连接件只能通过其角色与外部环境进行交互。连接件的角色由与它所连接的构件之间的一组交互点构成，且每一个角色都定义了该连接件表示的交互的参与者。

定义 1.4（软件体系结构配置） 软件体系结构配置（Configuration）描述了软件系统中各种构件、连接件如何互联在一起的拓扑结构[22]。

软件体系结构配置描述了软件体系结构中构件和连接件的组成，以及它们之间的连接关系等。

定义 1.5（软件体系结构约束） 软件体系结构约束（Constraint）描述了软件系统中构件、连接件以及配置的相关要求[22]。

软件体系结构约束提供了一定的限制条件来确定构件相连是否正确、端口与角色是否匹配、构件与连接件之间的通信是否正确等，并说明实现要求行为的组合语义。

3. 软件体系结构的风格

定义 1.6（软件体系结构风格） 软件体系结构风格（Software Architecture Style，SAS）是描述某一特定应用领域中软件系统体系结构组织方式的惯用模式（Idiomatic Paradigm）[22]。一个软件体系结构风格可以定义成一个 3 元组 $SAS = (C_1, C_2, C_3)$，其中，

（1）C_1 表示软件体系结构中的构件类型集；

（2）C_2 表示软件体系结构中的连接件类型集；

（3）C_3 表示软件体系结构中的约束集。

软件体系结构风格定义了一个软件系统家族[32]。一个遵循特定风格的软件系统体系结构称为该软件体系结构风格的一个实例。

软件体系结构风格指明了哪些构件是软件系统的组成部分，以及构件之间如何进行交互的规则和约束，典型的软件体系结构风格包括客户 - 服务器风格、管道 - 过滤器风格、C2 风格、P2P 风格，等等[22]。软件体系结构风格规定了哪些体系结构演化是允许的，哪些是不允许的，而且在大多数情况下，软件体系结构风格应该在软件体系结构演化过程中被保留。例如，在一个具有客户 - 服务器风格的软件系统中，客户和服务器之间的连接通常是被允许的，但客户和客户之间的连接通常是不被允许的。

1.4.2 软件体系结构动态演化的定义

随着软件技术的不断发展,软件的外部环境、开发过程以及软件本身等的复杂程度也不断加大,导致了软件动态演化日益复杂。软件动态演化也面临着诸多的问题和挑战[3-6,33-34]。因此,必须建立良好的设计步骤,以平衡软件动态演化需求和实现之间的鸿沟。研究人员尝试从软件需求、体系结构、代码复用等不同方面揭示软件动态演化的规则或规律,并探索相应的描述、实现和分析方法[3-6,17,33-34]。

软件体系结构模型试图通过构件、构件之间的交互以及组成模式等描述软件系统的结构[23],以便在更高的抽象层描述和推理系统,而不必考虑具体的实现细节。软件体系结构的变化通常由一系列的活动组成,包括增加、删除和替换软件系统的组成部分,重配置软件系统的拓扑结构等[3-6,35],因此软件体系结构动态演化必须能够描述和反映这些系统的变化。

定义1.7(软件体系结构动态演化) 软件体系结构动态演化是指在软件运行过程中,其系统的组成元素、拓扑结构、交互关系等被改变或调整的过程。这种行为也通常称为软件体系结构动态重配置或重构(Dynamic Reconfiguration)[3-4,35]。

软件体系结构动态演化通常以一定的活动(本书称之为软件体系结构动态演化的操作)来实现,典型的软件体系结构演化操作包括构件和连接件的增加、删除、替换,构件间交互关系的改变,以及拓扑结构的改变等[3-6,36-37]。

作为现代软件系统的核心制品,软件体系结构很自然地成为研究软件动态演化的起点[3-6,31]。另外,在当前开放环境下,软件的复杂性也决定了软件动态演化研究应该首先从宏观层面入手,这样避免过早陷入琐碎的细节中[3-6,38-39]。和其他的演化方法相比,基于体系结构的软件动态演化方法不仅可以从全局角度刻画系统的配置情况,而且有利于对系统级的特征属性进行监控,以及对关键约束是否满足进行检测。作为任何软件系统的基础,软件体系结构为人们宏观把握软件动态演化提供了一条有效途径和依据。如何在体系结构层次上刻画和分析软件动态演化也已经成为研究软件动态演化的关键问题[3-6,23]。

1.4.3 软件体系结构动态演化的要求

1. 软件体系结构动态演化的领域要求

软件体系结构动态演化包括运行期间软件系统的组成元素、拓扑结构和交互关系等的改变,等等。从软件工程领域的角度来看,要全面地支持软件体系结构动态演化,主要需要解决以下问题:

(1)可操作性

必须提供相应的演化操作,以实现软件体系结构的组成元素、拓扑结构和交互关系等的改变。

(2)无冲突性

为了实现某一目标的演化操作,彼此之间不能存在冲突。

(3)正确性

在软件体系结构动态演化过程中，除了应该完成软件系统的结构组成、交互关系等的改变外，还必须满足一定的性质。例如，保持一定的体系结构风格；在演化过程中，必须保证不该发生的行为永远不会发生，如死锁免除；有效合法的请求最终必须得到响应；等等。

2. 软件体系结构动态演化的研究要求

从研究的角度看，要全面地支持软件体系结构动态演化，主要需要解决以下问题：

(1)软件体系结构的描述

软件体系结构动态演化首先必须提供软件系统的组成、交互、配置及其约束的描述方法，包括描述软件体系结构的构件、连接件及其配置，刻画软件体系结构组成元素之间的交互，描述软件体系结构的约束以及相应的体系结构风格等。

(2)软件体系结构动态演化操作的表示与实现

软件体系结构动态演化一般通过一些具体的演化操作来实现，典型的软件体系结构演化操作包括构件和连接件的增加、删除、替换，构件间交互关系的改变，以及拓扑结构的改变等[3-6,37-38]。软件体系结构动态演化必须提供上述演化操作的表示和实现方法。

(3)软件体系结构动态演化的形式化语义

不仅需要提供软件体系结构动态演化的描述方法，而且需要给出描述方法的形式化语义，从而能够支持软件体系结构动态演化的分析和仿真。

(4)软件体系结构动态演化的约束或应用条件刻画

约束是软件体系结构的重要组成部分，约束和应用条件也是保障软件体系结构动态演化正确的重要手段，没有约束和应用条件的软件体系结构动态演化可能导致随意的、不正确的演化[4]。为了保证软件体系结构动态演化的正确性，必须提供软件体系结构动态演化约束或应用条件的刻画方法。

(5)软件体系结构动态演化的冲突检测

在软件体系结构动态演化过程中，可能会发生各种各样的冲突[6]。如何描述和检测这些冲突是保证软件体系结构动态演化正确的必要条件之一。为了避免软件体系结构动态演化之间的冲突，应该提供相应的冲突检测方法。

(6)软件体系结构动态演化的形式化验证

为了保证软件体系结构动态演化的正确性，确认演化的最终目标，应该提供一定的方法对软件体系结构动态演化进行相应的形式化验证。

(7)以体系结构为中心的软件模型

在这类软件模型中，软件体系结构既在整个软件生命周期中起主导作用，也在最终的软件产品中以显式实体的方式存在。

(8)良好的运行平台支持

这样的平台可以提供控制软件体系结构动态演化过程的方式或手段，方便软件体系结构的动态演化过程得到监视和控制，并保障软件体系结构动态演化能够完整地进行。

1.4.4 软件体系结构动态演化的描述方法

软件体系结构动态演化主要涉及运行时软件系统中构件和连接件的增加、删除、替换，以及构件之间的交互关系、拓扑结构的改变等[3-6,40-41]。目前,软件体系结构动态演化的研究工作主要集中在以下两个方面[3-6,42-43]。

1. 软件体系结构动态演化的描述与分析

研究者尝试从不同的角度,通过各种方式,描述或分析软件体系结构的动态演化过程。这方面的研究工作主要又可分为三类。

(1)使用体系结构描述语言 ADL(Architecture Description Language)[43]描述或分析软件体系结构动态演化[44-50];

(2)采用统一建模语言 UML(Unified Modeling Language)及其扩展描述或分析软件体系结构动态演化[51-55];

(3)使用形式化技术对软件体系结构动态演化进行描述或分析,例如采用图文法[3-6,56-61]、逻辑方法[62-64]、代数方法[65-67]等。

2. 支持体系结构动态演化的软件框架或支撑环境研究

研究者设计或开发了一些以体系结构为核心,支持软件体系结构动态演化的模型或原型框架[24,68-72]。

目前,描述软件体系结构动态演化通常有以下三种方法。

(1)ADL

研究者已经提出或利用不同的体系结构描述语言 ADL[43]来描述软件体系结构的动态演化,这些 ADL 提供了相应的记法或符号,可以描述软件体系结构的元素、组成及其动态性。然而,现有的 ADL 也存在诸多不足,如描述构件之间交互的能力不足、缺少软件体系结构的形式化分析技术、难以从全局的角度刻画软件体系结构的动态演化等[38,43,66]。

下面以 ACME 语言[45]为例,讨论软件体系结构动态演化的 ADL 描述。ACME 与大多数 ADL 一样,对软件体系结构实体的描述主要包括:构件、连接件、端口、角色和连接的描述,其中构件中的端口、连接件中的角色都属于接口。ACME 描述软件体系结构及其动态演化的基本框架如下:

```
System {
  component {
    port { …}
  }
  …
  connector {
    role { …}
  }
  …
  Attachments { …}
}
```

ACME 主要通过构件和连接件的实例化,以及 Attachments 语句来实现软件体系结构元素的重配置。

例 1.1 在 ACME 中,为了实现构件 c_1 和连接件 cc_1 的连接,可用以下代码进行描述:

```
component c1 = {
  port requrier1;
}
connector cc1 = {
  role provider1;
}
Attachments = {
  c1 . requrier1 to cc1 . provider1;
}
```

其中 requrier_1 为构件 c_1 的端口,provider_1 为连接件 cc_1 的角色。

(2)UML

利用 UML 或其扩展模型可以描述软件体系结构动态演化[51-53],该类方法通常用 UML 类表示构件的类型,UML 对象表示构件的实例,UML 构件图表示软件体系结构的动态配置,通过定义一些重配置操作,来描述软件体系结构的动态演化。

例 1.2 Kacem 等[52]尝试扩展 UML,通过定义元类(metaclass)建立软件体系结构的结构模型,如图 1.1 所示。

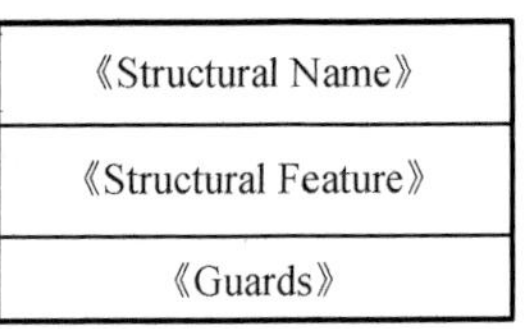

图 1.1 结构视图

然后,通过建立动态元类(Dynamic Metaclass)来描述软件体系结构的增加、删除和保留操作,如图 1.2 所示。

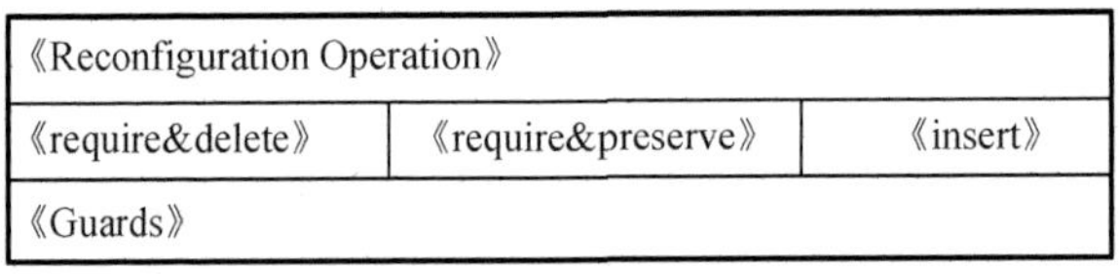

《Reconfiguration Operation》		
《require&delete》	《require&preserve》	《insert》
《Guards》		

图 1.2 演化视图

通过这些操作,可以描述软件体系结构的动态演化过程,图 1.3 描述了其中用 UML 描述增加病人构件的动态演化过程[51]。

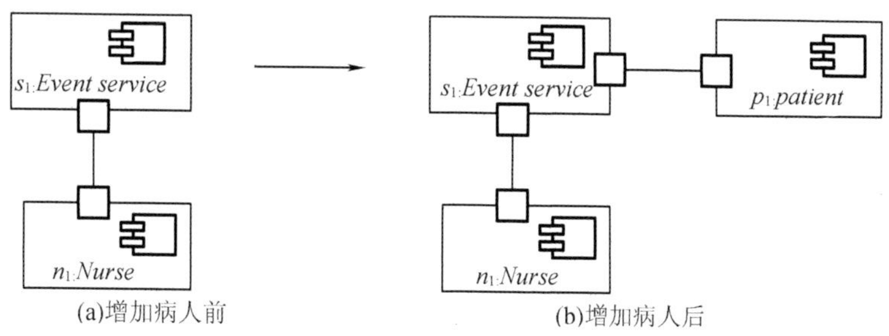

图1.3 增加病人构件的动态演化过程

然而，许多实践应用表明，由于缺乏形式化语义，采用UML方法描述软件体系结构动态演化也存在着一些不足，例如：缺乏描述的准确性，校验的正确性、一致性等[59]。

(3)简单图

利用一般的图形符号(本书称之为简单图)，结合非形式化的自然语言或其他方法，可以描述软件体系结构的动态演化。这种方法具有操作简单，易于学习、掌握和理解等优点。该类方法通常将构件表示为节点，通信连接表示为边，通过定义构件的增加、删除等操作，描述了系统软件体系结构的动态演化过程[58]。

例1.3 图1.4描述了在一个C/S(Client/Server)系统中，用简单图描述增加一个客户构件 c_1 的演化过程。

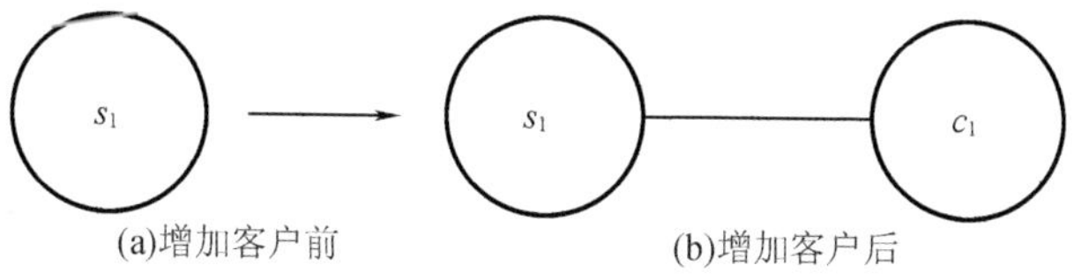

图1.4 增加客户的演化过程

然而，简单图很难清晰地描述出软件体系结构中，构件与构件之间、构件与连接件之间的交互行为。

1.5 本书的组织结构

本书将采用多种方法，从多种角度对软件体系结构动态演化进行建模研究，并进行形式化验证，具体内容共分11章，组织如下：

第1章 绪论。介绍了本书研究的基础概念和知识，包括软件演化的定义、分类，软件体系结构的相关定义，软件动态演化的定义及重要性，软件体系结构动态演化的相关概念及软件体系结构动态演化的描述方法。这些概念和知识等为本书后面章节的软件体系结构动态演化建模和验证奠定了基础。

第2章 基于超图文法的软件体系结构动态演化。在介绍超图相关概念的基础上，利用超图表示软件体系结构，利用基于超图态射的产生式规则表示软件体系结构演化规则，设计了四个通用的软件体系结构原子演化规则，即增加构件演化规则、增加连接件演化规则，删除构件演化规则和删除连接件演化规则，以及八个通用的软件体系结构组合演化规则，即替换构件演化规则、替换连接件演化规则、拆分构件演化规则、拆分连接件演化规则、重组构件演化规则、重组连接件演化规则、串行演化规则和并行演化规则。通过这些演化规则，定义软件体系结构动态演化的超图文法，建模整个软件体系结构的动态演化过程。

第3章 软件体系结构动态演化的约束和应用条件刻画。将约束引入超图，采用超图约束表示软件体系结构动态演化的约束，左、右应用条件描述演化规则运用的前断言和后断言，讨论了条件超图文法在软件体系结构动态演化建模中的运用，在此基础上，给出了基于约束和应用条件的软件体系结构动态演化一致性的相关定义和结论，对软件体系结构动态演化的一致性进行了讨论分析，并设计实验，分析、验证了所提方法的可行性和正确性，最后讨论了基于约束和应用条件的软件体系结构演化的一致性分析，并给出相应的实验仿真。

第4章 软件体系结构动态演化的冲突检测。针对软件体系结构演化规则并行、串行运用中的冲突进行分析和检测，首先给出演化规则运用并行冲突、串行冲突的定义和特征，然后建立演化规则运用并行冲突与串行冲突的对偶关系。在此基础上，建立软件体系结构动态演化冲突临界对的定义，通过分析临界对的完备性，即每一对冲突的演化规则运用，都对应于一个软件体系结构动态演化的冲突临界对，设计并优化算法，实现了软件体系结构演化规则运用冲突的有效检测。最后，根据所提出的方法，利用AGG工具设计实验，分析和验证了本章所提出方法的可行性和正确性。

第5章 基于关联矩阵的软件体系结构动态演化。从软件体系结构的关联关系出发，首先建立软件体系结构动态演化的关联矩阵、关联度矩阵等概念，然后给出软件体系结构的关联矩阵、关联度矩阵表示，接着以添加、删除和替换三类基本演化操作为例，给出基于关联矩阵的软件体系结构动态演化方法，并讨论了软体系结构动态演化过程中关联矩阵的特征，最后从算法实现的角度，讨论了基于关联矩阵的软件体系结构动态演化实现的相关算法。

第6章 基于偏序矩阵的软件体系结构动态演化。从分层的软件体系结构角度出发，首先介绍了分层软件体系结构动态演化的相关概念、分层软件体系结构的包含关系矩阵、层级关系矩阵等偏序矩阵表示、描述分层软件体系结构及其动态演化行为的偏序矩阵之间的关系及证明；然后以添加、删除和替换三类基本演化操作为例，给出基于偏序矩阵的分层软件体系结构的动态演化过程，基于偏序矩阵的软件体系结构动态演化方法，并讨论了分层软件体系结构动态演化过程中偏序矩阵的特征，最后从算法实现的角度，讨论了分层软件体系结构动态演化实现的相关算法。本方法可以进一步细化对分层软件体系结构动态演化的描述，增强分层软件体系结构元素演化关系的可追踪性，增强分层软件体系结构演化的可控性，便于计算机进行处理和实现。

第7章 基于狼群算法的软件体系结构动态演化。以云服务的非功能属性QoS值作为评价指标，运用狼群算法对云服务组合动态演化问题进行建模并求解。首先，综合考虑云服务的通用QoS属性和负载均衡因素后，构建了一个八维的云服务QoS评价指标体系，并分别给出了各个评价指标的量化表达式;然后,分析了云服务组合动态演化的流程和几种基本结构,并给出了每种基本结构中云服务 QoS 属性的计算公式;接着,采用狼群算法对云服务组合动态演化进行求解,在求解过程中,对人工狼的位置采用整数编码的方式来对候选云服务集中的云服务进行编号,并对所求的结果做离散化处理;最后,针对狼群算法可能陷入局部最优、过早收敛等不足,通过应用信息熵初始化狼群,对游走步长进行自适应修改,引入自适应共享因子和越界处理等,对狼群算法进行改进,采用改进后的狼群算法求解云服务的组合动态演化问题。实验结果表明,狼群算法和改进狼群算法不仅提高了云服务组合动态演化问题的求解准确性,还提高了求解的效率。

第 8 章 基于信任的软件体系结构动态演化。以面向服务的构件为对象,根据构件在软件体系结构之间的关联关系,将构件之间的信任关系分为直接信任和间接信任两种,主要讨论了基于直接信任和推荐信任的面向服务构件系统动态演化方法。在基于直接信任的构件系统的动态演化中,首先给出面向服务的构件直接信任模型,然后建立构件服务信任、构件信任值、构件可信度等定义,接着提出一种面向服务的构件可信度计算方法、面向服务的构件可信演化推理相关机制,以及构件可信度动态更新模型,最后通过案例进行了演示说明。在基于推荐信任的构件系统动态演化中,首先给出面向服务的构件推荐信任模型,然后建立直接信任度、推荐信任度、综合信任度等定义,接着给出推荐信任度和综合信任度的计算方法,最后通过案例进行了演示说明。

第 9 章 软件体系结构动态演化的状态转移系统构建。讨论了软件体系结构动态演化条件超图文法与条件状态转移系统的映射方法,并给出软件体系结构动态演化条件状态转移系统的构建方法。首先给出模型检测软件体系结构动态演化的验证需求,并对模型检测和状态转移系统进行了简介,接着讨论了用抽象状态机对软件体系结构动态演化的条件超图文法和条件状态转移系统进行统一的语义表示,建立了软件体系结构动态演化条件超图文法到条件状态转移系统的映射,然后证明了该映射方法的正确性和完备性,最后通过该映射方法,建立了软件体系结构动态演化的条件状态转移系统。

第 10 章 软件体系结构动态演化的不变性和活性验证。讨论了软件体系结构动态演化的不变性和活性的时态逻辑描述,以及相应的模型检测算法。首先给出软件体系结构动态演化的不变性和活性的定义,然后运用线性时态逻辑 LTL 和计算树逻辑 CTL,对这两种性质分别进行描述,最后设计相应的验证算法,讨论了如何运用模型检测技术验证软件体系结构动态演化的不变性和活性。

第 11 章 总结和展望。总结了本书的研究成果,并给出了下一步将要进行的研究工作。

第 2 章　基于超图文法的软件体系结构动态演化

软件体系结构动态演化一般是通过一些软件体系结构演化操作来实现的,典型的软件体系结构演化操作包括增加、删除、替换构件和连接件[3-6,36-37]。当前的软件体系结构动态演化描述方法,要么侧重为软件体系结构动态演化提供规范的描述语言,要么针对某些具体的实例系统,给出软件体系结构动态演化的增加、删除、替换操作,缺乏适合各类软件系统体系结构动态演化的通用规则[3-4],更缺乏软件体系结构组合演化的相应规则。本章将软件体系结构的动态演化操作抽象为演化规则,并分为原子演化规则和组合演化规则两大类,给出基于超图的这两大类演化规则的通用形式,并利用这些演化规则进行软件体系结构动态演化。首先,给出超图、超图文法和超图约束等的概念和记法;其次,利用超图表示软件体系结构的组成、配置、交互和风格;接着,在分析软件体系结构演化操作的基础上,讨论了软件体系结构演化规则的定义和分类;然后,运用基于超图态射的产生式规则,分别设计了软件体系结构的四个通用原子演化规则和八个通用组合演化规则,给出了相应的形式化语义和图示化过程;最后,通过这些软件体系结构演化规则,建立软件体系结构动态演化的超图文法,并通过案例对基于超图文法的软件体系结构动态演化建模过程进行了讨论。

2.1　超图文法的基本概念

由于超图不仅可以直观地表示软件体系结构的组成、配置,并且可以很好地描述构件与构件之间、构件与连接件之间的交互行为[3-4],所以本章将利用超图文法建模软件体系结构的动态演化。本节在结合文献[3-6]、[56]和[73]的基础上进行扩展,给出超图文法的相关定义。

2.1.1　超图定义

定义 2.1(超图)　设 $L=(L_V,L_E)$ 是一对符号集,L 上的一个超图 H(Hypergraph)定义为一个 6 元组,$H=(V, E, s, t, vl, el)$,其中:

(1)V 表示 H 的节点集合,E 表示 H 的超边集合,其中超边是指可以连接任意多个节点的边;

(2)$s,t:E\rightarrow V^*$ 分别表示超边到入节点和出节点的映射,其中 * 表示每条超边可以连接多个入节点和出节点；

(3) $vl: V \to L_V$, $el: E \to L_E$ 分别表示节点和超边上的标记函数，用于表示节点和超边的相关属性。

例 2.1　图 2.1 所示即为一个超图举例，其中 $V = \{v_1, v_2, v_3, v_4, v_5, v_6, v_7\}$，$E = \{e_1, e_2, e_3, e_4, e_5\}$，$s(e_1) = \{v_1, v_3\}$，$t(e_1) = \{v_2\}$，$s(e_2) = \{v_2\}$，$t(e_2) = \{v_3, v_5\}$，$s(e_3) = \{v_5\}$，$t(e_3) = \{v_3, v_4\}$，$s(e_4) = \{v_3\}$，$t(e_4) = \{v_4\}$，$s(e_5) = \{v_4, v_7\}$，$t(e_5) = \{v_5, v_6\}$，节点名和超边名分别作为标记函数，其中超边上连接节点的部分称为触须(tentacles)。

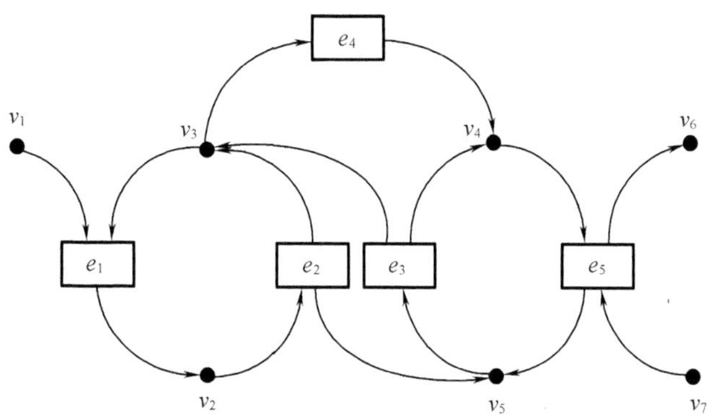

图 2.1　一个超图举例

定义 2.2(完全超图态射)　设有两个超图 $H_1 = (V_1, E_1, s_1, t_1, vl_1, el_1)$、$H_2 = (V_2, E_2, s_2, t_2, vl_2, el_2)$，$H_1$ 到 H_2 上的一个完全超图态射(Total Hypergraph Morphism) $f: H_1 \to H_2$ 是指一对映射 $f = (f_V, f_E)$，使得：

(1) $f_V: V_1 \to V_2$，且 $f_E: E_1 \to E_2$；

(2) $s_2 \circ f_E = f_V^* \circ s_1$；

(3) $t_2 \circ f_E = f_V^* \circ t_1$；

(4) $vl_2 \circ f_V = vl_1$；

(5) $el_2 \circ f_E = el_1$。

其中 f_V^* 是 f_V 在多个节点上的扩展，“$\circ$”表示映射的组合。

完全超图态射保持入节点、出节点和标记之间的对应关系。在下文中，除非特别说明，均将完全超图态射简称为超图态射。如果映射 f_V 和 f_E 均是单射(满射)，则称 f 是超图单射(超图满射)。如果 f 既是超图单射，又是超图满射，则称 f 是同构。此时称超图 H_1 和超图 H_2 是同构的，记为 $H_1 \cong H_2$。

定义 2.3(联合超图满射)　设 $H = (H_V, H_E, H_s, H_t, H_{vl}, H_{el})$、$L_1 = (L_{1,V}, L_{1,E}, L_{1,s}, L_{1,t}, L_{1,vl}, L_{1,el})$ 和 $L_2 = (L_{2,V}, L_{2,E}, L_{2,s}, L_{2,t}, L_{2,vl}, L_{2,el})$ 是三个超图，$m_1: L_1 \to H$ 和 $m_2: L_2 \to H$ 是两个超图态射，其中 $m_1 = (m_{1,V}, m_{1,E})$，$m_2 = (m_{2,V}, m_{2,E})$。如果满足 $m_{1,V}(L_{1,V}) \cup m_{2,V}(L_{2,V}) = H_V$ 且 $m_{1,E}(L_{1,E}) \cup m_{2,E}(L_{2,E}) = H_E$，则称 m_1 和 m_2 是联合超图满射(Jointly Surjective Hypergraph Morphism)。

如果 m_1 和 m_2 是联合超图满射，则意味着，对每个节点 $v \in H$ 或每条超边 $e \in H$，在 L_1 或

L_2 中都存在一个原像(preimage)与之对应。此时,H 可看成是 L_1 和 L_2 的某种胶合(gluing)。

定义 2.4(包含超图态射) 设 $H_1=(V_1, E_1, s_1, t_1, vl_1, el_1)$ 和 $H_2=(V_2, E_2, s_2, t_2, vl_2, el_2)$ 是两个超图,且 $V_1 \subseteq V_2$,$E_1 \subseteq E_2$,$i=(i_V, i_E):H_1 \to H_2$ 是 H_1 到 H_2 上的一个超图态射。如果对每个节点 $v \in H_1$ 和每条超边 $e \in H_1$,均有 $i_V:v \mapsto v$ 且 $i_E:e \mapsto e$,则称 $i:H_1 \to H_2$ 是 H_1 到 H_2 上的一个包含超图态射(Inclusion Hypergraph Morphism)。

定义 2.5(子超图) 设 H_1 和 H_2 是两个超图,如果存在一个 H_1 到 H_2 上的包含超图态射 i: $H_1 \to H_2$,则称 H_1 是 H_2 的一个子超图,记为 $H_1 \subseteq H_2$。

定义 2.6(部分超图态射) 设 H_1 和 H_2 是两个超图,H_1 到 H_2 上的一个部分超图态射(Partial Hypergraph Morphism)$f:H_1 \to H_2$ 是指存在 H_1 的一个子图 $H_{1f} \subseteq H_1$ 和一个超图态射 $f':H_{1f} \to H_2$,使得 f' 为完全超图态射。

定义 2.7(超图推出) 一个超图推出(Hypergraph Pushout)是指一个超图态射四元组(m_1, m_2, n_1, n_2),其中 $m_i:O \to O_i$ 和 $n_i:O_i \to O'$ 均是超图态射,且满足 $n_1 \circ m_1 = n_2 \circ m_2$,使得对所有满足 $n_1' \circ m_1 = n_2' \circ m_2$ 的超图态射 $n_i':O_i \to P(i=1, 2)$,存在唯一的超图态射 $n:O' \to P$,满足 $n \circ n_1 = n_1'$ 和 $n \circ n_2 = n_2'$,如图 2.2 所示,其中 $\neg\exists|$ 表示唯一存在。

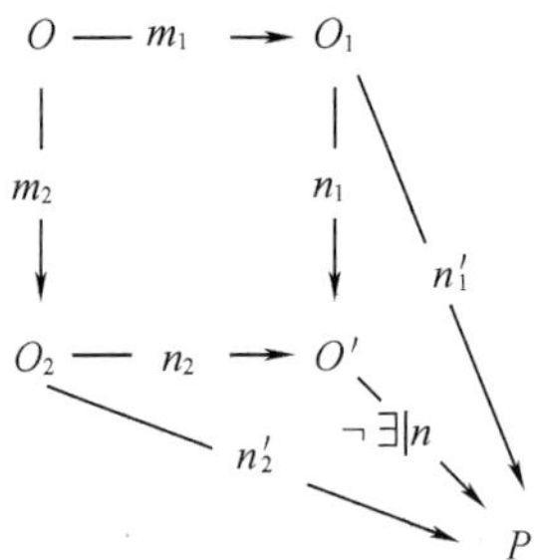

图 2.2 Pushout 示意图

2.1.2 超图文法定义

定义 2.8(超图产生式规则) 一个超图产生式规则 $p=(L, R)$,通常写成 $p:L \to R$,是指超图 L 到超图 R 的一个部分超图单射,其中 L 称为 p 的左手边(Left - Hand Side),R 称为 p 的右手边(Right - Hand Side)。

为了避免多重匹配,本书限制 p 为部分超图单射。

定义 2.9(超图文法) 一个超图文法定义为一个 3 元组 $G=(\mathscr{H}, P, H_0)$,其中 $\mathscr{H}$ 为有限的超图集,P 为有限的超图产生式规则集,H_0 为初始超图。

2.1.3 超图约束定义

定义 2.10(原子超图约束) 一个原子超图约束定义为一个超图态射 $c:G \to C$,其中 G、C 均为超图。

定义 2.11(超图约束) 超图约束是按如下方式定义的逻辑公式:

(1)每个原子超图约束均是超图约束;

(2)如果 c 是超图约束,则$\neg c$ 也是超图约束;

(3)如果 c_1 和 c_2 是超图约束,则 $c_1 \wedge c_2$ 也是超图约束。

其中"$\neg$"表示逻辑联结词非,"$\wedge$"表示逻辑联结词与。

定义 2.12(超图约束满足性)

(1)给定一个原子超图约束 $c:G \rightarrow C$,一个超图 H,如果对每一个超图单射 $g:G \rightarrow H$,都存在一个超图单射 $q:C \rightarrow H$,使得 $q \circ c = g$,则称 H 满足该超图约束 c,记为$H| = c$。当$H| = c$ 时,表示当超图 H 包含超图 G 时,则必包含超图 C,记为 $\forall(c:G \rightarrow C)$。当 $G = \varnothing$时,表示超图 H 中必须包含超图 C,记为 $\exists(c: C)$。

(2)$H| = \neg c$ 当且仅当 H 不满足 c;

(3)$H| = c_1 \wedge c_2$ 当且仅当 $H| = c_1$ 且 $H| = c_2$。

其中"$\forall$"表示逻辑量词"任意","$\exists$"表示逻辑量词"存在"。

超图约束 $\forall(c:G \rightarrow C)$实际上是逻辑公式 $\forall G \Rightarrow \exists C$ 的图形表示。

例 2.2　图 2.3 所示即为两个不同的超图约束,其中图 2.3(a)所示的超图约束表明,如果超图 H 满足该约束,则在 H 中,如果节点 v_1 和 v_2 有超边相连,节点 v_2 和 v_3 也有超边相连,则 v_1 和 v_3 必有超边相连,其对应的逻辑公式为:$\forall e_i \wedge \forall e_j \wedge v_1 \in s(e_i) \wedge v_2 \in t(e_i) \wedge v_2 \in s(e_j) \wedge v_3 \in t(e_j) \Rightarrow \exists e \wedge v_1 \in s(e) \wedge v_3 \in t(e)$,其中 e_i、e_j、e 为超边,$s(e_i)$为超边 e_i 的入节点集合,$t(e_i)$为超边 e_i 的出节点集合,其他法则类似。

类似地,图 2.3(b) 所示的超图约束表明,如果超图 H 满足该约束,则在 H 中,超边 e_1 和 e_2 不能通过两个节点相连,其对应的逻辑公式为:$\neg \exists (v_i \wedge v_j) \wedge v_i \in t(e_1) \wedge v_i \in s(e_2) \wedge v_j \in t(e_1) \wedge v_j \in s(e_2)$。

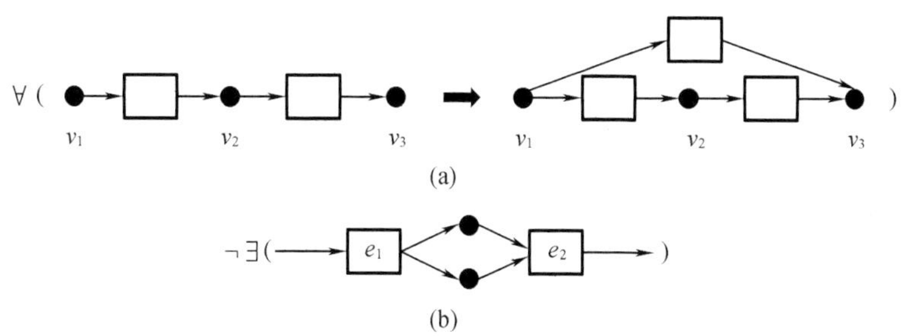

图 2.3　两个不同的超图约束

2.2　软件体系结构的超图表示

软件体系结构通常采用图形的方式表示,这种表示方法具有直观、形象等特点。但简单的图在描述构件之间、构件与连接件之间的交互行为方面存在不足[3-6]。本书利用超图表示软件体系结构,下面分别给出软件体系结构的组成、配置、交互和风格的超图表示,这里暂时不考虑软件体系结构的约束,软件体系结构的约束表示将在下一章中进行详细讨论。

2.2.1　软件体系结构组成及配置的描述

定义 2.13(超图化的软件体系结构)　一个超图化的软件体系结构定义为一个 6 元组 $SA=(E_{SA}, V_{SA}, s_{SA}, t_{SA}, vl_{SA}, el_{SA})$,其中,

(1)E_{SA}是超边集合,代表软件体系结构 SA 中的所有构件和连接件;

(2)V_{SA}是节点集合,代表 SA 中所有构件和连接件之间的通信端口,用于表示构件端口和连接件角色之间的绑定,即构件与连接件之间的连接关系;

(3)s_{SA}、$t_{SA}:E_{SA}\rightarrow V_{SA}^{*}$分别是超边的入节点和出节点映射,代表 SA 中构件与连接件之间的交互关系;

(4)vl_{SA}、el_{SA}分别是超边和节点上的标记函数,代表 SA 中构件、连接件和通信端口的相关属性。

本书用方角矩形表示构件,圆角矩形表示连接件,用构件/连接件名以及它们之间的交互关系标记超边,用通信端口名标记节点,软件体系结构对应的超图称为软件体系结构超图。

例 2.3　图 2.4 所示即为用超图表示的一个 Client/Server 系统体系结构实例,其中包含 3 个构件:客户 c_1,代理 b_1 和服务器 s_1;2 个连接件:cc_1 和 sc_1,其中 cc_1 表示客户构件 c_1 和代理构件 b_1 之间的连接件,sc_1 表示代理构件 b_1 与服务器构件 s_1 之间的连接件;4 个通信端口:Pc_1、Pcb_1、Pbs_1 和 Ps_1,分别表示 c_1 和 cc_1、cc_1 和 b_1、b_1 和 sc_1、sc_1 和 s_1 之间的通信端口。另外,CR_1、CA_1、SR_1、SA_1 等分别表示客户请求(Client Request)、客户响应(Client Answer),服务器请求(Server Request)、服务器响应(Server Answer)等交互关系。

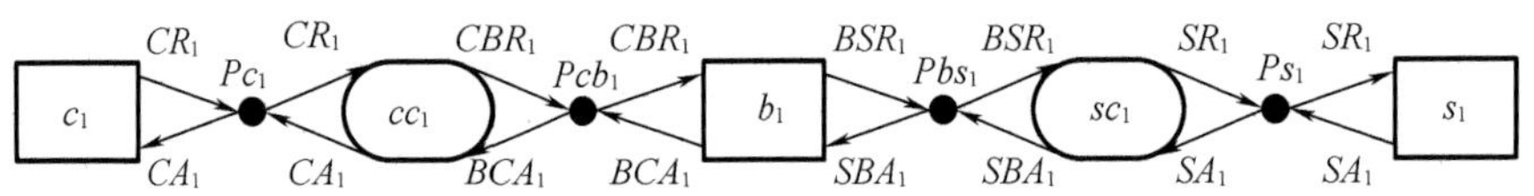

图 2.4　Client/Server 系统体系结构的超图表示

形式上,图是形如 $R(e_1,\cdots,e_n)$ 的关系元组集合[70],其中 R 是一个 n 元关系,e_i 是实体名。超图作为一类特殊的图,这里只考虑其中的一元关系和二元关系。本书用一元关系 $U(e)$ 表示一个实体,如构件或连接件 e;用二元关系 $L(e_1, e_2)$ 表示实体 e_1 和 e_2 之间的联系,如构件与连接件之间的通信端口或交互关系。例如,用一元关系 $C(c_1)$ 表示客户构件实体 c_1,一元关系 $CC(cc_1)$ 表示客户连接件实体 cc_1,二元关系 $Pc_1(c_1, cc_1)$ 表示构件 c_1 和连接件 cc_1 之间的通信端口,二元关系 $CR_1(c_1, cc_1)$ 表示客户构件 c_1 向连接件 cc_1 发出的请求等。

图 2.4 所示的软件体系结构超图实例可以形式化定义为如下关系元组的集合:

$\{\{C(c_1), CC(cc_1), B(b_1), SC(sc_1), S(s_1)\}, \{Pc_1(c_1, cc_1), Pcb_1(cc_1, b_1), Pbs_1(b_1, sc_1), Ps_1(sc_1, s_1)\}, \{CR_1(c_1, cc_1), CA_1(cc_1, c_1), CBR_1(cc_1, b_1), BCA_1(b_1, cc_1), BSR_1(b_1, sc_1), SBA_1(sc_1, b_1), SR_1(sc_1, s_1), SA_1(s_1, sc_1)\}\}$

2.2.2　软件体系结构交互行为的刻画

除了可以直观地表示软件体系结构的组成和配置外，超图也可以很好地描述软件体系结构的交互行为。软件体系结构的交互行为是指软件系统中构件与连接件之间外部可见的交互序列，例如构件之间通信时发生的交互动作系列。本书采用类似通信顺序进程 CSP（Communicating Sequential Processes）[74]的记法：$p.\overline{a}$ 表示构件/连接件 p 是信息 a 的发送者；$p.a$ 表示构件/连接件 p 是信息 a 的接收者。图 2.5 描述了图 2.4 表示的软件系统中，客户构件通过连接件与代理构件进行通信时的部分交互行为：首先，客户构件 c_1 通过通信端口 Pc_1 发出客户请求 CR_1，连接件 cc_1 收到该请求 CR_1 后，将其封装成新的请求 CBR_1，然后通过端口 Pcb_1 向代理构件 b_1 转发，b_1 收到该请求 CBR_1 后，继续向服务器构件 s_1 转发；如果 b_1 收到服务器构件 s_1 的响应后，则通过端口 Pcb_1 将响应 BCA_1 返回给连接件 cc_1，最后连接件 cc_1 将相应的响应 CA_1 返回给客户构件 c_1，c_1 通过端口 Pc_1 接收到响应 CA_1，至此本次通信结束。

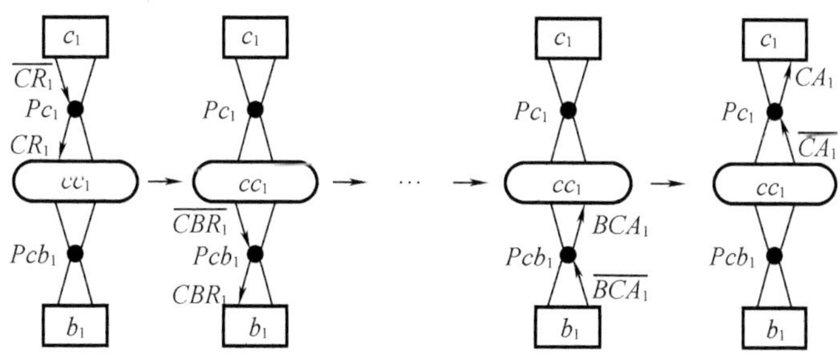

图 2.5　软件体系结构交互行为刻画

该部分软件体系结构的交互行为序列可描述为

$$c_1.\overline{CR_1}\rightarrow cc_1.CR_1\rightarrow cc_1.\overline{CBR_1}\rightarrow b_1.CBR_1\rightarrow\cdots\rightarrow b_1.\overline{BCA_1}\rightarrow cc_1.BCA_1\rightarrow cc_1.\overline{CA_1}\rightarrow c_1.CA_1$$

显然，相对于简单图而言，采用超图不仅可以直观地表示软件体系结构的组成、配置，并且可以很好地描述构件与构件之间、构件与连接件之间的交互行为。

2.2.3　软件体系结构风格的表示

软件系统通常具有一定的体系结构风格。当系统动态演化时，其软件体系结构必须遵循预先定义的风格，例如保持相应的构件类型、连接件类型、交互类型和约束等。软件体系结构风格是指描述软件系统中构件和连接件的结构组成，构件与连接件之间的交互，以及体系结构约束的典型模式，指明了哪些构件是软件体系结构的组成部分，以及构件之间如何进行交互的规则和约束等[22]。一个遵循特定风格的系统软件体系结构称为该体系结构风格的一个实例。软件体系结构风格也是证明软件系统具备某些必需性质如不变性等的前提条件[75-76]。

软件体系结构风格的基本组成包括：软件系统的组成元素类型和相关的体系结构约束[22]。本书采用类型超图[77]和超图约束表示软件体系结构风格，其中类型超图描述了系统软件体系结构中的构件类型、连接件类型、通信端口类型和构件间的交互关系类型，超图约束则描述了软件体系结构的约束（关于软件体系结构的超图约束表示将在下一章中进行详细讨论）。

例 2.4 图 2.6 描述了图 2.4 表示的 Client/Server 系统的软件体系结构风格，其中，用 *C* 表示客户构件的类型，*B* 表示代理构件的类型，*CC* 表示客户连接件的类型，*Pc* 表示客户构件和客户连接件之间通信端口的类型，等等。

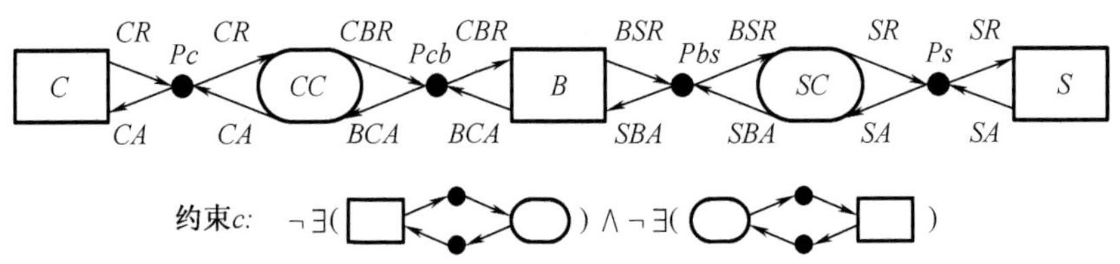

图 2.6 软件体系结构风格的类型超图及超图约束表示

该系统软件体系结构风格的形式化定义如下所示：

```
Style Client - Server
  Component Client                          //定义构件类型
    Properties: CA, CR, …
  Component Broker
    Properties: CBR, BCA,BSR, SBA, …
  Component Server
    Properties: SA, SR,…
  Connector Client - connector              //定义连接件类型
    Properties: CR, CR, CBR, BCA, …
  …
  Link Type                                 //定义通信端口类型和交互类型
    C: Client
    B: Broker
    S: Server
    CC: Client - connector
    …
    Pc(C, CC)
    Ps(SC,S)
    …
    CR(C, CC)
    CA(CC, C)
    …
  Constraints                               //定义约束
    ∀C(c), CC(cc)⇒∃ |Pc(c,cc)
    …
```

通过定义软件体系结构风格,可以限制在动态演化过程中软件体系结构应该保持相应的构件类型、连接件类型、交互类型及约束等。

2.3　基于超图态射的软件体系结构演化规则

2.3.1　软件体系结构演化规则的形式化定义

软件体系结构动态演化通常以一定的演化操作来实现,本书将这些软件体系结构演化操作抽象为演化规则,提出用基于超图态射的产生式规则表示软件体系结构演化规则。为此,建立以下定义。

定义 2.14(软件体系结构演化规则)　设有一个软件体系结构,它对应的超图为 H,再给定一个超图产生式规则 $p: L\rightarrow R$,其中 p 为超图 L 到超图 R 的一个部分超图单射,如果运用超图产生式规则 p 可由 H 变换得到 H'(H'为另一个软件体系结构超图),则称 p 为一个软件体系结构演化产生式规则,简称为软件体系结构演化规则。

2.3.2　软件体系结构演化规则的实施

软件体系结构演化规则可用于描述软件体系结构的动态演化。再给定一个软件体系结构,其超图表示为 H,以及一个软件体系结构演化规则 $p:L\rightarrow R$,则运用 p 对 H 进行动态演化的实施过程如下。

(1)在 H 中查找到其子图 L。如果不存在,则不能运用该演化规则 p 进行软件体系结构动态演化,否则,进入下一步;

(2)将所有在 L 中,但不在 R 中的节点和超边从 H 中删除;

(3)在 H 中增加所有在 R 中,但不在 L 中的节点和超边;

(4)保留 L 和 R 中的公共节点和超边,同时用 L 和 R 中的公共部分连接已有部分和新添加部分,并保留 H 的其他部分不变,得到另一个超图 H',即为动态演化后的软件体系结构超图。

为了避免出现悬挂的通信端口和触须,本书规定:当删除构件或连接件时,它们的通信端口、其他连接件或构件上指向该通信端口的触须也一并删除。

运用演化规则进行软件体系结构动态演化的过程如图 2.7 所示,其中图 2.7(a)表示演化规则 $p:L\rightarrow R$,其中 K 表示 L 和 R 的公共部分,图 2.7(b)表示运用演化规则的动态演化过程。该演化过程由四个(部分)超图单射构成:$p:L\rightarrow R$,$m:L\rightarrow H$,$p^*:H\rightarrow H'$,$m^*:R\rightarrow H'$,如图 2.7(c)所示。该过程被称为 p 和 m 的一个单推出 SPO(Single Push Out)[78]。

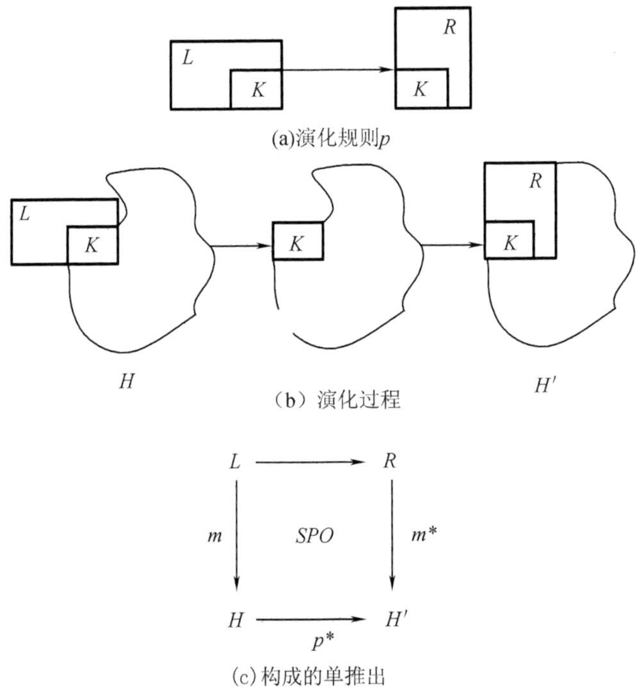

图 2.7　运用软件体系结构动态演化规则的过程

例 2.5　图 2.8 给出了运用软件体系结构演化规则，删除构件 c_2，并用构件 c_4 替换 c_3 的软件体系结构动态演化的一个例子。

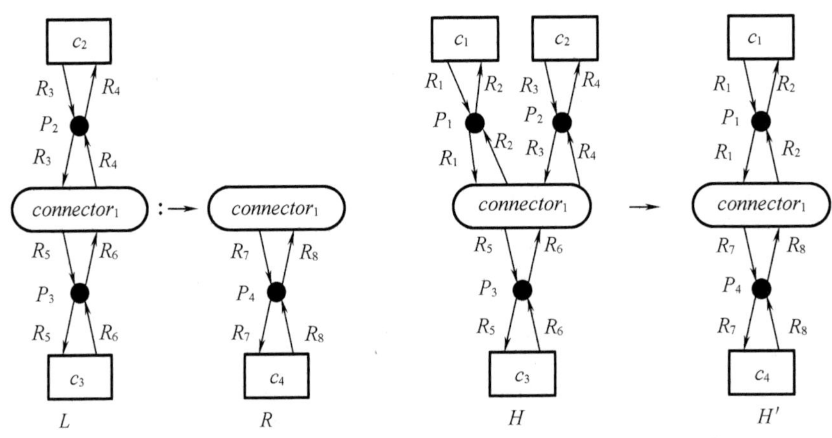

图 2.8　运用演化规则进行软件体系结构动态演化的举例

显然，由软件体系结构演化规则的定义和实施过程，可得以下结论：

命题 2.1（软件体系结构演化规则的可用性）　设 $p:L\rightarrow R$ 是一个软件体系结构演化规则，H 是一个软件体系结构超图，若 p 的左手边 L 是 H 的一个子图，则该演化规则 p 可运用于软件体系结构超图 H。

本书用 $H \xrightarrow[p]{} H'$ 表示运用演化规则 p，将软件体系结构超图 H 一步演化成软件体系结构超图 H'，用 $H_0 \xrightarrow[p_1p_2\cdots p_n]{} H_n$ 表示 $H_0 \xrightarrow[p_1]{} H_1 \xrightarrow[p_2]{} H_2 \longrightarrow \cdots \xrightarrow[p_n]{} H_n$，用 $H \xrightarrow[*]{} H'$ 表示存在一个演化规则序列（可能为空）$s \in P^*$，使得 $H \xrightarrow[s]{} H'$。

2.3.3　软件体系结构演化规则的分类

软件体系结构动态演化主要涉及软件系统运行时其构件或连接件的增加、删除、替换，以及构件间交互关系、拓扑结构的改变等[34,40]。这些软件体系结构的变化一般是通过一些软件体系结构演化操作来实现的，典型的软件体系结构演化操作有三类，即构件或连接件的增加、删除和替换操作[3-6,36-37]，其中替换操作可看成是增加操作和删除操作的组合应用。例如，构件替换操作可分解为：先删除一个构件，然后再增加一个新的构件。另外，在一些复杂的情况下，软件体系结构动态演化除了上述操作外，还可能存在拆分、重组、串行、并行等操作。

本书将这些软件体系结构演化操作抽象为软件体系结构演化规则，并根据演化规则的特点，将其分成两大类：

（1）原子演化规则，用于描述单个构件、连接件的演化操作，包括增加构件演化规则、增加连接件演化规则、删除构件演化规则和删除连接件演化规则；

（2）组合演化规则，即原子演化规则的组合运用，用于描述多个构件、连接件的演化操作和演化组合操作，包括替换构件演化规则、替换连接件演化规则、拆分构件演化规则、拆分连接件演化规则、重组构件演化规则、重组连接件演化规则、串行演化规则和并行演化规则等。

2.3.4　软件体系结构演化规则分类的依据

本书将增加、删除构件和连接件演化规则定义为软件体系结构原子演化规则是经过慎重考虑的。首先，这四个演化规则，即增加构件、增加连接件、删除构件和删除连接件，代表的演化操作都是原子操作（atomic operation）[79]，即从软件体系结构组成的角度考虑，它们都不能拆分成更小的演化操作。其次，这四个原子演化规则彼此都是正交的（orthogonal）[80]，即这些演化规则引起的软件体系结构变化彼此是不重叠的。

定义软件体系结构原子演化规则的好处是，这些原子演化规则可以根据需要，组合成不同的组合演化规则，即可以作为原子成分，成为软件体系结构组合演化规则的一部分。

尽管运用上述四个原子演化规则，即增加构件、增加连接件、删除构件和删除连接件，可以实现任意的软件体系结构动态演化，因为任何一种软件体系结构的变化都可以通过这四个演化规则来实现。然而，在很多情形下，仅仅使用这四个原子演化规则非常不方便，因为并不是所有的软件体系结构演化操作都可以立即使用单个原子演化规则来实现。对于一些复杂的软件体系结构演化操作，可能需要定义一系列的演化规则，即组合演化规则来实现。例如，在某次软件体系结构动态演化过程中，根据不同的需要，用户希望将系统中的构件 v_1 演化成两个不同的构件 v_2 和 v_3。如果仅仅运用原子演化规则来实现该演化需求，则首先需要运用删除构件演化规则删除构件 v_1，然后分别运用增加构件演化规则增加构件 v_2 和 v_3。

显然,这种演化过程非常烦琐和低效。

为此,本书将一系列的软件体系结构原子演化规则定义成组合演化规则,通过这些组合演化规则来实现一些复杂的软件体系结构演化操作。例如,在上述动态演化过程中,本书则可以定义一个拆分构件组合演化规则来一步完成。

运用组合演化规则进行软件体系结构的动态演化,其过程和运用单个原子演化规则一样,但效果相当于运用组成该组合演化规则的一系列原子演化规则进行演化。然而,定义软件体系结构组合演化规则的好处是:它们不仅可以达到几个原子演化规则先后或同时运用于同一个起始软件体系结构的效果,而且可以省略运用几个原子演化规则进行演化的中间过程。即运用软件体系结构组合演化规则,其效果相当于信息管理系统中的数据库事务(Database Transaction)[81]:或者该组合演化规则中所有的演化操作都被执行,即该组合演化规则运用成功;或者该组合演化规则中的演化操作一个都没有被执行,即该组合演化规则运用失败。

2.4 通用原子演化规则的语义及图示化过程

本节以任意构件、连接件为例,设计四个基于超图态射的软件体系结构通用原子演化规则,包括增加构件演化规则、增加连接件演化规则、删除构件演化规则和删除连接件演化规则,并给出这些原子演化规则的形式化语义和图示化过程。

2.4.1 增加构件演化规则和增加连接件演化规则

设系统当前的软件体系结构超图为 H_1,则增加一个构件和增加一个连接件的原子演化规则分别形式化描述为

$$H_1 \rightarrow H_1 \cup \{C(c_1), R_1(c_1, connector_1), \cdots, R_i(c_1, connector_i), P_1(c_1, connector_1), \cdots, P_i(c_1, connector_i)\} \quad (2.1)$$

$$H_1 \rightarrow H_1 \cup \{NC(cr_1), R_1(c_1, cr_1), \cdots, R_i(c_i, cr_1), P_1(c_1, cr_1), \cdots, P_i(c_i, cr_1)\} \quad (2.2)$$

为了体现软件体系结构交互关系和拓扑结构的变化,增加构件或连接件时必须增加相应的交互关系和通信端口。上式中,$C(c_1)$为任意构件类型 C 的一个实例 c_1;$NC(cr_1)$为任意连接件类型 NC 的一个实例 cr_1;R_i、P_i 为相应的交互关系和通信端口。当系统需要进行功能增加时,则可以使用原子演化规则(2.1)、规则(2.2),增加相应的构件或连接件到系统软件体系结构中。

例 2.6 图 2.9 描述了运用原子演化规则增加构件 c_1 的图示化过程。

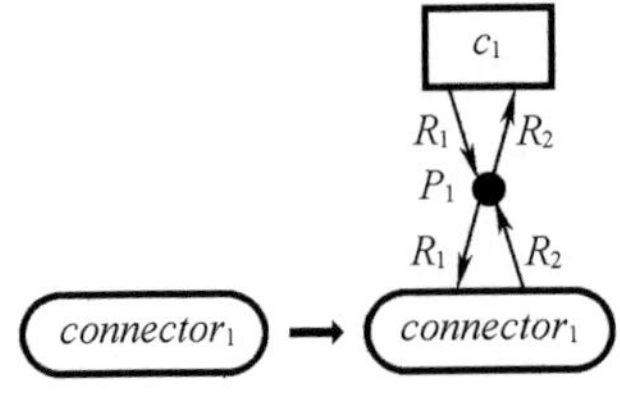

图 2.9 运用原子演化规则增加构件 c_1 的图示化过程

2.4.2　删除构件演化规则和删除连接件演化规则

删除一个构件和删除一个连接件的演化规则分别形式化描述为

$$H_1 \to H_1 - \{C(c_1), R_1(c_1, connector_1), \cdots, R_i(c_1, connector_i), P_1(c_1, connector_1), \cdots, P_i(c_1, connector_i)\} \tag{2.3}$$

$$H_1 \to H_1 - \{NC(cr_1), R_1(c_1, cr_1), \cdots, R_i(c_i, cr_1), P_1(c_1, cr_1), \cdots, P_i(c_i, cr_1)\} \tag{2.4}$$

同样,删除构件或连接件时也必须删除相应的交互关系和通信端口。当一个构件或连接件不再使用时,则可以使用这两个演化规则删除它们。

例 2.7　图 2.10 描述了运用原子演化规则删除构件 c_2 的图示化过程。

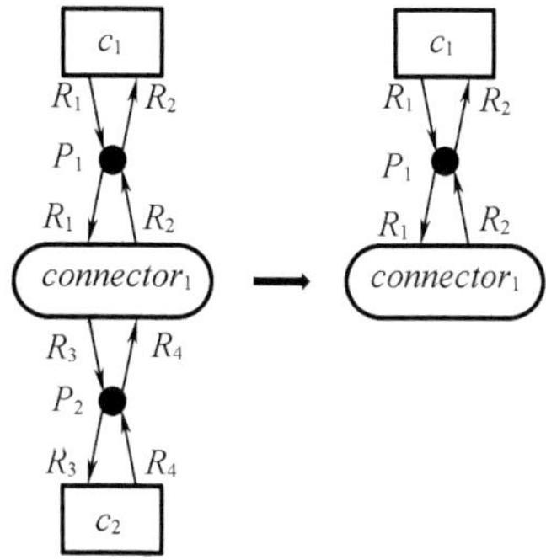

图 2.10　运用原子演化规则删除构件 c_2 的图示化过程

2.5　通用组合演化规则的语义及图示化过程

本节将设计八个基于超图态射的软件体系结构通用组合演化规则,包括替换构件演化规则、替换连接件演化规则、拆分构件演化规则、拆分连接件演化规则、重组构件演化规则、重组连接件演化规则、串行演化规则和并行演化规则,并给出这些组合演化规则的形式化语义和图示化过程。

2.5.1　替换构件演化规则和替换连接件演化规则

替换一个构件或连接件的演化规则实际上是先删除相应的构件或连接件,然后再增加一个新的构件或连接件。替换一个构件和替换一个连接件的演化规则分别形式化描述为

$$\begin{aligned} H_1 \to H_1 \cup \{& C(c_2), R_1'(c_2, connector_1), \cdots, R_i'(c_2, connector_i), P_1'(c_2, connector_1), \cdots, \\ & P_i'(c_2, connector_i)\} - \\ \{& C(c_1), R_1(c_1, connector_1), \cdots, R_i(c_1, connector_i), P_1(c_1, connector_1), \cdots, P_i(c_1, \\ & connector_i)\} \end{aligned} \tag{2.5}$$

$$H_1 \to H_1 \cup \{NC(cr_2), R_1'(c_1, cr_2), \cdots, R'_i(c_i, cr_2), P_1'(c_1, cr_2), \cdots, P'_i(c_i, cr_2)\} -$$

$$\{NC(cr_1),R_1(c_1,cr_1),\cdots,R_i(c_i,cr_1),P_1(c_1,cr_1),\cdots,P_i(c_i,cr_1)\} \tag{2.6}$$

当系统需要对某个构件或连接件进行功能扩充时，则可以使用这两个演化规则进行相应的替换。

例 2.8 图 2.11 描述了用连接件 $connector_2$ 替换连接件 $connector_1$ 的替换连接件演化规则的图示化过程。

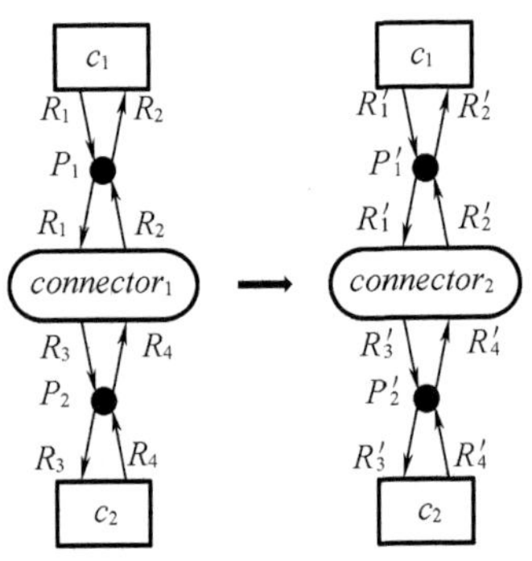

图 2.11 替换连接件演化规则的图示化过程

2.5.2 拆分构件演化规则和拆分连接件演化规则

当面对不同的演化需求时，一个构件或连接件可以同时演化成不同的构件或连接件，即进行拆分演化。拆分一个构件和拆分一个连接件的演化规则分别形式化描述为

$$\begin{aligned}&H_1\cup\{C(c_1),R_1(c_1,connector_1),\cdots,R_i(c_1,connector_i),P_1(c_1,connector_1),\cdots,P_i(c_1,connector_i)\}\to\\&H_1\cup\{C(c'_1),R'_1(c'_1,connector_1),\cdots,R'_i(c'_1,connector_i),P'_1(c'_1,connector_1),\cdots,P'_i(c'_1,connector_i)\}\\&\cup\{C(c''_1),R''_1(c''_1,connector_1),\cdots,R''_i(c''_1,connector_i),P''_1(c''_1,connector_1),\cdots,P''_i(c''_1,connector_i)\}\end{aligned} \tag{2.7}$$

$$\begin{aligned}&H_1\cup\{NC(cr_1),R_1(c_1,cr_1),\cdots,R_i(c_i,cr_1),\cdots,P_1(c_1,cr_1),\cdots P_i(c_i,cr_i)\}\to\\&H_1\cup\{NC(cr'_1),R'_1(c_1,cr'_1),\cdots,R'_i(c_i,cr'_1),P'_1(c_1,cr'_1),\cdots,P'_i(c_i,cr'_1)\}\\&\cup\{NC(cr''_1),R''_1(c_1,cr''_1),\cdots,R''_i(c_i,cr''_1),P''_1(c_1,cr''_1),\cdots,P''_i(c_i,cr''_1)\}\end{aligned} \tag{2.8}$$

这里以拆分演化成两个构件或连接件为例，演化规则(2.7)和规则(2.8)分别表示一个构件和连接件分别被拆分演化为两个不同的构件和连接件。

例 2.9 图 2.12 描述了拆分构件演化规则的图示化过程，其中构件 c_1 被拆分为两个不同的构件 c'_1 和 c''_1。为了简便，这里没有画出构件上相应的触须和通信端口。

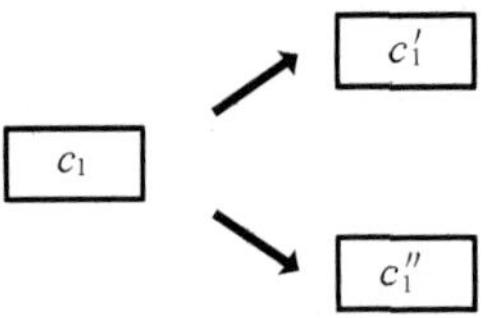

图 2.12 拆分构件演化规则的图示化过程

2.5.3　重组构件演化规则和重组连接件演化规则

当需要时，不同的构件或连接件可以组合演化成一个新的构件或新的连接件，即进行重组演化。重组构件和连接件演化规则分别形式化描述为

$$\begin{aligned} & H_1 \cup \{C(c_1'),R_1'(c_1',connector_1),\cdots,R_i'(c_1',connector_i),P_1'(c_1',connector_1),\cdots,P_i'(c_1',connector_i)\} \\ & \cup \{C(c_1''),R_1''(c_1'',connector_1),\cdots,R_i''(c_1'',connector_i),P_1''(c_1'',connector_1),\cdots,P_1''(c_1'',connector_i)\} \to H_1 \\ & \cup \{C(c_1),R_1(c_1,connector_1),\cdots,R_i''(c_1'',connector_i),P_1(c_1,connector_1),\cdots,P_1''(c_1'',connector_i)\} \end{aligned} \tag{2.9}$$

$$\begin{aligned} & H_1 \cup \{NC(cr_1'),R_1'(c_1,cr_1'),\cdots,R_i''(c_i,cr_1'),P_1'(c_1,cr_1'),\cdots,P_1''(c_i,cr'_1)\} \\ & \cup \{NC(cr_1''),R_1''(c_1,cr_1''),\cdots,R_i''(c_i,c_{r_1}'',),P_1''(c_1,cr_1''),\cdots,P_1''(c_i,c_{r_1}'')\} \to H_1 \\ & \cup \{NC(cr_1),R_1(c_1,cr_1),\cdots,R_i''(c_i,cr_1),P_1(c_1,cr_1),\cdots,P_1''(c_i,cr_1)\} \end{aligned} \tag{2.10}$$

这里以重组两个构件或连接件为例，演化规则(2.9)和规则(2.10)分别表示两个构件和两个连接件分别被重组演化为一个新的构件和一个新的连接件。

例 2.10　图 2.13 描述了两个不同的构件 c_1'和 c_1''重组为一个构件 c_1 的重组构件演化规则的图示化过程。

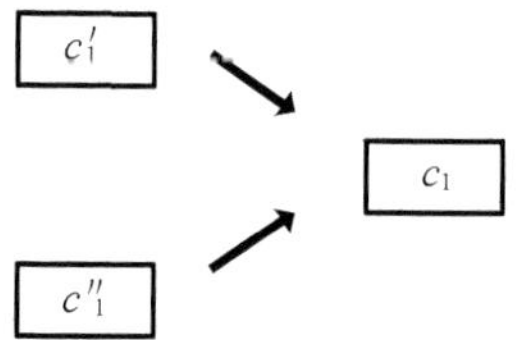

图 2.13　重组构件演化规则的图示化过程

2.5.4　串行演化规则

当需要时，不同的软件体系结构演化规则可以按照一定的先后顺序，进行组合运用，即进行串行演化。设 $p_1:H_1 \to H_2$ 和 $p_2:H_2 \to H_3$ 是两个软件体系结构演化规则，运用 p_1 和 p_2 的串行演化规则形式化描述为

$$p_1;p_2 = H_1 \to H_2;H_2 \to H_3 = H_1 \to H_3 \tag{2.11}$$

这里用“;”表示串行演化算子，“$p_1;p_2$”表示必须先执行演化规则 p_1，然后再执行演化规则 p_2，p_1 和 p_2 可以是任意的软件体系结构原子演化规则，也可以是任意的软件体系结构组合演化规则。

例 2.11　图 2.14(a)描述了串行运用增加连接件 cr_1 和增加构件 c_2 的串行演化规则的图示化过程，图 2.14(b)则表示运用该串行演化规则的最终效果。

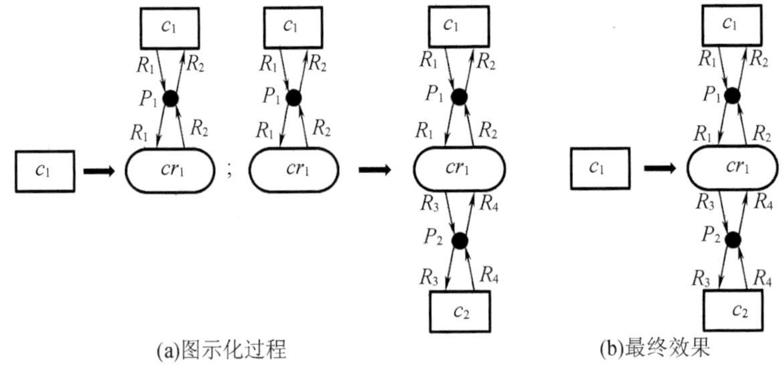

图 2.14　增加连接件和增加构件的串行演化规则的图示化过程和最终效果

特别地，运用串行演化规则，可以表示替换构件演化规则（2.5）和替换连接件演化规则（2.6），其表示方法如下：

$$removing(c_1);adding(c_2) \tag{2.12}$$

$$removing(cr_1);adding(cr_2) \tag{2.13}$$

其中，$removing(c_1)$、$removing(cr_1)$ 分别表示删除构件 c_1 和删除连接件 cr_1 的原子演化规则，$adding(c_2)$、$adding(cr_2)$ 分别表示增加构件 c_2 和增加连接件 cr_2 的原子演化规则。

2.5.5　并行演化规则

当需要时，不同的软件体系结构演化规则可以同时组合运用，即进行并行演化。设 $p_1:H_1 \to H_2$ 和 $p_2:H_1 \to H_3$ 是两个软件体系结构演化规则，运用 p_1 和 p_2 的并行演化规则形式化描述为

$$p_1 \parallel p_2 = H_1 \to H_2 \parallel H_1 \to H_3 = H_1 \to H_2 \cup H_3 \tag{2.14}$$

这里用"$\parallel$"表示并行演化算子。"$p_1 \parallel p_2$"表示演化规则 p_1 和 p_2 可以同时被运用，其中 p_1 和 p_2 可以是任意的软件体系结构原子演化规则，也可以是任意的软件体系结构组合演化规则。软件体系结构并行演化的结果与运用演化规则 p_1 和 p_2 的顺序无关。

例 2.12　图 2.15 描述了并行运用增加连接件 cr_1 和增加连接件 cr_2 的并行演化规则的图示化过程。

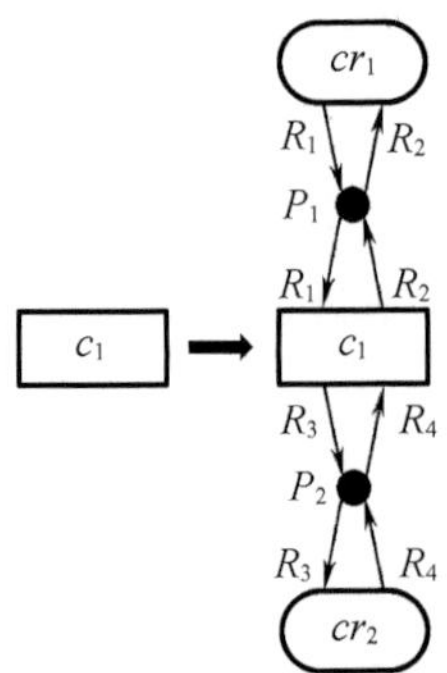

图 2.15　增加两个连接件并行演化规则的图示化过程

2.6　软件体系结构动态演化的超图文法

有了以上软件体系结构的原子演化规则和组合演化规则,则可以按照演化规则的实施过程,对软件体系结构进行相应的动态演化。为了刻画整个软件体系结构的动态演化过程,本书定义:

定义 2.15(软件体系结构动态演化超图文法)　一个软件体系结构动态演化超图文法是指一个 3 元组 $G=(\mathscr{H}, P, H_0)$,其中,

(1)$\mathscr{H}$ 表示动态演化过程中的有限软件体系结构超图集;

(2)P 表示系统定义的软件体系结构演化规则集;

(3)H_0 表示初始的软件体系结构超图。

有了软件体系结构动态演化超图文法,则可以按照文法的方式,形式化刻画整个软件体系结构的动态演化过程,具体演化过程的描述将在下一节案例分析中进行详细阐述。

2.7　案 例 分 析

为了描述基于超图文法的软件体系结构动态演化,本节使用一个基于 web 的电子商务系统作为应用场景。该系统包含三类构件:web 客户、web 服务器和 SQL Server 数据库服务器(简称 SQL Server 服务器);两类连接件:web 连接件和数据库连接件。Web 客户通过 web 连接件向 web 服务器发出访问资源的请求,web 服务器通过数据库连接件向 SQL Server 服务器发出访问数据的请求。SQL Server 服务器的响应通过数据库连接件发回给 web 服务器,web 服务器的响应通过 web 连接件发回给对应的客户。

假设该系统的初始软件体系结构如图 2.16 所示,其超图记为 H_0,其中 wc_1、ws_1、sdb_1 分别表示一个 web 客户实体、一个 web 服务器实体和一个 SQL Server 服务器实体,wcc_1、dbc_1 分别表示一个 web 连接件实体和一个数据库连接件实体,P_{w1}、P_{s1}、P_{sd1}、P_{d1} 分别表示 wc_1 和 wcc_1 之间、wcc_1 和 ws_1 之间、ws_1 和 dbc_1 之间、dbc_1 和 sdb_1 之间的通信端口,WR_1、WA_1、SR_1、SA_1……分别表示 web 客户请求(Web - client Request)、web 客户响应(Web - client Answer)、服务器请求(Server Request)、服务器响应(Server Answer)等。

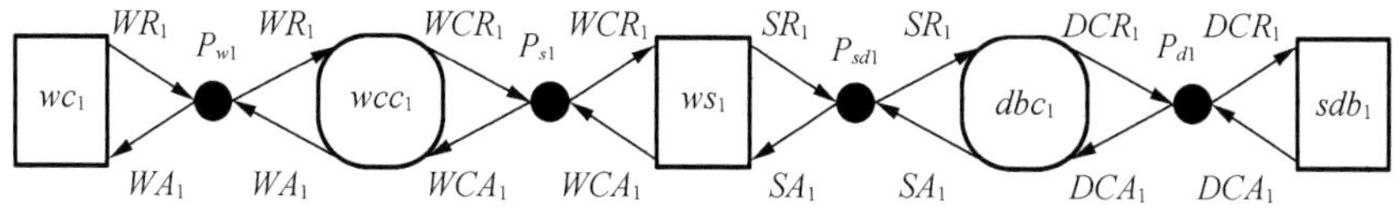

图 2.16　系统的初始软件体系结构

2.7.1 电子商务软件系统体系结构风格的定义

为了规范系统软件体系结构的动态演化，本书用软件体系结构风格刻画该系统软件体系结构的本质。当系统动态演化时，其软件体系结构必须遵循预先定义的软件体系结构风格，例如，保持相应的构件类型、连接件类型、通信端口类型、交互类型和约束等。

本节定义了上述应用场景的一个软件体系结构风格，该软件体系结构风格规定了本案例系统中的构件类型、连接件类型、通信端口类型、交互类型、体系结构约束等。例如，这里定义 web 客户的类型为 *WC*，web 服务器的类型为 *WS*，web 连接件的类型为 *WCC*，web 客户和 web 连接件的通信端口类型为 P_w，web 客户向 web 连接件发出请求的类型为 *WR*，定义软件体系结构约束：$\forall WC(wc),\ WCC(wcc) \Rightarrow \exists\,|P_w(wc,\ wcc)$，表示任意 web 客户 *wc* 和 web 连接件 *wcc* 之间只能通过一个端口相连，其中"$\exists\,|$"表示逻辑量词唯一存在，等等。该软件体系结构风格的类型超图如图 2.17 所示。

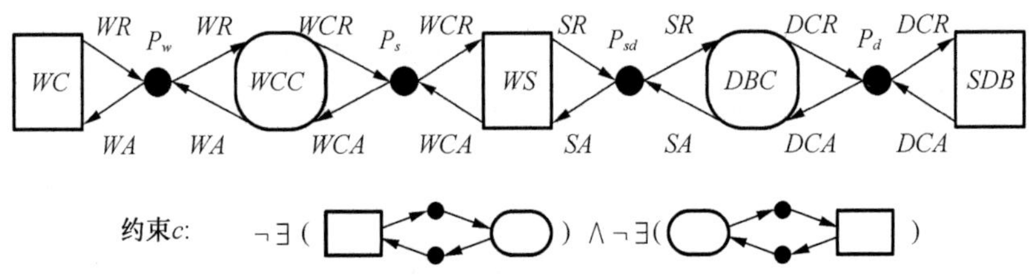

图 2.17 系统软件体系结构风格的类型超图

其形式化描述如下所示：

```
Style Web - based - e - commerce
  Component Web - client                          //定义构件类型
    Properties: WR, WA
  Component Web - server
    Properties: WCR, WCA, SR, SA
  Component SQL - database
    Properties: DCR, DCA
    …
  Connector Web - connector                       //定义连接件类型
    Properties: WR, WA, WCR, WCA
   Connector DB - connector
    Properties: SR, SA, DCR, DCA
    …
  Link Type                                       //定义通信端口类型和交互类型
    WC: Web - client, WS: Web - server, SDB: SQL - database,
    WCC: Web - connector, …
    Pw(WC, WCC)
```

```
    Ps(WCC, WS)
    WR(WC, WCC)
    WA(WCC, WC)
    …
  Constraints                                  //定义约束
    ∀ WC(wc), WCC(wcc) ⇒ ∃! Pw(wc,wcc)
    …
```

2.7.2 电子商务软件系统体系结构演化规则的设计

由本书第 2.4 节和第 2.5 节通用演化规则的定义,可直接导出本案例系统软件体系结构相应的演化规则。为了说明问题,这里仅以后文中用到的增加 web 服务器构件、增加移动用户构件、增加数据库连接件、替换 web 服务器构件、替换 SQL Server 服务器构件和拆分 web 连接件为例,定义案例系统软件体系结构的以下演化规则,其他演化规则的定义完全类似。这里仅给出演化规则的形式化语义,其图示化过程将在后面的小节中进行展示。

1. 增加 web 服务器演化规则

由增加构件原子演化规则(2.1),可得本案例系统中增加 web 服务器演化规则的形式化定义如下:

$$H \xrightarrow[2.1]{} H \cup \{WS(ws), SR(ws, dbc), SA(dbc, ws), P_{sd}(ws, dbc)\} \tag{2.15}$$

其中,H 为演化前的软件体系结构超图,数字 2.1 表示该规则是增加构件原子演化规则,ws 为 web 服务器构件实体,SR、SA 分别表示服务器请求和服务器响应等交互关系,P_{sd}表示相应的通信端口。

2. 增加移动用户演化规则

由增加构件原子演化规则(2.1),可得本案例系统中增加移动用户演化规则的形式化定义如下:

$$H \xrightarrow[2.1]{} H \cup \{MC(mc), MR(mc, mcr), MA(mcr, mc), P_m(mc, mcr)\} \tag{2.16}$$

其中,mc 为移动用户构件实体,MR、MA 分别表示相应的请求和响应等交互关系,P_m 表示相应的通信端口。

3. 增加数据库连接件演化规则

由增加连接件原子演化规则(2.2),可得本案例系统中增加数据库连接件演化规则的形式化定义如下:

$$H \xrightarrow[2.2]{} H \cup \{DBC(dbc), DCR(dbc, sdb), DCA(sdb, dbc), P_d(dbc, sdb)\} \tag{2.17}$$

其中,dbc 为数据库连接件实体,DCR、DCA 分别表示相应的请求和响应等交互关系,P_d 表示相应的通信端口。

4. 替换 web 服务器演化规则

由替换构件演化规则(2.5),可得本案例系统中替换 web 服务器演化规则的形式化定义如下：

$$H \xrightarrow[2.5]{} H \cup \{WMS(wms), WCR'(wcr,wms), WCA'(wms,wcr), P_s'(wcr,wms), SR'(wms,dbc), SA'(dbc,wms), P_{sd}'(dbc,wms)\} - \{WS(ws), WCR(wcr,ws), WCA(ws,wcr), P_s(wcr,ws), SR(ws,dbc), SA(dbc,ws), P_{sd}(ws,dbc)\} \quad (2.18)$$

该演化规则将一个 web 服务器构件 *ws* 替换为一个 web&mobile 服务器构件 *wms*。

5. 替换 SQL Server 服务器演化规则

由替换构件演化规则(2.5)，可得本案例系统中替换 SQL Server 服务器演化规则的形式化定义如下：

$$H \xrightarrow[2.5]{} H \cup \{ODB(odb), DCR'(dbc,odb), DCA'(odb,dbc), P_d'(dbc,odb)\} - \{SDB(sdb), DCR(dbc,sdb), DCA(sdb,dbc), P_d(dbc,sdb)\} \quad (2.19)$$

该演化规则将一个 SQL Server 服务器构件 *sdb* 替换为一个 Oracle 服务器构件 *odb*。

6. 拆分 web 连接件演化规则

由拆分连接件演化规则(2.8)，可得本案例系统中拆分 web 连接件演化规则的形式化定义如下：

$$H \xrightarrow[2.8]{} H \cup \{\{NWCC(nwcc), WR'(wc,nwcc), WA'(nwcc,wc), P_w'(wc,nwcc)\} \cup \{MCC(mcc), MCR(mcc,wms), MCA(wms,mcc), P_{ms}(mcc,wms)\}\} - \{WCR(wcc), WR(wc,wcc), WA(wcc,wc), P_w(wc,wcc)\} \quad (2.20)$$

该演化规则将一个 web 连接件 *wcc* 拆分为一个新的 web 连接件 *nwcc* 和一个移动连接件 *mcc*。

有了这些演化规则，下面 3 个小节将描述如何运用这些演化规则建模案例系统的软件体系结构动态演化过程。

2.7.3 升级 web 服务器动态演化的建模

随着本系统的运行，系统业务的规模越来越大、客户越来越多，单台 web 服务器已经不能满足业务服务的需求。现在要求该系统使用 web 服务器组来提供业务服务，且服务器组包含 n 个功能一样的 web 服务器(为方便描述，这里不妨设 $n=3$)，服务器组中新增加的 web 服务器都通过数据库连接件和 SQL Server 服务器相连。为了实现该演化，则可运用串行演化规则(2.11)分别增加两个新的 web 服务器，该串行演化规则由增加数据库连接件演化规则(2.17)和增加 web 服务器演化规则(2.15)串行组合而成。该系统软件体系结构动态演化过程的形式化描述如下：

$$H_0 \xrightarrow[11(17;15)]{} H_0 \cup \{\{DBC(dbc_2), DCR_2(dbc_2, sdb_1), DCA_2(sdb_1, dbc_2), P_{d2}(dbc_2, sdb_1)\}; \{WS(ws_2), SR_2(ws_2, dbc_2), SA_2(dbc_2, ws_2), P_{sd2}(ws_2, dbc_2)\}\} = H_1$$

$$\xrightarrow[11(17;15)]{} H_1 \cup \{\{DBC(dbc_3), DCR_3(dbc_3, sdb_1), DCA_3(sdb_1, dbc_3), P_{d3}(dbc_3,$$

$sdb_1)\};\{WS(ws_3),SR_3(ws_3,dbc_3),SA_3(dbc_3,ws_3),P_{sd3}(ws_3,dbc_3)\}\}=H_2$

其中，H_0 是系统初始软件体系结构超图，如图 2.16 所示，数字“11”表示这样运用的是串行演化规则(2.11)，“;”表示串行演化算子，dbc_2 和 dbc_3 表示服务器组中新增加的两个数据库连接件，ws_2 和 ws_3 表示新增加的两个 web 服务器，P_{d2}、P_{d3}、P_{sd2}、P_{sd3} 表示新增加的通信端口，等等。该系统软件体系结构的动态演化过程如图 2.18 所示。

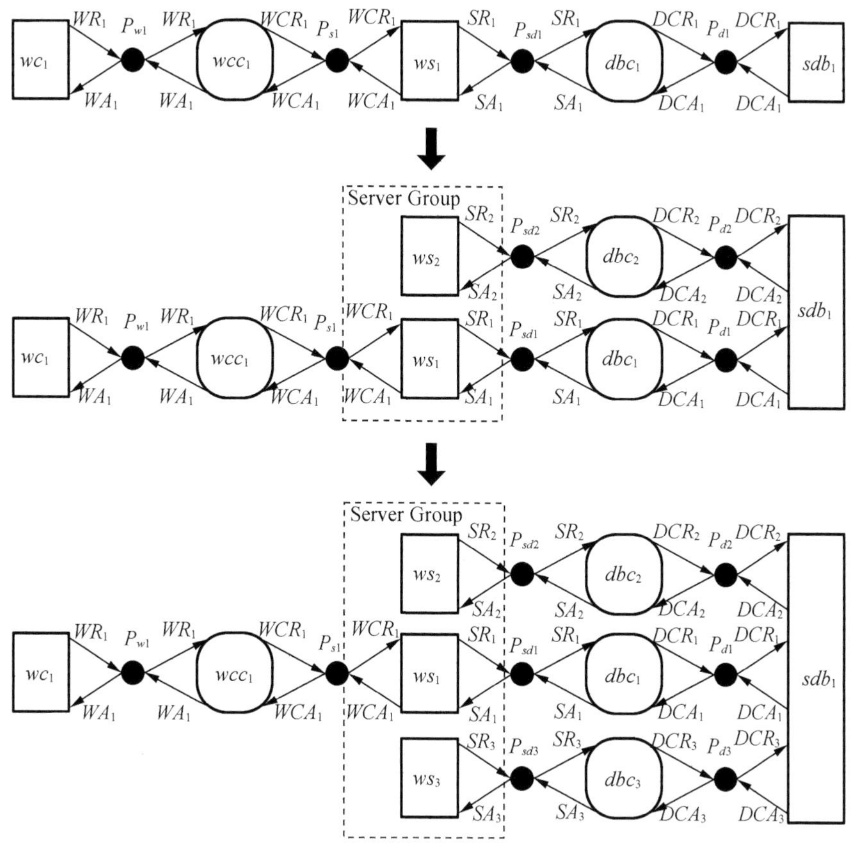

图 2.18　升级 web 服务器的动态演化过程

2.7.4　替换 SQL Server 服务器动态演化的建模

随着本系统的运行，系统规模越来越大、数据存储越来越多，系统向分布式系统发展，SQL Server 数据库已经不再适合系统的数据存储。为此，本系统要求使用 Oracle 数据库进行升级服务。为了实现该动态演化，可运用替换 SQL Server 服务器演化规则(2.19)进行演化，用 Oracle 数据库服务器(简称 Oracle 服务器)构件替换原有的 SQL Server 服务器构件。该系统软件体系结构动态演化过程的形式化描述如下：

$$H_2 \xrightarrow[19]{} H_2 \cup \{ODB(odb_1),DCR_1'(dbc_1,odb_1),DCA_1'(odb_1,dbc_1),P_{d1}'(dbc_1,odb_1),$$

$$DCR_2'(dbc_2,odb_1),DCA_2'(odb_1,dbc_2),P_{d2}'(dbc_2,odb_1),DCR_3'(dbc_3,odb_1),$$

$$DCA_3'(odb_1,dbc_3),P_{d3}'(dbc_3,odb_1)\} - \{SDB(sdb_1),DCR_1(dbc_1,sdb_1),$$

$$DCA_1(sdb_1,dbc_1),P_{d1}(dbc_1,sdb_1),DCR_2(dbc_2,sdb_1),DCA_2(sdb_1,dbc_2),$$

$$P_{d2}(dbc_2,sdb_1),DCR_3(dbc_3,sdb_1),DCA_3(sdb_1,dbc_3),P_{d3}(dbc_3,sdb_1)\}=H_3$$

其中,odb_1 表示一个 Oracle 服务器实体,DCR_1'表示数据库连接件实体 dbc_1 向 Oracle 服务器实体 odb_1 发出的请求,P_{d1}'表示 Oracle 服务器实体 odb_1 和数据库连接件实体 dbc_1 之间的通信端口,其他的依次类推。该系统软件体系结构的动态演化过程如图 2.19 所示。

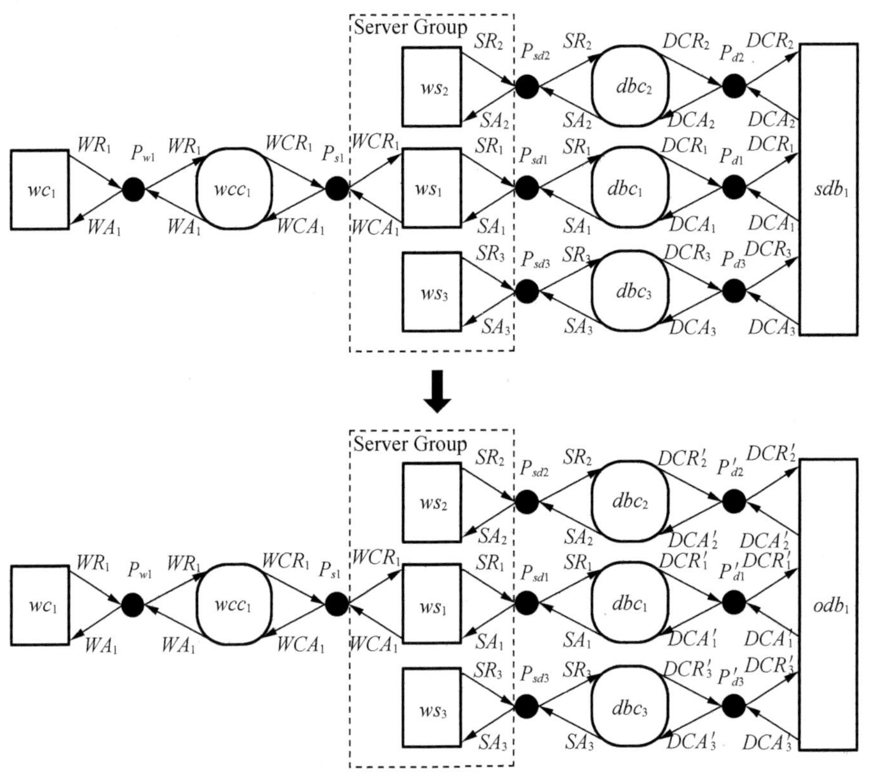

图 2.19 用 Oracle 服务器替换 SQL Server 服务器的动态演化过程

2.7.5 增加移动电子商务功能动态演化的建模

随着无线通信和移动技术的发展,本系统需要增加移动电子商务功能,为移动用户提供相应的服务。为此,本系统需要扩展原有 web 服务器的功能,使其既支持传统的 web 电子商务功能,又支持移动电子商务服务。为了实现该演化,则可以设计新的构件"web&mobile 服务器",并替换原有的 web 服务器,同时增加移动连接件支持移动用户。此时,本系统运用替换 web 服务器演化规则(2.18),用 web&mobile 服务器替换原有的 web 服务器,并运用拆分连接件演化规则(2.20),将原有的 web 连接件拆分成新的 web 连接件和移动连接件,最后运用增加移动用户演化规则(2.16),增加移动用户。该系统软件体系结构动态演化过程的形式化描述如下:

$$H_3 \xrightarrow[18]{} H_3 \cup \{WMS(wms_1),WCR_1'(wcr_1,wms_1),WCA_1'(wms_1,wcr_1),P_{s1}'(wcr_1,wms_1),$$

$$SR'_1(wms_1, dbc_1), SA'_1(dbc_1, wms_1), P'_{sd1}(dbc_1, wms_1)\} - \{WS(ws_1), WCR_1(wcr_1, ws_1), WCA_1(ws_1, wcr_1), P_{s1}(wcr_1, ws_1), SR_1(ws_1, dbc_1), SA_1(dbc_1, ws_1), P_{sd1}(ws_1, dbc_1)\} = H_4$$

$$\xrightarrow[20]{} H_4 \cup \{\{MCC(mcc_1), MCR_1(mcc_1, wms_1), MCA_1(wms_1, mcc_1), P_{ms1}(mcc_1, wms_1)\} \cup \{NWCC(nwcc_1), WR'_1(wc_1, nwcc_1), WA'_1(nwcc_1, wc_1), P'_{w1}(wc_1, nwcc_1)\}\} - \{WCR(wcc_1), WR_1(wc_1, wcc_1), WA_1(wcc_1, wc_1), P_{w1}(wc_1, wcc_1)\} = H_5$$

$$\xrightarrow[16]{} H_5 \cup \{MC(mc_1), MR_1(mc_1, mcr_1), MA_1(mcr_1, mc_1), P_{m1}(mc_1, mcr_1)\} = H_6$$

这里为了简便，只描述了对一台 web 服务器进行替换，对一个 web 连接件进行拆分，以及增加一个移动用户的演化过程，其他 web 服务器的动态演化过程完全类似。该动态演化过程如图 2.20 所示。

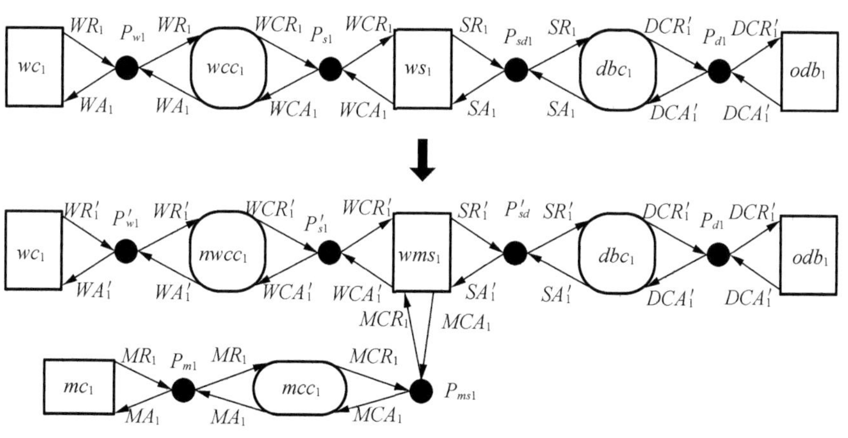

图 2.20　增加移动电子商务功能的动态演化过程

2.7.6　电子商务软件系统动态演化超图文法的制定

根据以上分析，可定义本案例系统软件体系结构动态演化的一个超图文法 $G = \{\{H_0, H_1, \cdots, H_n\}, P, H_0\}$，其中，$H_0$ 为本系统的初始体系结构超图，$H_1, \cdots, H_n$ 为本系统动态演化过程中的有限软件体系结构超图系列，P 为如第 2.7.2 节所定义的演化规则集。按照该超图文法，本系统软件体系结构则可以按照定义的演化规则、演化规则的实施过程，进行相应的动态演化。

2.8　本章小结

软件体系结构动态演化通常由一系列复杂的活动组成，包括增加、删除和替换软件系统的组成部分，重配置软件系统的拓扑结构等。这些演化活动通常是以一定的软件体系结构演化操作来实现，典型的软件体系结构演化操作包括构件和连接件的增加、删除、替换，以及构件之间交互关系、拓扑结构的改变等。

软件体系结构一般采用图形的方式表示，这种方法具有直观、形象等特点。但一般的图在描述构件与构件之间、构件与连接件之间的交互行为方面存在不足。为了充分描述软件体系结构的配置、行为及其风格，本章在介绍超图相关概念的基础上，利用超图表示软件体系结构，用基于超图态射的产生式规则表示软件体系结构演化规则，设计了四个通用的软件体系结构原子演化规则，即增加构件演化规则、增加连接件演化规则，删除构件演化规则和删除连接件演化规则，以及八个通用的软件体系结构组合演化规则，即替换构件演化规则、替换连接件演化规则、拆分构件演化规则、拆分连接件演化规则、重组构件演化规则、重组连接件演化规则、串行演化规则和并行演化规则。通过这些演化规则，再给定一个软件系统体系结构的初始超图，则可以定义软件体系结构动态演化的超图文法，建模整个系统软件体系结构的动态演化过程。

第3章　软件体系结构动态演化的约束和应用条件刻画

3.1　软件体系结构动态演化的约束和应用条件问题

软件体系结构的动态演化过程受到诸多复杂因素的制约，例如，必须满足系统软件体系结构的约束；在特定的情形下，软件体系结构演化规则的运用必须满足一定的应用条件等[4]。虽然研究者在软件体系结构动态演化方面做了较多的工作，但只有少数学者提及软件体系结构动态演化的约束或条件。例如，Bruni 等[58]、马晓星等[60]在他们工作的案例分析中提及负应用条件（Negative Application Conditions）[82]在软件体系结构动态演化中的使用，但没有提供相关的理论依据和深入研究。另外，Tibermacine 等[83]提出用对象约束语言 OCL（Object Constraint Language）[105]描述全局的软件体系结构约束，并确保这些约束在软件开发过程中都被遵守，但没有涉及软件体系结构动态演化的约束。Zhang 等[84]提出用时态逻辑描述动态自适应软件的语义，用线性时态逻辑 LTL 刻画其中的约束，但没有考虑软件体系结构动态演化必须满足的应用条件。然而，确定软件体系结构动态演化的相关约束以及在什么条件下才能进行动态演化是保障软件体系结构正确演化的重要手段，对保证软件体系结构动态演化的正确性具有重要意义。

本章主要考虑两类软件体系结构动态演化的制约因素：系统软件体系结构动态演化时应满足的约束（本章称之为软件体系结构动态演化的约束）和软件体系结构演化规则运用的条件（本章称之为软件体系结构演化规则的应用条件）。本章将约束引入到超图中，将应用条件扩展到超图文法中，采用超图约束表示软件体系结构动态演化的约束，建立软件体系结构演化规则的左应用条件和右应用条件；然后讨论条件超图文法在软件体系结构动态演化建模过程中的应用，在此基础上，给出软件体系结构动态演化的一致性定义，以及相应的一致性判定方法，并结合实例，对软件体系结构动态演化的一致性进行了讨论；最后根据所提出的方法，利用 AGG 工具进行了软件体系结构动态演化的实验模拟与分析。

3.2 软件体系结构动态演化的约束表示

本书用超图约束表示软件体系结构动态演化的相关约束。超图约束表达的是超图中的结构限制。它的基本思想是对给定的超图进行一定的限制，如必须存在或禁止存在一定的超图结构[3-4]。因此，可用超图约束来表达基于超图的软件体系结构动态演化的约束。下面先通过具体的例子，描述软件体系结构动态演化约束的表示。

例 3.1 软件体系结构动态演化约束一：在软件体系结构动态演化过程中，规定任何构件和连接件都只能通过一个通信端口相连，即禁止构件和连接件通过两个或更多的通信端口进行相连。为了描述上述动态演化约束，可用如图 3.1 所示的超图约束进行表示。

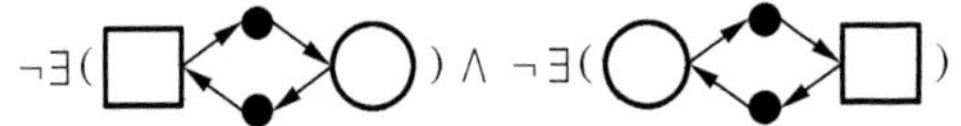

图 3.1 软件体系结构动态演化约束一的超图表示

其中，“¬”表示逻辑联结词非，“∃”表示逻辑量词存在，“∧”表示逻辑联结词与。图 3.1 所示的超图约束对应的逻辑公式为

$$\forall c_i,\ cr_j \Rightarrow \neg\exists\,(p_1(c_i \wedge cr_j) \wedge p_2(c_i \wedge cr_j) \wedge p_1 \neq p_2)$$

其中，c_i表示任意的构件，cr_j表示任意的连接件，p_1、p_2表示 c_i和 cr_j之间的通信端口。

例 3.2 软件体系结构动态演化约束二：在 C/S 系统软件体系结构动态演化过程中，如果存在客户，则必存在服务器为之服务。为了描述上述演化约束，可用如图 3.2 所示的超图约束进行表示。

∀(c) ⇒ ∃(s)

图 3.2 软件体系结构演化约束二的超图表示

其对应的逻辑公式为

$$\forall C(c) \Rightarrow \exists S(s)$$

其中，c 表示任意的客户构件，s 表示任意的服务器构件。

更详细的软件体系结构动态演化约束描述，将在第 3.5 节中结合案例进行讨论。

在软件体系结构动态演化过程中，为了运用超图约束限制软件体系结构的动态演化，本章扩展第 2 章的定义 2.13，采用带约束的超图（简称约束超图）表示软件体系结构，为此建立以下定义：

定义 3.1（约束超图化的软件体系结构） 一个约束超图化的软件体系结构定义为一个 7 元组 $SA=(E_{SA},\ V_{SA},\ s_{SA},\ t_{SA},\ vl_{SA},\ el_{SA},\ C_{SA})$，其中，

（1）E_{SA}是超边集合，代表软件体系结构 SA 中的所有构件和连接件；

（2）V_{SA}是节点集合，代表 SA 中所有构件和连接件之间的通信端口，用于表示构件端口

和连接件角色之间的绑定,即构件与连接件之间的连接关系;

(3)s_{SA}, $t_{SA}:E_{SA}\to V_{SA}^*$分别是超边的入节点和出节点映射,代表 SA 中构件与连接件之间的交互关系;

(4)vl_{SA},el_{SA}分别是超边和节点上的标记函数,代表 SA 中构件、连接件和通信端口的相关属性;

(5)C_{SA}是超图约束集合,代表 SA 中的所有约束。

相对于一般的超图,采用约束超图表示软件体系结构,除了一般超图表示的优点外,还可以非常直观地刻画软件体系结构的相关约束。为了方便,后文中将约束超图仍简称为超图。

3.3　软件体系结构演化规则的应用条件刻画

在上一章第2.3.1节中,由演化规则的定义和实施过程,得到了软件体系结构演化规则的可用性条件(命题2.1),即演化规则 $p:L\to R$ 的左手边 L 是软件体系结构超图 H 的一个子图。本书也称该条件为运用演化规则 p 于软件体系结构超图 H 的必要条件。除了该必要条件外,在特定的环境下,运用演化规则进行软件体系结构动态演化还可能存在一些上下文条件。

本节主要讨论运用演化规则进行软件体系结构动态演化时的上下文条件,简称为软件体系结构演化规则的应用条件。为了刻画演化规则的应用条件,将条件引入到演化规则,用左、右应用条件描述软件体系结构演化规则运用的前断言和后断言。

3.3.1　软件体系结构演化规则的左应用条件

定义3.2(软件体系结构演化规则的左应用条件)　设 $p:L\to R$ 是一个软件体系结构演化规则,H 是一个软件体系结构超图,$c:L\to L'$是一个超图约束,且 L 是 H 的一个子图,即存在一个超图单射 $m:L\to H$。如果存在一个超图单射 $n:L'\to H$,使得 $n\circ c=m$,则称 c 是演化规则 p 的一个正左应用条件(Positive Left Application Condition)。此时也称 mPL-满足 c,记为 $m|=_{PL}c$。如果不存在一个超图单射 $n:L'\to H$,使得 $n\circ c=m$,则称 c 是 p 的一个负左应用条件(Negative Left Application Condition)。此时也称 mNL-满足 c,记为$m|=_{NL}c$,即$m|=_{NL}c\Leftrightarrow m|\neq_{PL}c$。

$m|=_{PL}c$ 表明,只有当软件体系结构超图 H 上存在超图结构 L'时,才能运用 p 进行软件体系结构动态演化,即正左应用条件刻画的是运用演化规则前必须满足的条件;$m|=_{NL}c$ 表明,当软件体系结构超图 H 上存在超图结构 L'时,则禁止运用 p 进行动态演化,即负左应用条件刻画的是运用演化规则前不能出现的条件。

软件体系结构演化规则 p 的正左应用条件和负左应用条件通称为 p 的左应用条件。软件体系结构演化规则的左应用条件刻画的是演化规则运用的前断言,即演化规则运用前软件体系结构必须满足的条件。

3.3.2　软件体系结构演化规则的右应用条件

定义3.3(软件体系结构演化规则的右应用条件)　设 $p:L\to R$ 是一个软件体系结构演

化规则，H'是一个软件体系结构超图，$c^*:R \to R'$是一个超图约束，且 R 是 H'的一个子图，即存在一个超图单射 $m^*:R \to H'$。如果存在一个超图单射 $n^*:R' \to H'$，使得 $n^* \circ c^* = m^*$，则称 c^*是演化规则 p 的一个正右应用条件(Positive Right Application Condition)。此时也称 m^* PR - 满足 c^*，记为$m^* \mid =_{PR} c^*$。如果不存在一个超图单射 $n^*:R' \to H'$，使得 $n^* \circ c^* = m^*$，则称 c^* 是 p 的一个负右应用条件(Negative Right Application Condition)。此时也称 m^* NR - 满足 c^*，记为$m^* \mid =_{NR} c^*$，即$m^* \mid =_{NR} c^* \Leftrightarrow m^* \mid \neq_{PR} c^*$。

$m^* \mid =_{PR} c^*$表明，只有当运用演化规则 p 演化后的软件体系结构超图 H'上存在超图结构 R'时，才能使用 p 进行软件体系结构动态演化，即正右应用条件刻画的是运用演化规则后必须满足的条件；$m^* \mid =_{NR} c^*$表明，如果运用演化规则 p 演化后的软件体系结构超图 H'上存在超图结构 R'时，则禁止运用 p 进行动态演化，即负右应用条件刻画的是运用演化规则后不能出现的条件。

软件体系结构演化规则 p 的正右应用条件和负右应用条件通称为 p 的右应用条件。软件体系结构演化规则的右应用条件刻画的是演化规则运用的后断言，即演化规则运用后软件体系结构必须满足的条件。

3.3.3　软件体系结构演化规则的应用条件

定义 3.4(软件体系结构演化规则的应用条件)　设 H、H'是两个软件体系结构超图，$p:L \to R$是一个软件体系结构演化规则，$a = (a_L,\ a_R)$称为 p 的一个应用条件，其中 a_L是 p 的左应用条件，a_R是 p 的右应用条件。运用 p 从 H 到 H'的软件体系结构演化满足应用条件 $a = (a_L,\ a_R)$，是指存在一个如图 2.7(c)所示的单推出 SPO，使得 $m \mid = \alpha_L$ 且$m^* \mid = \alpha_R$。当 a_L恒满足时，记 $a = a_R$，当 a_R恒满足时，记 $a = a_L$。

为了简便和直观，本节采用图形的方式表示软件体系结构演化规则的应用条件。软件体系结构演化规则 p 的左边加上一个带虚线框的超图单射表示 p 的正左应用条件，若在虚线框上有一个“×”，则表示 p 的负左应用条件。

例 3.3　图 3.3(a)、3.3(b)分别表示运用软件体系结构演化规则增加构件 c_1时的一个正左应用条件和一个负左应用条件，即增加构件 c_1时，系统软件体系结构必须存在和禁止存在另一个构件 c。

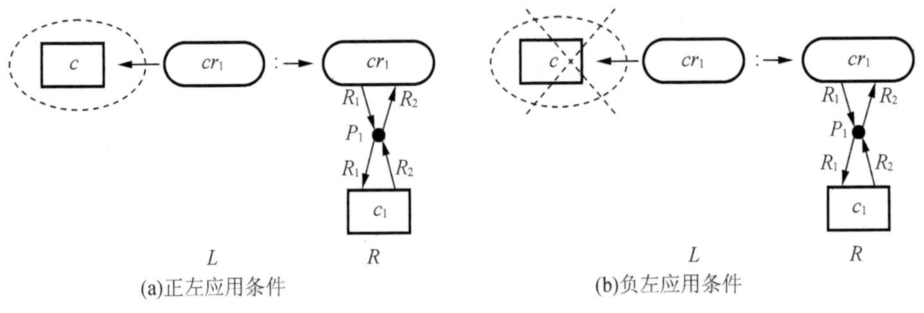

(a)正左应用条件　　(b)负左应用条件

图 3.3　软件体系结构演化规则的左应用条件

类似地,可以表示软件体系结构演化规则的右应用条件。

例 3.4　图 3.4 表示运用软件体系结构演化规则增加构件 c_1时的一个负右应用条件,即增加构件 c_1后,系统软件体系结构中与构件 c_1类型相同的构件数量不能超过 3 个。

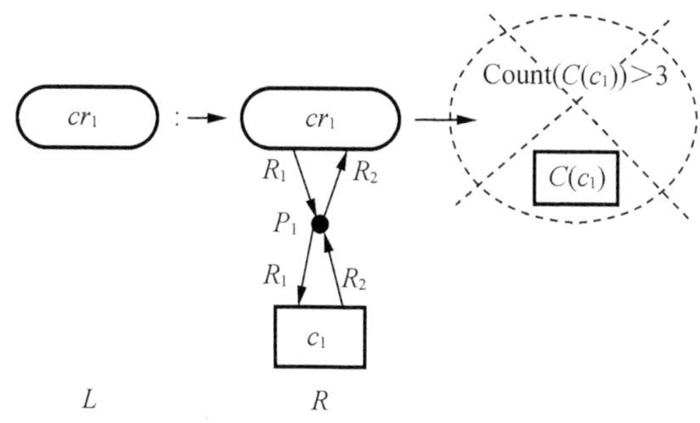

图 3.4　软件体系结构演化规则的右应用条件

这里,用 Count($C(c_1)$)表示系统软件体系结构中与构件 c_1类型相同的构件个数。

3.4　软件体系结构动态演化的条件超图文法建模

3.4.1　带应用条件的软件体系结构演化规则实施

假设有一个软件体系结构,其对应的超图为 H,给定一个软件体系结构演化规则 $p:L\rightarrow R$, $a=(a_L,\ a_R)$是 p 的一个应用条件,则运用 p 对 H 进行软件体系结构动态演化的实施过程可描述如下:

(1)在 H 中寻找一个子图 L,若不存在,则不能运用 p 进行软件体系结构动态演化,否则进入第(2)步。

(2)检测应用条件 $a=(a_L,\ a_R)$是否满足,即检测动态演化前的软件体系结构超图 H 是否满足左应用条件 a_L,且运用 p 动态演化后的软件体系结构超图 H'是否满足右应用条件 a_R。

(3)如果满足应用条件 a,则用超图 R 对 L 进行替换,并保留 H 中的其他部分不变,得到动态演化后的软件体系结构超图 H',即系统体系结构由初始的体系结构超图 H 演化到新的体系结构超图 H'。若不满足应用条件 a,则禁止运用 p 进行软件体系结构动态演化。

3.4.2　软件体系结构动态演化的条件超图文法

根据带应用条件的演化规则,本章扩展第 2 章的超图文法,用条件超图文法建模软件体系结构的动态演化过程,为此建立以下定义:

定义 3.5(软件体系结构动态演化的条件超图文法)　一个软件体系结构动态演化的条件超图文法,也称为带应用条件的软件体系结构动态演化超图文法,是指一个 4 元组

$G=(\mathscr{H}, P, H_0, AC)$,其中,

(1)$\mathscr{H}$表示动态演化过程中有限的软件体系结构超图集;

(2)P 表示有限的软件体系结构演化规则集;

(3)H_0表示初始软件体系结构超图;

(4)AC 表示 P 上的应用条件集。

有了软件体系结构动态演化的条件超图文法,则可以按照第 3.4.1 节中带应用条件的演化规则实施过程,建模软件体系结构的动态演化过程,具体动态演化过程的描述将在第 3.5节案例分析中进行详细介绍。

利用条件超图文法描述软件体系结构动态演化,其中所有演化过程中的软件体系结构超图集可表示为该文法生成的一种语言 $L(G)=\{H \mid H_0 \xrightarrow[*]{} H\}$。该方法不仅可以直观地描述软件体系结构动态演化,而且可以使用基于文法的形式化方法刻画软件体系结构动态演化过程,还能有效地描述软件体系结构动态演化的前断言和后断言。

3.5 案例分析

本节使用一个基于 C/S 风格的应用系统作为案例,讨论如何构建条件超图文法,并刻画软件体系结构动态演化过程。如图 3.5 所示,该系统包含三类构件:客户 C(Client)、控制服务器 CS (Control - Server)和服务器 S(Server);两类连接件:客户连接件 CC(CConector)和服务器连接件 SC(SConector)。客户通过控制服务器向服务器组发出访问资源的请求,通过一定的机制,服务器组中的某台服务器负责对该请求进行响应,控制服务器负责将服务器的响应返回给该客户,其中,客户和客户连接件通过通信端口 Pc 连接,客户连接件和控制服务器通过通信端口 Pcs 连接,控制服务器和服务器连接件通过通信端口 Pss 连接,服务器连接件和服务器通过通信端口 Ps 连接,CR、CA、SR、SA…分别表示客户请求(Client Request)、客户响应(Client Answer)、服务器请求(Server Request)、服务器响应(Server Answer)等交互关系。

3.5.1 C/S 系统动态演化的约束表示

为了提高效率和减少运行成本,系统可根据运行情况动态调整在线服务器的数量。同时,系统软件体系结构动态演化还必须满足一定的约束,本书定义以下软件体系结构动态演化的约束:

(1)系统动态演化过程中只能包含一台控制服务器。用逻辑公式可表示为:$\neg\exists(cs_1 \in H \wedge cs_2 \in H)$,其中 cs_1、cs_2表示控制服务器构件,H 表示系统动态演化过程中的任意软件体系结构超图。其超图约束如图 3.6 所示。

(2)系统动态演化过程中最多只能有 m 台服务器,为了简便,这里不妨设 $m=2$。用逻辑公式可表示为:$\neg\exists(s_1 \in H \wedge s_2 \in H \wedge s_3 \in H)$,其中 s_1、s_2、s_3表示服务器构件,H 表示系统动态演化过程中的任意软件体系结构超图。其超图约束如图 3.7 所示。

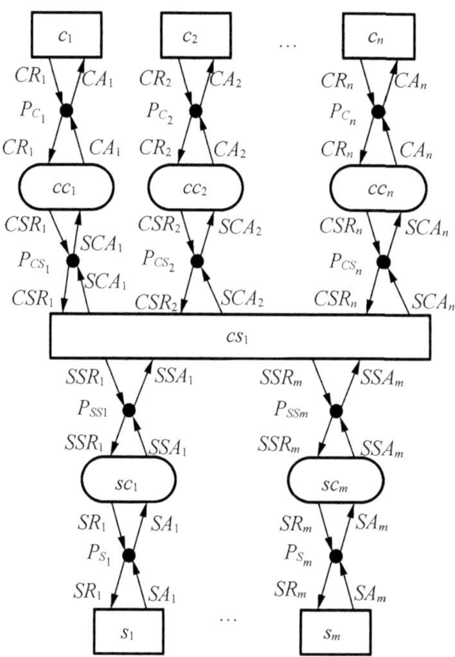

图 3.5　客户/服务器系统例子

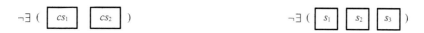

图 3.6　系统软件体系结构动态演化约束(a)

图 3.7　系统软件体系结构动态演化约束(b)

(3)系统动态演化过程中同时最多只能接受 10 个客户的连接请求。用逻辑公式可表示为：$\neg\exists(c_1\in H\wedge c_2\in H\wedge c_3\in H\wedge c_4\in H\wedge c_5\in H\wedge c_6\in H\wedge c_7\in H\wedge c_8\in H\wedge c_9\in H\wedge c_{10}\in H\wedge c_{11}\in H)$，其中 $c_i(i=1,2,\cdots,11)$ 表示客户构件，H 表示系统动态演化过程中的任意软件体系结构超图。其超图约束如图 3.8 所示。

¬∃ (c_1 c_2 c_3 … c_{11})

图 3.8　系统软件体系结构动态演化约束(c)

(4)为了保证系统通信时不出现环路，每个构件和连接件(即客户与客户连接件、客户连接件与控制服务器、控制服务器与服务器连接件、服务器连接件与服务器)，只能通过一个通信端口相连。用逻辑公式分别表示如下：

(a) $\neg\exists(Pc_1(c,cc)\in H\wedge Pc_2(c,cc)\in H\wedge Pc_1\neq Pc_2)$；

(b) $\neg\exists(Pcs_1(cc,cs)\in H\wedge Pcs_2(cc,cs)\in H\wedge Pcs_1\neq Pcs_2)$；

(c) $\neg\exists(Pss_1(cs,sc)\in H\wedge Pss_2(cs,sc)\in H\wedge Pss_1\neq Pss_2)$；

(d) $\neg\exists(Ps_1(sc,s)\in H\wedge Ps_2(sc,s)\in H\wedge Ps_1\neq Ps_2)$。

其中，$Pc_1(c,\ cc)$ 表示任意客户构件 c 和客户连接件 cc 之间的通信端口，$Pcs_1(cc,\ cs)$ 表

示任意客户连接件 cc 和控制服务器构件 cs 之间的通信端口,$Pss_1(cs, sc)$ 表示任意控制服务器构件 cs 和服务器连接件 sc 之间的通信端口,$Ps_1(sc, s)$ 表示任意服务器连接件 sc 和服务器构件 s 之间的通信端口,H 表示系统动态演化过程中的任意软件体系结构超图。其超图约束如图 3.9 所示。

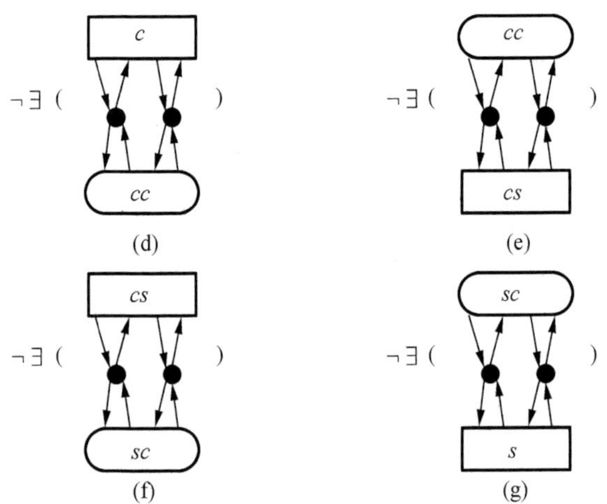

图 3.9 系统软件体系结构动态演化约束(d)~(g)

(5)系统中,如果存在客户,则必存在服务器。用逻辑公式可表示为:$\forall c_1 \in H \Rightarrow \exists s_1 \in H$,其中 c_1 表示客户构件,s_1 表示服务器构件,H 表示系统动态演化过程中的任意软件体系结构超图。其超图约束如图 3.10 所示。

$$\forall(\boxed{c_1}) \Rightarrow \exists(\boxed{s_1})$$

图 3.10 系统软件体系结构动态演化约束(h)

3.5.2 C/S 系统软件体系结构演化规则的设计

为了说明问题,本节仅仅以增加构件和连接件演化、删除构件和连接件动态演化为例,定义以下案例系统的软件体系结构演化规则,其他演化规则的定义类似。另外,本小节仅给出演化规则的图示化表示,其形式化表示可参考本书第 2.4 节类似定义。

1. 增加控制服务器演化规则

该演化规则为系统增加一个控制服务器实体。因为控制服务器是系统的核心构件,本文假设在增加控制服务器实体前,没有任何其他实体存在,运用该演化规则后,系统仅增加一个控制服务器实体。令系统初始体系结构超图 $cs_0 = \varnothing$,则该演化规则如图 3.11 所示,这里假设控制服务器暂时没有连接件相连,故没有画出其上的触须(tentacles)。

2. 其他演化规则

类似地,可以定义增加服务器连接件演化规则、增加服务器演化规则、增加客户连接件演化规则、增加客户演化规则、删除客户演化规则、删除客户连接件演化规则、删除服务器演化规则、删除服务器连接件演化规则、删除控制服务器演化规则,分别如图 3.12 至图 3.20 所示。

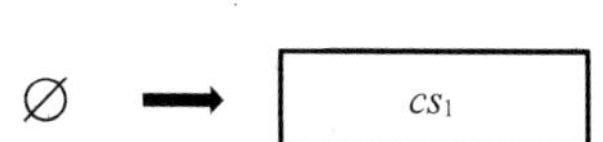

图 3.11　增加控制服务器演化规则

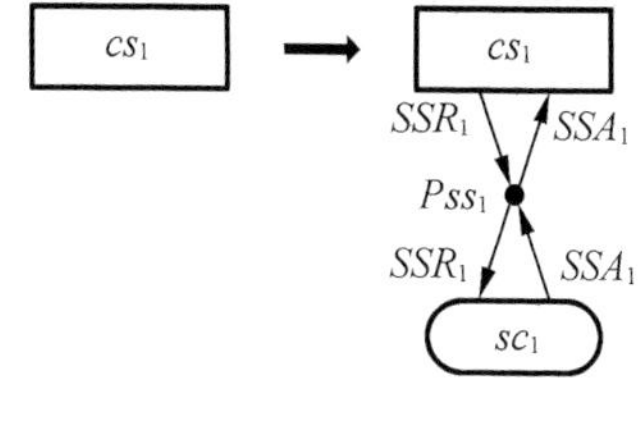

图 3.12　增加服务器连接件演化规则

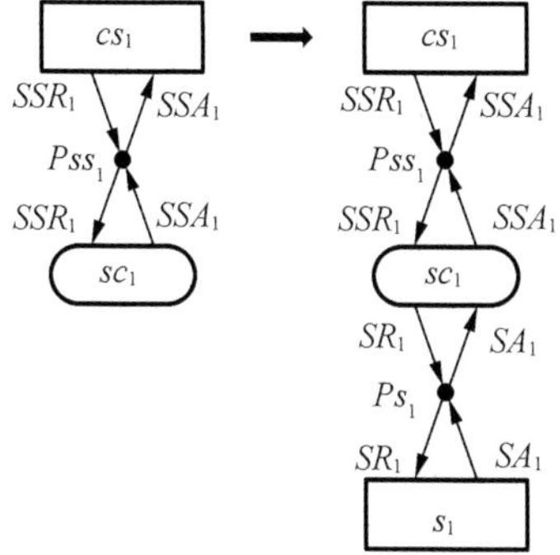

图 3.13　增加服务器演化规则

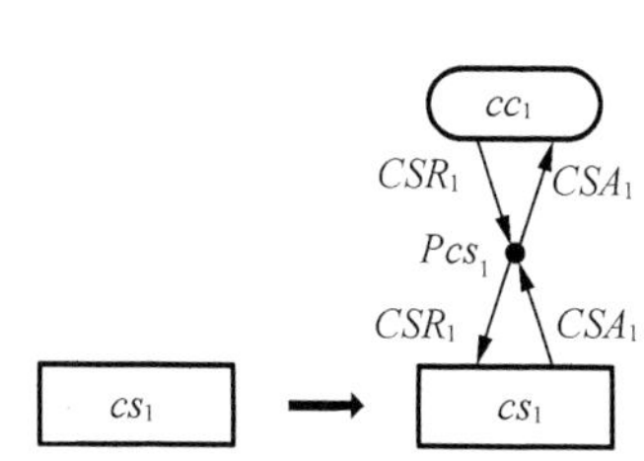

图 3.14　增加客户连接件演化规则

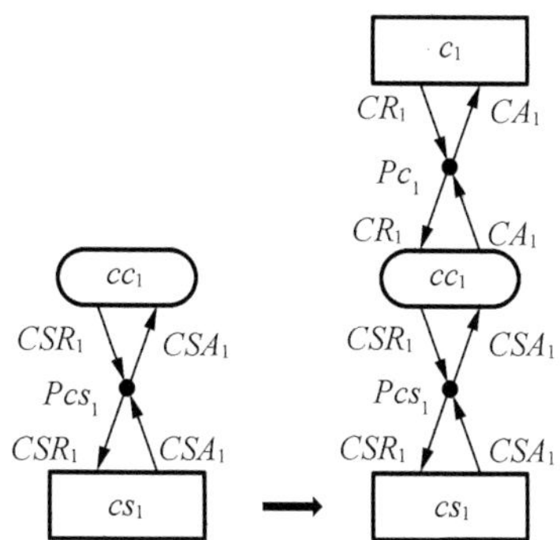

图 3.15　增加客户演化规则

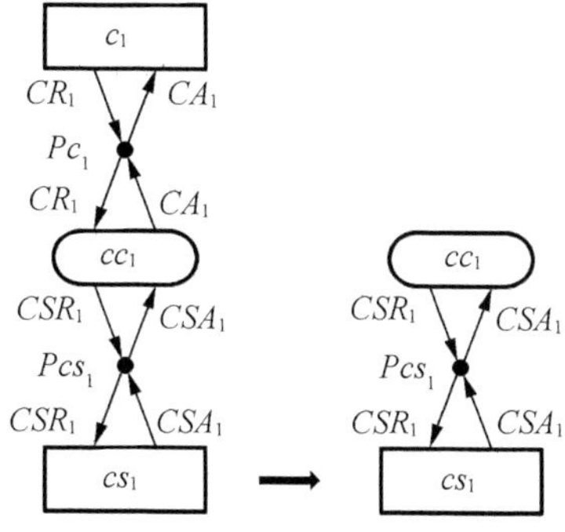

图 3.16　删除客户演化规则

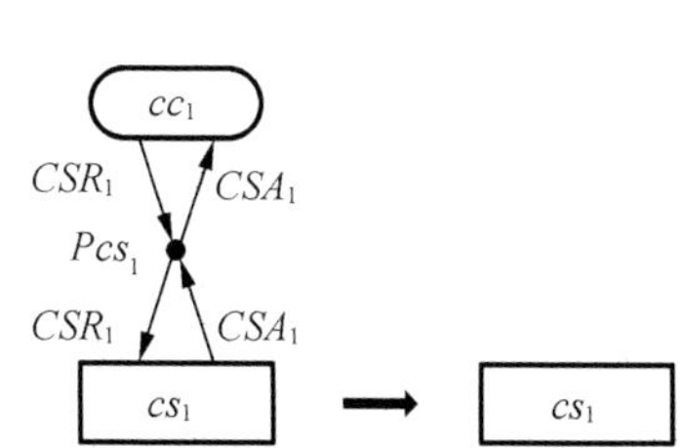

图 3.17　删除客户连接件演化规则

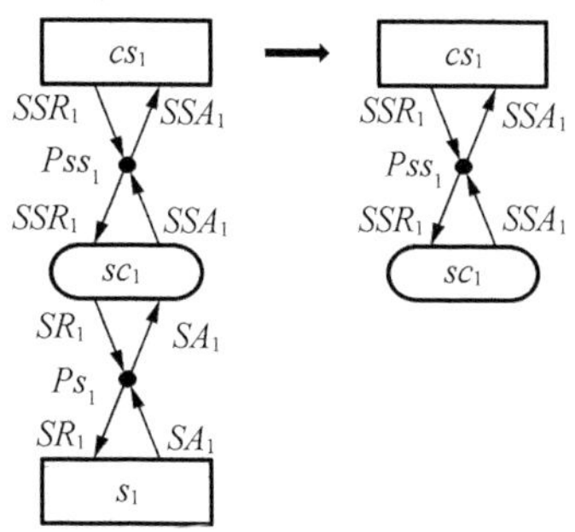

图 3.18　删除服务器演化规则

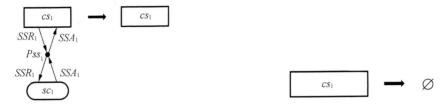

图 3.19　删除服务器连接件演化规则　　　图 3.20　删除控制服务器演化规则

3.5.3　C/S 系统软件体系结构动态演化应用条件的描述

为了描述运用演化规则进行系统软件体系结构动态演化的上下文条件，本小节定义以下应用条件：

(1)对图 3.11 所示的增加控制服务器演化规则，由于该规则的左手边为空，可以任意匹配。根据系统软件体系结构的动态演化约束(a)，为了保证系统动态演化过程中只能有一台控制服务器存在，本节对该规则增加一个负左应用条件，即系统软件体系结构中不能已经存在控制服务器。当运用该演化规则时，首先判断系统中是否存在一台控制服务器。如果不存在，则可运用该规则进行软件体系结构动态演化；否则，则禁止运用该规则进行软件体系结构动态演化。该增加控制服务器演化规则的应用条件如图 3.21 所示。

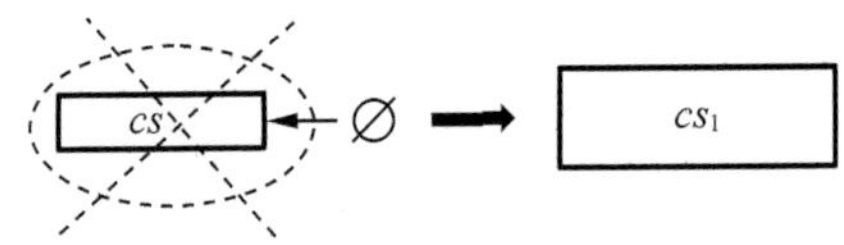

图 3.21　带应用条件的增加控制服务器演化规则

(2)当运用增加服务器演化规则增加服务器时，根据系统软件体系结构的动态演化约束(b)，为了保证系统动态演化过程中最多只有两台服务器存在，此时系统中不能已经存在两台服务器。带应用条件的增加服务器演化规则如图 3.22 所示。

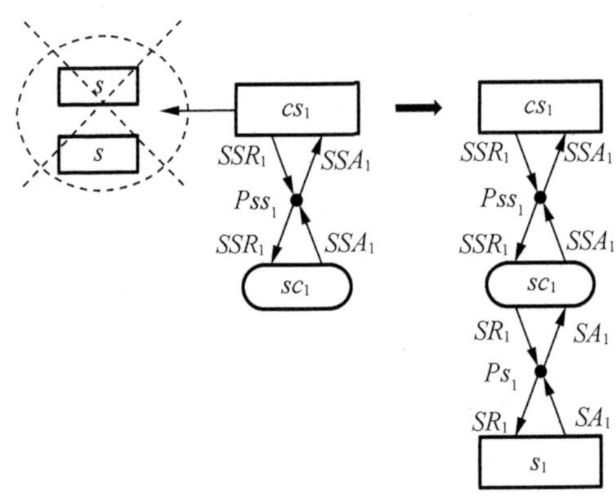

图 3.22　带应用条件的增加服务器演化规则

(3)当运用增加客户演化规则增加客户时,根据系统软件体系结构的动态演化约束(h),系统必须有服务器存在。即系统只能先增加服务器,后增加客户。另外,根据系统软件体系结构的动态演化约束(c),增加客户后,系统中客户构件的总数不能超过 10 个。该增加客户演化规则的应用条件如图 3.23 所示,这里用 Count(c)表示系统软件体系结构中连接的客户构件的个数。

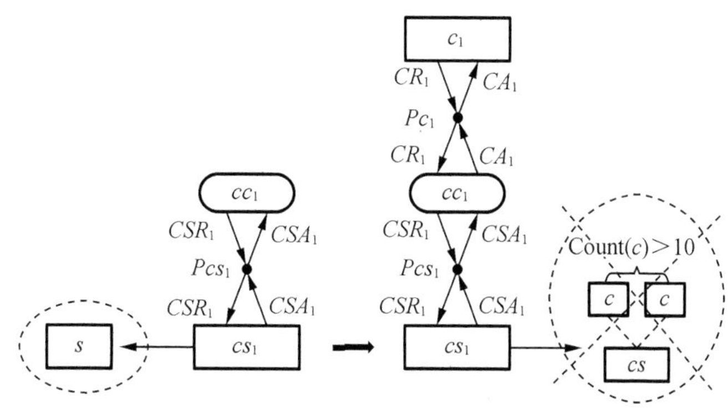

图 3.23　带应用条件的增加客户演化规则

类似地,可定义其他演化规则的应用条件,限于篇幅,这里不再描述。

3.5.4　C/S 系统软件体系结构条件超图文法的定义

根据以上分析,可以定义该系统软件体系结构动态演化的一个条件超图文法 $G = \{\{H_0, H_1, \cdots, H_n\}, P, H_0, AC\}$,其中,$H_0$为系统初始体系结构超图,$H_1, \cdots, H_n$为系统动态演化过程中的有限软件体系结构超图系列,$P$ 为如第 3.5.2 节所定义的演化规则集,AC 为如第 3.5.3节所定义演化规则的应用条件集。按照该条件超图文法,系统软件体系结构则可以按照定义的演化规则和演化规则的实施过程,进行相应的动态演化。具体动态演化过程和上一章的第 2.7 节类似,这里限于篇幅,不再描述,只是在运用相应演化规则进行软件体系结构动态演化时,必须进行相应的左右应用条件判定。只有左右应用条件均满足时,才能运用相应的演化规则进行软件体系结构动态演化,否则,禁止运用该演化规则进行软件体系结构动态演化。

3.6　基于约束和应用条件的软件体系结构动态演化一致性分析

3.6.1　软件体系结构动态演化的一致性定义

一致性[85]通常用于描述动态演化过程中所有软件体系结构都必须拥有的性质,例如,存在或唯一存在一定的体系结构元素或连接关系等。这些软件体系结构性质与系统的动态演化过程无关。为了保证软件体系结构动态演化过程前后的一致性,本节给出以下定义。

定义 3.6(软件体系结构动态演化的一致性) 设 $\mathscr{H}$ 为系统动态演化过程中的软件体系结构超图集,给定软件体系结构动态演化约束 c,若对任意的软件体系结构超图 $H \in \mathscr{H}$, $H| = c$,则称 c 为该软件体系结构动态演化的一个一致性约束。软件体系结构动态演化中定义的所有一致性约束集合称为该软件体系结构动态演化的一致性条件。在系统动态演化过程中,如果所有的软件体系结构均满足一致性条件,则称该系统软件体系结构动态演化是一致的。

3.6.2 软件体系结构动态演化一致性判定

命题 3.1(软件体系结构动态演化约束的可满足性) 给定两个软件体系结构超图 H 和 H',一个软件体系结构演化规则 $p:L\to R$,以及一个软件体系结构动态演化约束 $c:G\to C$, $H \xrightarrow[p]{} H'$表示软件体系结构超图 H 可运用演化规则 p 一步演化到软件体系结构超图 H'。若 $H| = c$ 且$R| = c$,则$H'| = c$。

证明:如图 3.24 所示,设 $K = H - L$,则 K 是 H 的子超图,显然$K| = c$。由超图约束的定义可知,若$K| = c$,则对每一个超图单射 $g_k = G\to K$,存在一个超图单射 $q_k = C\to K$,使得 $q_k \circ c = g_k$。又因为$R| = c$,故对每一个超图单射 $g_r = G\to R$,存在一个超图单射 $q_r = C\to R$,使得 $q_r \circ c = g_r$。由运用软件体系结构演化规则的实施过程可知,$K\cap R = \varnothing$。

现对于每一个超图单射 $g' = g_k \cup g_r: G\to K\cup R$,构造超图态射 $q': C\to K\cup R$,使得

$$q' = \begin{cases} q_k & if\ q_k \circ c = g' \\ q_r & if\ q_r \circ c = g' \end{cases}$$

则显然 q'为超图单射,且满足 $q' \circ c = g'$。由超图约束的定义,可得$K\cup R| = c$。根据运用演化规则进行软件体系结构演化的过程,则有 $H' = (H - L) \cup R = K\cup R| = c$,故命题成立。证毕。

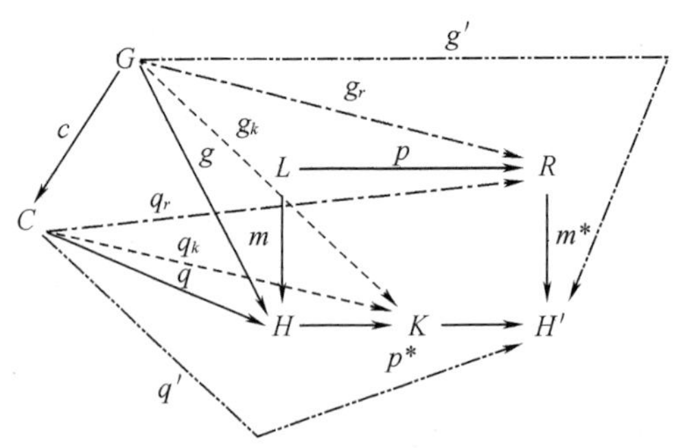

图 3.24 软件体系结构演化约束可满足性

命题 3.2(软件体系结构动态演化的一致性判定) 给定一个系统软件体系结构动态演化的约束集合 C,以及一个软件体系结构动态演化的条件超图文法 $G = (\mathscr{H}, P, H_0, AC)$,如果初始软件体系结构超图 H_0满足 C 中的每个约束,并且 P 中每个演化规则的右手边均满足 C 中的每个约束,则按照该条件超图文法进行动态演化的所有软件体系结构均满足 C 中的每个约束,即 C 中的所有约束均是一致性约束。若 C 是系统软件体系结构动态演化中定义

的所有一致性约束集合，即 C 是一致性条件，则该系统软件体系结构动态演化是一致性的。

证明：因为系统的初始软件体系结构超图为 H_0，按照条件超图文法 $G=(\mathscr{H}, P, H_0, AC)$，则系统软件体系结构的动态演化过程可描述为：$H_0 \xrightarrow[p_1]{} H_1 \xrightarrow[p_2]{} H_2 \rightarrow \cdots \xrightarrow[p_n]{} H_n$，其中 $p_i: L_i \rightarrow R_i \in P$，$H_i \in \mathscr{H}$为系统动态演化过程中的软件体系结构超图，$i=1, 2, \cdots, n$，$n$ 为自然数。下面对 n 进行归纳证明：

（1）由命题假设可知，对任意软件体系结构动态演化约束 $c \in C$，有$H_0 \mid = c$ 且$R_1 \mid = c$，则由命题 3.1 可知，$H_1 \mid = c$；

（2）设 $k < n$ 时命题成立，则有$H_{n-1} \mid = c$，又由命题假设可知$R_n \mid = c$，故$H_n \mid = c$。

由归纳假设可知，按照该条件超图文法进行动态演化的所有系统软件体系结构，均满足 c，所以 c 为一致性约束。由 c 的任意性可知，C 中的所有软件体系结构动态演化约束均是一致性约束，即命题成立。证毕。

在第 3.5 节的案例系统中，本书已经定义了 8 个软件体系结构动态演化的约束。可以证明，这 8 个软件体系结构动态演化约束均为一致性约束。下面以软件体系结构动态演化约束（a）为例，证明其是一致性约束，其他软件体系结构动态演化约束是一致性约束的证明完全类似。

系统初始体系结构超图 $H_0=\varnothing$，满足任何约束，故满足软件体系结构动态演化约束（a）；显然第 3.5.2 节定义的所有演化规则的右手边均满足软件体系结构动态演化约束（a），则由命题 3.1 可知，软件体系结构动态演化约束（a）为一致性约束。

定义上述一致性约束为系统软件体系结构动态演化过程中的一致性条件，则由命题 3.2 可知，按照第 3.5.4 节定义的条件超图文法进行的软件体系结构动态演化满足该一致性条件，即该系统软件体系结构动态演化是一致的。

3.7　实验模拟分析

为了进一步评估本章所提出的基于条件超图文法的软件体系结构动态演化的正确性和一致性，本节利用图变换（graph transformation）工具 AGG[86] 进行实验模拟分析。AGG 是一个基于代数方法的图变换系统运行环境，其中节点用矩形框表示，节点之间的联系用直线表示。AGG 不仅可以以图形方式模拟图变换系统的变换过程，而且还可以检查图变换系统的一致性。

按照本章提出的方法，本节利用 AGG 实现了第 3.5 节中案例系统的一个软件体系结构动态演化条件超图文法，并进行了相应的一致性分析。具体步骤如下：

第一步，将本书中的超边、超图等记法转换为 AGG 中的记法，在 AGG 中定义相应的节点类型、边类型、一个类型图和一个起始图，其中，类型图相当于实例系统的软件体系结构风格，规定了该系统中的构件类型、连接件类型、通信端口类型、交互类型等，起始图则相当于该实例系统中的初始软件体系结构超图。图 3.25 所示即为本实验中定义的案例系统的类型图。

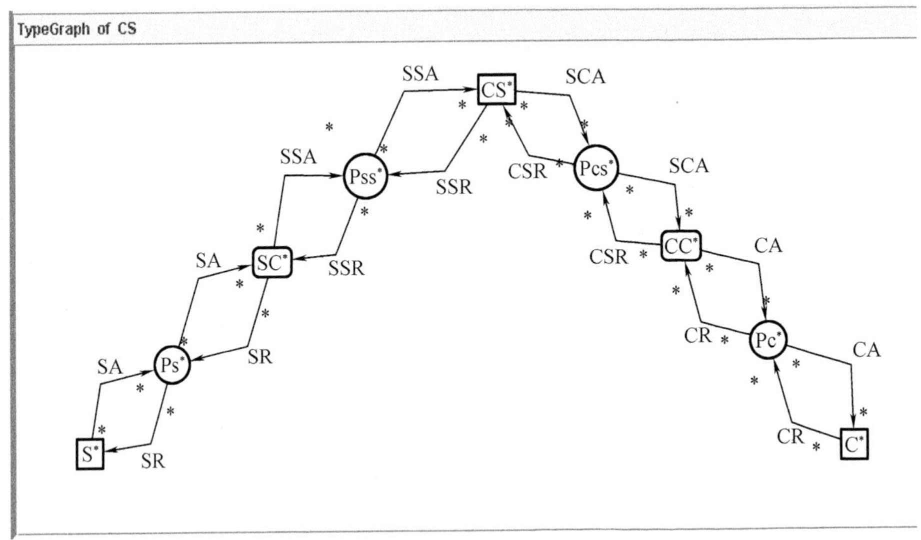

图 3.25 AGG 中案例系统的类型图

第二步,将案例系统中定义的软件体系结构演化规则及其应用条件转换为 AGG 中的图变换规则,并定义相应的左应用条件。由于 AGG 不显示支持右应用条件,故将软件体系结构演化规则的正右应用条件和负右应用条件分别转换为 AGG 中图变换规则的正左应用条件和负左应用条件,分别对应 AGG 中规则的 NAC 和 PAC。例如,第 3.5.3 节中增加客户演化规则中的负右应用条件(图 3.23),即增加一个客户后,系统所连接的客户数不能超过 10 个,可转换为负左应用条件:增加客户前,该系统所连接的总客户数不能为 10 个。相应地,该带负左应用条件的演化规则在 AGG 中的构建如图 3.26 所示。

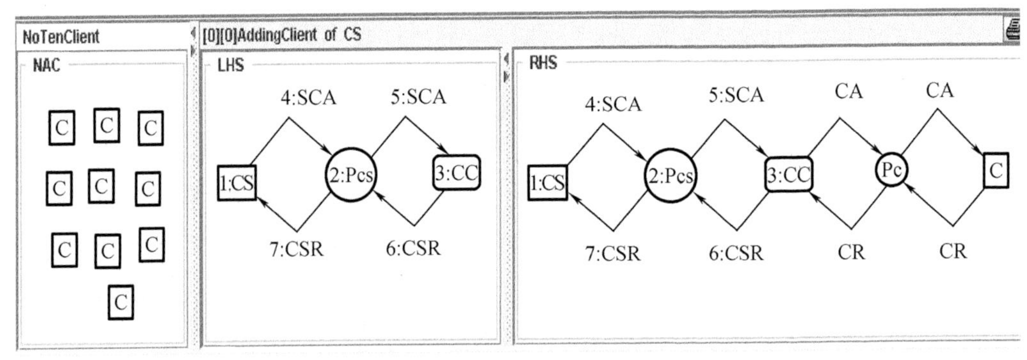

图 3.26 AGG 中的带负左应用条件的增加客户演化规则

在本次实验中,定义了增加、删除、替换控制服务器,增加、删除、替换服务器连接件等 15 个演化规则以及它们的应用条件。

第三步,为了验证运用条件超图文法建模本案例系统软件体系结构动态演化的一致性,在 AGG 中定义案例系统中的原子超图约束和超图约束,对应于第 3.5.1 节中的超图约束。本文分别定义了 8 个原子超图约束和 8 个超图约束,例如,为了构建图 3.9 中的超图约束

(d),先在 AGG 中定义其原子超图约束,然后再定义其逻辑非“¬”,则得该超图约束,如图 3.27 所示。

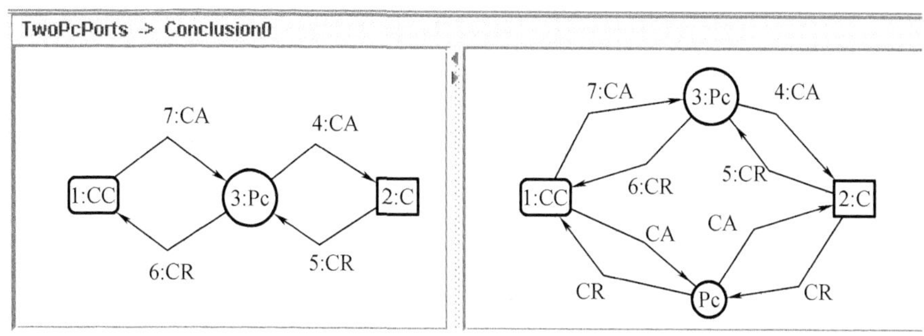

图 3.27　AGG 中的原子超图约束

最后,利用前面定义的起始图和演化规则,在 AGG 中模拟本系统的软件体系结构动态演化过程。进一步,利用 AGG 的一致性检测功能,可以检测第 3.5.4 节定义的软件体系结构动态演化条件超图文法的一致性。一致性检测结果如图 3.28 所示。

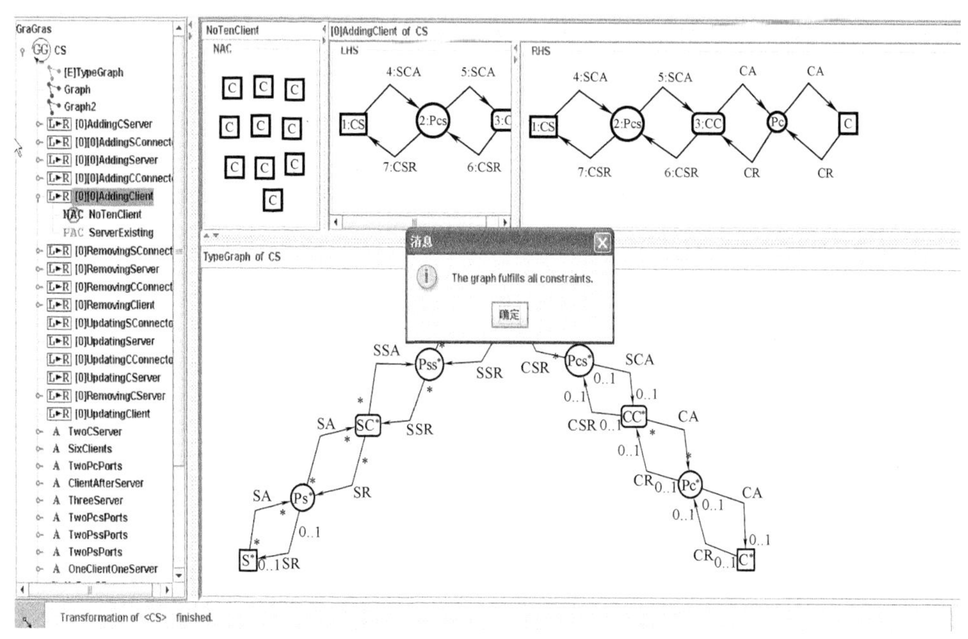

图 3.28　一致性检测结果

实验结果表明,按照本章所提出的方法,定义软件体系结构动态演化的条件超图文法和超图约束进行软件体系结构动态演化,不仅能保证软件体系结构动态演化的正确性,还能确保动态演化的一致性。

3.8 本章小结

软件技术的发展和环境的变化使得人们在设计软件时，日益关注软件动态演化的特性，尤其是软件体系结构动态演化的特性，其中刻画软件体系结构动态演化的相关约束和应用条件是保证软件体系结构正确动态演化的重要手段之一。针对目前软件体系结构动态演化研究缺乏演化约束和演化应用条件分析的问题，本章将约束引入超图，采用超图约束表示软件体系结构动态演化的约束，左、右应用条件描述软件体系结构演化规则运用的前断言和后断言，讨论了条件超图文法在软件体系结构动态演化建模中的运用，在此基础上，给出了基于约束和应用条件的软件体系结构动态演化一致性的相关定义和结论，对软件体系结构动态演化的一致性进行了讨论分析，并设计实验，分析、验证了所提方法的可行性和正确性。实验结果表明，本章所提出的方法可以有效地保证软件体系结构动态演化的正确性和一致性。

第 4 章　软件体系结构动态演化的冲突检测

4.1　软件体系结构动态演化的冲突问题

即使有了规则、约束及应用条件，也不能完全保证软件体系结构动态演化一定正确。演化规则的叠加或组合运用可能会造成软件体系结构动态演化之间的矛盾，即冲突[6,87]。例如，给定一个软件体系结构，可能有多个演化规则可运用于该体系结构进行动态演化。然而，这些演化规则并不一定能同时或先后运用。假设当运用其中一个演化规则，删除了该软件体系结构的某一构件，而该构件是运用另一个演化规则的必要条件时，则第二个演化规则无法再使用，即这两个演化规则组合运用时产生了冲突。尤其是在互联网开放环境下，由于不同的原因，同一演化者可能需要在不同时刻对同一软件实体运用演化规则，进行多次动态演化。不同的演化者也可能在同一时刻，对不同的软件实体运用演化规则，实施不同的动态演化。由于在演化目标、演化方案上存在差异，同时由于不同的软件实体或软件实体的不同属性之间存在各种依赖关系，这些演化规则组合运用均可能会产生冲突。这些冲突的存在严重阻碍了软件体系结构动态演化的正确性，阻碍了软件体系结构动态演化最终目标的实现，因此必须进行有效的冲突检测。如何描述和检测演化规则运用中的冲突是保证软件体系结构动态演化正确的必要手段之一，对保证软件体系结构演化的正确性具有十分重要的意义[6]。然而，目前还很少见到这方面的相关研究。Mens 和 Hondt[88]提出整合 UML 和重用契约(reuse contract)描述软件演化，并提出利用形式化文档和显式契约来描述软件演化的冲突。Mens 等[89]提出将面向对象程序表示为图，将程序重构(refactoring)表示为图变换，利用图变换工具 AGG 对程序重构中的冲突分析进行了可行性研究。但这些研究都没有涉及软件体系结构动态演化的冲突。

在前面章节的基础上，本章针对演化规则的并行运用、串行运用中的冲突进行分析，给出相应的冲突定义和冲突特征，并建立软件体系结构动态演化的冲突临界对定义，设计相应的算法，实现了软件体系结构演化规则运用冲突的有效检测，最后，根据所提出的方法，利用 AGG 工具进行软件体系结构演化规则运用冲突检测的实验模拟分析。

4.2 软件体系结构动态动态演化的并行冲突和串行冲突

本文主要考虑不带条件的软件体系结构演化规则运用冲突，且主要考虑两种情形下的软件体系结构演化规则运用冲突：演化规则并行运用时的冲突和串行运用时的冲突，其他情形下的软件体系结构动态演化冲突将在后续的工作中进行研究。

4.2.1 软件体系结构动态动态演化并行相容性及其特征

定义 4.1(弱并行相容的软件体系结构动态演化) 设 H、H_1、H_2是三个软件体系结构超图，$p_1:L_1 \to R_1$、$p_2:L_2 \to R_2$是两个软件体系结构演化规则，$H \xrightarrow[p_1]{} H_1$、$H \xrightarrow[p_2]{} H_2$ 是两个单步软件体系结构动态演化，如果存在包含超图单射 $h_1:L_1 \to H_2$，使得 $h_1 = p_2^* \circ m_1$，其中 m_1 为 L_1 到 H 的包含超图单射，如图 4.1 所示，则称软件体系结构动态演化 $H \xrightarrow[p_1]{} H_1$ 弱并行相容于软件体系结构动态演化 $H \xrightarrow[p_2]{} H_2$。

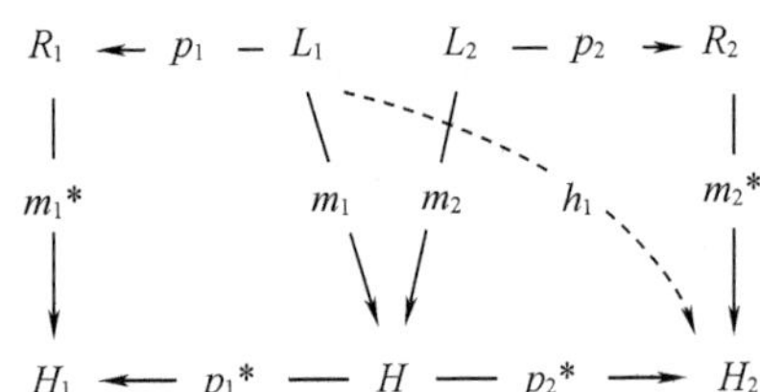

图 4.1 弱并行相容的软件体系结构动态演化

如果软件体系结构动态演化 $H \xrightarrow[p_1]{} H_1$ 弱并行相容于软件体系结构动态演化 $H \xrightarrow[p_2]{} H_2$，则意味着：不管是否运用演化规则 p_2，软件体系结构超图 H 均可以运用演化规则 p_1进行动态演化，即演化规则 p_2是否运用，对运用演化规则 p_1进行动态演化没有影响。

定义 4.2(并行相容的软件体系结构动态演化) 设 H、H_1、H_2是三个软件体系结构超图，$p_1:L_1 \to R_1$、$p_2:L_2 \to R_2$是两个软件体系结构演化规则，$H \xrightarrow[p_1]{} H_1$、$H \xrightarrow[p_2]{} H_2$ 是两个单步软件体系结构动态演化，如果 $H \xrightarrow[p_1]{} H_1$ 与 $H \xrightarrow[p_2]{} H_2$ 互相弱并行相容，则称 $H \xrightarrow[p_1]{} H_1$ 与 $H \xrightarrow[p_2]{} H_2$ 是并行相容的软件体系结构动态演化。

如果 $H \xrightarrow[p_1]{} H_1$ 与 $H \xrightarrow[p_2]{} H_2$ 是并行相容的软件体系结构动态演化，则以下两个条件同时满足：

(1)存在包含超图单射 $h_1:L_1 \to H_2$，使得 $h_1 = p_2^* \circ m_1$，其中 m_1 为 L_1 到 H 的包含超图单射；

(2)存在包含超图单射 $h_2:L_2 \to H_1$，使得 $h_2 = p_1^* \circ m_2$，其中 m_2 为 L_2 到 H 的包含超图单射。

如果 $H \xrightarrow[p_1]{} H_1$ 与 $H \xrightarrow[p_2]{} H_2$ 是并行相容的软件体系结构动态演化，则意味着：对于软件体系结构 H，演化规则 p_1 和 p_2 可以以任意顺序运用，即这两个演化规则可以并行运用。若对任意的软件体系结构，演化规则 p_1 和 p_2 都可以并行运用，则称 p_1 和 p_2 是并行相容的。

由以上定义和运用演化规则进行软件体系结构动态演化的实施过程，可得以下结论：

命题 4.1（并行相容软件体系结构动态演化的特征） 设 H、H_1、H_2 是三个软件体系结构超图，$p_1:L_1 \to R_1$、$p_2:L_2 \to R_2$ 是两个软件体系结构演化规则，$H \xrightarrow[p_1]{} H_1$、$H \xrightarrow[p_2]{} H_2$ 是两个单步软件体系结构动态演化，则 $H \xrightarrow[p_1]{} H_1$ 和 $H \xrightarrow[p_2]{} H_2$ 是并行相容的软件体系结构动态演化，当且仅当以下两个条件同时成立，其中“－”为集合差运算：

(1) $L_1 \cap (L_2 - R_2) = \varnothing$；

(2) $L_2 \cap (L_1 - R_1) = \varnothing$。

证明：“$\Leftarrow$”

假设 $L_1 \cap (L_2 - R_2) = \varnothing$ 成立。对任意元素 $x \in L_1$，x 为超边或节点，因为 $H \xrightarrow[p_1]{} H_1$ 是单步软件体系结构动态演化，即演化规则 p_1 可运用于软件体系结构超图 H，所以有 $x \in H$。由 $L_1 \cap (L_2 - R_2) = \varnothing$ 可知，则 H_2 中必存在对应类型的元素 y，使得 $y - p_2^*(x) = p_2^*(m_1(x))$，如图 4.1 所示，其中 m_1 为 L_1 到 H 的包含超图单射。倘若不然，则 $m_1(x)$ 必在运用演化规则 p_2 后被删除。由 x 的任意性可知，$L_1 = m_1(L_1) \subseteq m_2(L_2 - R_2) = L_2 - R_2$，与 $L_1 \cap (L_2 - R_2) = \varnothing$ 矛盾。由于 p_2^*、m_1 均为超图单射，且 x 是 L_1 中的任意元素，故存在完全超图单射 $h_1:L_1 \to H_2$，使得 $h_1 = p_2^* \circ m_1$。

下面证明 h_1 为包含超图单射：由演化规则的实施过程可知，$H_2 = H \cup (R_2 - L_2)$。对任意元素 $x \in H$，如果运用演化规则 p_2 后，x 没有被删除，即 $x \notin (L_2 - R_2)$，则显然有 $x \in H_2$，即 $p_2^*(x) = x$。又 m_1 为 L_1 到 H 的包含超图单射，故对任意元素 $x \in L_1$，由于 $L_1 \cap (L_2 - R_2) = \varnothing$，所以 $x \notin (L_2 - R_2)$，从而 $h_1(x) = p_2^*(m_1(x)) = p_2^*(x) = x$，即 h_1 为包含超图单射。故 $H \xrightarrow[p_1]{} H_1$ 弱并行相容于 $H \xrightarrow[p_2]{} H_2$。

同理可证，若 $L_2 \cap (L_1 - R_1) = \varnothing$，则 $H \xrightarrow[p_2]{} H_2$ 弱并行相容于 $H \xrightarrow[p_1]{} H_1$。

根据定义 4.2 可知，$H \xrightarrow[p_1]{} H_1$ 和 $H \xrightarrow[p_2]{} H_2$ 是并行相容的软件体系结构动态演化。

“$\Rightarrow$”

因为 $H \xrightarrow[p_1]{} H_1$ 和 $H \xrightarrow[p_2]{} H_2$ 是并行相容的软件体系结构动态演化，所以根据定义 4.2，有以下条件同时成立：

(1) 存在包含超图单射 $h_1:L_1 \to H_2$，使得 $h_1 = p_2^* \circ m_1$，其中 m_1 为 L_1 到 H 的包含超图单射；

(2) 存在包含超图单射 $h_2:L_2 \to H_1$，使得 $h_2 = p_1^* \circ m_2$，其中 m_2 为 L_2 到 H 的包含超图单射。

若 $L_1 \cap (L_2 - R_2) \neq \varnothing$，则对软件体系结构超图 H 运用演化规则 p_2 进行动态演化时，存

在元素 $x \in L_1 \cap (L_2 - R_2) \subseteq L_1 = m_1(L_1) \subseteq H$ 被删除，即存在元素 $x \in L_1$，x 为超边或节点，在 H_2 中没有对应类型的元素 y，使得 $y = p_2^*(m_1(x))$。这与存在包含超图单射（完全超图单射）$h_1: L_1 \to H_2$，使得 $h_1 = p_2^* \circ m_1$ 矛盾，故必有 $L_1 \cap (L_2 - R_2) = \varnothing$。

同理可证，$L_2 \cap (L_1 - R_1) = \varnothing$。证毕。

由该命题可知，并行相容软件体系结构动态演化的特征与软件体系结构超图 H、H_1 和 H_2 都无关，仅与软件体系结构演化规则 p_1 和 p_2 有关，故该命题又称为软件体系结构演化规则运用的并行相容特征。

4.2.2 软件体系结构动态动态演化并行冲突性及其特征

定义 4.3（并行冲突的软件体系结构动态演化） 设 H、H_1、H_2 是三个软件体系结构超图，$p_1: L_1 \to R_1$、$p_2: L_2 \to R_2$ 是两个软件体系结构演化规则，$H \xrightarrow[p_1]{} H_1$、$H \xrightarrow[p_2]{} H_2$ 是两个单步软件体系结构动态演化，若 $H \xrightarrow[p_1]{} H_1$ 与 $H \xrightarrow[p_2]{} H_2$ 不是并行相容的软件体系结构动态演化，则称它们是并行冲突的软件体系结构动态演化。此时也称软件体系结构动态演化 $H \xrightarrow[p_1]{} H_1$ 和 $H \xrightarrow[p_2]{} H_2$ 之间存在并行冲突。

如果 $H \xrightarrow[p_1]{} H_1$ 和 $H \xrightarrow[p_2]{} H_2$ 是并行冲突的软件体系结构动态演化，则意味着：运用其中一个软件体系结构演化规则进行动态演化后，将不能再运用另一个软件体系结构演化规则进行动态演化，即这两个演化规则不能并行运用。此时，也称软件体系结构演化规则 p_1 和 p_2 是并行冲突的。

由并行冲突软件体系结构动态演化的定义，显然可得以下结论：

命题 4.2（并行冲突软件体系结构动态演化的特征） 设 H、H_1、H_2 是三个软件体系结构超图，$p_1: L_1 \to R_1$、$p_2: L_2 \to R_2$ 是两个软件体系结构演化规则，$H \xrightarrow[p_1]{} H_1$、$H \xrightarrow[p_2]{} H_2$ 是两个单步软件体系结构动态演化，则 $H \xrightarrow[p_1]{} H_1$ 和 $H \xrightarrow[p_2]{} H_2$ 是并行冲突的软件体系结构动态演化，当且仅当以下两个条件之一成立，其中“－”为集合差运算：

（1）$L_1 \cap (L_2 - R_2) \neq \varnothing$；

（2）$L_2 \cap (L_1 - R_1) \neq \varnothing$。

该特征也称为软件体系结构演化规则并行运用的冲突特征。由该软件体系结构演化规则并行运用的冲突特征可知，$H \xrightarrow[p_1]{} H_1$ 与 $H \xrightarrow[p_2]{} H_2$ 是并行冲突的软件体系结构动态演化，则意味着：或者软件体系结构演化规则 p_1 的左手边和运用软件体系结构演化规则 p_2 进行动态演化时删除的软件体系结构部分存在重叠，或者软件体系结构演化规则 p_2 的左手边和运用软件体系结构演化规则 p_1 进行演化时删除的软件体系结构部分存在重叠。

4.2.3 软件体系结构动态动态演化串行相容性及其特征

定义 4.4（弱串行相容的软件体系结构动态演化） 设 H、H_1、X 是三个软件体系结构超图，$p_1:L_1 \to R_1$、$p_2:L_2 \to R_2$是两个软件体系结构演化规则，$H \xrightarrow[p_1]{} H_1 \xrightarrow[p_2]{} X$ 是两个串行的单步软件体系结构动态演化，如果存在包含超图单射 $h_2:L_2 \to H$，使得 $m_2 = p_1^* \circ h_2$，其中 m_2为 L_2到 H_1的包含超图单射，如图 4.2 所示，则称软件体系结构动态演化 $H_1 \xrightarrow[p_2]{} X$ 弱串行相容于软件体系结构动态演化 $H \xrightarrow[p_1]{} H_1$。

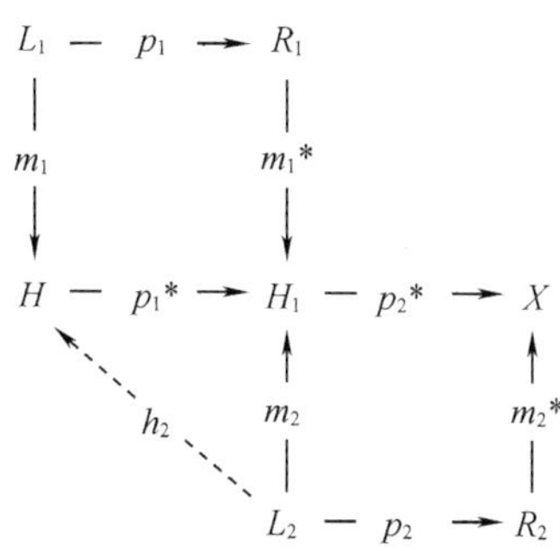

图 4.2　弱串行相容的软件体系结构动态演化

如果 $H_1 \xrightarrow[p_2]{} X$ 弱串行相容于 $H \xrightarrow[p_1]{} H_1$，则意味着：软件体系结构超图 H 是否可以运用软件体系结构演化规则 p_2进行动态演化，与在此之前是否运用软件体系结构演化规则 p_1无关。

定义 4.5（串行相容的软件体系结构动态演化）　设 H、H_1、X 是三个软件体系结构超图，$p_1:L_1 \to R_1$、$p_2:L_2 \to R_2$是两个软件体系结构演化规则，$H \xrightarrow[p_1]{} H_1 \xrightarrow[p_2]{} X$ 是两个串行的单步软件体系结构动态演化，如果 $H_1 \xrightarrow[p_2]{} X$ 弱串行相容于 $H \xrightarrow[p_1]{} H_1$，且 $H \xrightarrow[p_1]{} H_1$ 弱并行相容于 $H \xrightarrow[p_2]{} H_2$，其中 H_2为对 H 运用软件体系结构演化规则 p_2进行单步动态演化后的软件体系结构超图，则称 $H \xrightarrow[p_1]{} H_1 \xrightarrow[p_2]{} X$ 是串行相容的软件体系结构动态演化。此时，也称软件体系结构演化规则 p_1和 p_2之间是串行相容的。

命题 4.3（串行相容软件体系结构动态演化的特征）　设 H、H_1、X 是三个软件体系结构超图，$p_1:L_1 \to R_1$、$p_2:L_2 \to R_2$是两个软件体系结构演化规则，$H \xrightarrow[p_1]{} H_1 \xrightarrow[p_2]{} X$ 是两个串行的单步软件体系结构动态演化，则 $H \xrightarrow[p_1]{} H_1 \xrightarrow[p_2]{} X$ 是串行相容的软件体系结构动态演化，当且仅当以下两个条件同时成立：

（1）$L_2 \cap (R_1 - L_1) = \varnothing$；

（2）$L_1 \cap (L_2 - R_2) = \varnothing$。

证明：“$\Leftarrow$”

因为 $L_2 \cap (R_1 - L_1) = \varnothing$，且软件体系结构演化规则 p_2可运用于软件体系结构超图 H_1，故对任意元素 $x \in L_2 = m_2(L_2) \subseteq H_1$，$x$ 为超边或节点，H 中必存在对应类型的元素 y，使得 $p_1^*(y) = m_2(x)$，如图 4.2 所示，其中 m_2为 L_2到 H_1的包含超图单射。令 $h_2:L_2 \to H$，使得对任

意元素$x \in L_2$，存在$y \in H$，使得$p_1^*(y) = m_2(x)$。由于p_1^*和m_2均为超图单射，且x是L_2中的任意元素，故h_2为超图单射，且使得$p_1^*(y) = p_1^*(h_2(x)) = m_2(x)$，从而，存在超图单射$h_2$：$L_2 \to H$，使得$m_2 = p_1^* \circ h_2$。下面证明$h_2$是包含超图单射。

由软件体系结构演化规则的实施过程可知，$H_1 = H \cup (R_1 - L_1)$，则对任意元素$y \in H_1$，如果$y \notin (R_1 - L_1)$，则必有$y \in H$，即y不是由于运用软件体系结构演化规则p_1而增加的元素。即若$y \notin (R_1 - L_1)$，则有$p_1 * (y) = y$。又m_2为L_2到H_1的包含超图单射，故对任意元素$x \in L_2$，由于$L_2 \cap (R_1 - L_1) = \varnothing$，所以$x \notin (R_1 - L_1)$，又$x = m_2(x) \in H_1$，所以$p_1 * (h_2(x)) = m_2(x) = x = p_1 * (x)$，从而$h_2(x) = x$，即$h_2$为包含超图单射。故软件体系结构动态演化$H_1 \xrightarrow[p_2]{} X$弱串行相容于软件体系结构动态演化$H \xrightarrow[p_1]{} H_1$。

又$L_1 \cap (L_2 - R_2) = \varnothing$，由命题4.1可知，$H \xrightarrow[p_1]{} H_1$弱并行相容于$H \xrightarrow[p_2]{} H_2$，其中$H_2$为对软件体系结构超图$H$运用演化规则$p_2$进行单步动态演化后的软件体系结构超图。根据定义4.5，所以$H \xrightarrow[p_1]{} H_1 \xrightarrow[p_2]{} X$是串行相容的软件体系结构动态演化。

"⇒"

因为$H \xrightarrow[p_1]{} H_1 \xrightarrow[p_2]{} X$是串行相容的软件体系结构动态演化，根据定义4.5，所以有$H_1 \xrightarrow[p_2]{} X$弱串行相容于$H \xrightarrow[p_1]{} H_1$，即存在包含超图单射$h_2 : L_2 \to H$，使得$m_2 = p_1^* \circ h_2$，其中$m_2$为$L_2$到$H$的包含超图单射。若$L_2 \cap (R_1 - L_1) \neq \varnothing$，则对软件体系结构超图$H$运用演化规则$p_1$进行动态演化时，存在软件体系结构元素$x \in L_2 \cap (R_1 - L_1)$，从而$x \in R_1 = m_1^*(R_1) \subseteq H_1$被增加，即$x$在$H$中没有对应的元素$y$与之对应。这与存在包含超图单射$h_2 : L_2 \to H$，使得$m_2 = p_1^* \circ h_2$矛盾，故必有$L_2 \cap (R_1 - L_1) = \varnothing$。

又由于$H \xrightarrow[p_1]{} H_1 \xrightarrow[p_2]{} X$是串行相容的软件体系结构动态演化，则有$H \xrightarrow[p_1]{} H_1$弱并行相容于$H \xrightarrow[p_2]{} H_2$，其中$H_2$为对软件体系结构超图$H$运用演化规则$p_2$进行单步动态演化后的软件体系结构超图。由命题4.1可知，$L_1 \cap (L_2 - R_2) = \varnothing$。

故命题成立。证毕。

该特征也称为软件体系结构演化规则串行运用的相容特征。

4.2.4 软件体系结构动态动态演化串行冲突性及其特征

定义4.6(串行冲突的软件体系结构动态演化) 设H、H_1、X是三个软件体系结构超图，$p_1 : L_1 \to R_1$、$p_2 : L_2 \to R_2$是两个软件体系结构演化规则，若$H \xrightarrow[p_1]{} H_1 \xrightarrow[p_2]{} X$不是串行相容的软件体系结构动态演化，则称$H \xrightarrow[p_1]{} H_1 \xrightarrow[p_2]{} X$是串行冲突的软件体系结构动态演化。此时，也称软件体系结构动态演化$H \xrightarrow[p_1]{} H_1$和$H_1 \xrightarrow[p_2]{} X$之间存在串行冲突。

如果$H \xrightarrow[p_1]{} H_1 \xrightarrow[p_2]{} X$是串行冲突的软件体系结构动态演化，则意味着：必须先进行软件体系结构动态演化$H \xrightarrow[p_1]{} H_1$，然后才能进行软件体系结构动态演化$H_1 \xrightarrow[p_2]{} X$，即软件体

系结构动态演化 $H_1 \xrightarrow[p_2]{} X$ 必须依赖于软件体系结构动态演化 $H \xrightarrow[p_1]{} H_1$，此时也称软件体系结构演化规则 p_1 和 p_2 是串行冲突的。

由串行冲突软件体系结构演化的定义，显然可得以下结论：

命题4.4（串行冲突软件体系结构动态演化的特征）　设 H、H_1、X 是三个软件体系结构超图，$p_1:L_1 \to R_1$、$p_2:L_2 \to R_2$ 是两个软件体系结构演化规则，则 $H \xrightarrow[p_1]{} H_1 \xrightarrow[p_2]{} X$ 是串行冲突的软件体系结构动态演化，当且仅当以下两个条件之一成立：

（1）$L_2 \cap (R_1 - L_1) \neq \varnothing$；

（2）$L_1 \cap (L_2 - R_2) \neq \varnothing$。

该特征也称为软件体系结构演化规则串行运用的冲突特征。由该软件体系结构演化规则串行运用的冲突特征可知，$H \xrightarrow[p_1]{} H_1 \xrightarrow[p_2]{} X$ 是串行冲突的软件体系结构动态演化，则意味着：或者软件体系结构演化规则 p_2 的左手边和运用软件体系结构演化规则 p_1 进行动态演化时增加的软件体系结构部分存在重叠，或者软件体系结构演化规则 p_1 的左手边和运用软件体系结构演化规则 p_2 进行演化时删除的软件体系结构部分存在重叠。

4.3　演化规则运用并行冲突与串行冲突的对偶关系

命题4.5（并行相容与串行相容软件体系结构动态演化的关系）　设 H、H_1、H_2 是三个软件体系结构超图，$p_1:L_1 \to R_1$、$p_2:L_2 \to R_2$ 是两个软件体系结构演化规则，$H \xrightarrow[p_1]{} H_1$、$H \xrightarrow[p_2]{} H_2$ 是两个单步软件体系结构动态演化，则以下两个条件是等价的：

（1）$H \xrightarrow[p_1]{} H_1$ 和 $H \xrightarrow[p_2]{} H_2$ 是并行相容的软件体系结构动态演化；

（2）存在唯一的超图 H'，以及两个单步软件体系结构动态演化 $H_1 \xrightarrow[p_2]{} H'$ 和 $H_2 \xrightarrow[p_1]{} H'$，如图4.3所示，使得 $H \xrightarrow[p_1]{} H_1 \xrightarrow[p_2]{} H'$ 和 $H \xrightarrow[p_2]{} H_2 \xrightarrow[p_1]{} H'$ 均是串行相容的软件体系结构动态演化。

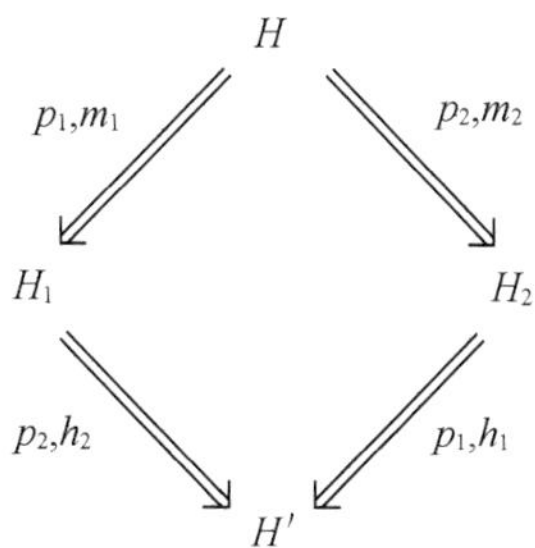

图4.3　并行相容与串行相容软件体系结构动态演化的关系

证明:“(1)⇒(2)”

因为 $H \xrightarrow[p_1]{} H_1$ 和 $H \xrightarrow[p_2]{} H_2$ 是并行相容的软件体系结构动态演化,所以存在包含超图单射 $h_2: L_2 \to H_1$,使得 $h_2 = p_1^* \circ m_2$,如图 4.4 所示。由软件体系结构演化规则运用的必然条件可知,存在超图 H',使得 $H_1 \xrightarrow[p_2]{} H'$。又 $H \xrightarrow[p_2]{} H_2$ 是单步软件体系结构动态演化,所以 $m_2: L_2 \to H$ 是包含超图单射,故由弱串行相容软件体系结构动态演化的定义可知,$H_1 \xrightarrow[p_2]{} H'$ 弱串行相容于 $H \xrightarrow[p_1]{} H_1$。又 $H \xrightarrow[p_1]{} H_1$ 弱并行相容于 $H \xrightarrow[p_2]{} H_2$,故 $H \xrightarrow[p_1]{} H_1 \xrightarrow[p_2]{} H'$ 是串行相容的软件体系结构动态演化。

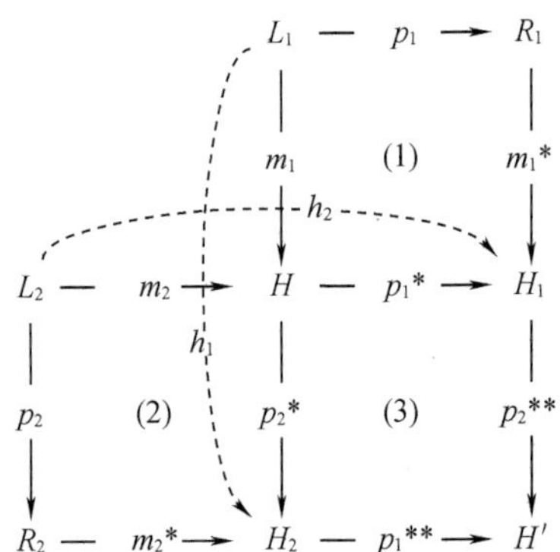

图 4.4 并行相容的软件体系结构动态演化

同理可证,$H \xrightarrow[p_2]{} H_2 \xrightarrow[p_1]{} H'$ 也是串行相容的软件体系结构动态演化。

由于 p_1 和 m_1 均是超图单射,所以有 p_1^* 为超图单射,又 m_2 是超图单射,故 $h_2 = p_1^* \circ m_2$ 是超图单射。由于 $H_1 \xrightarrow[(p_2,h_2)]{} H'$,所以(2) + (3)为单推出,又 p_2、h_2 是超图单射,由单推出的唯一性[90]可知,H' 具有唯一性。

“(2)⇐(1)”

$H \xrightarrow[p_1]{} H_1 \xrightarrow[p_2]{} H'$ 是串行相容的软件体系结构动态演化,则 $H \xrightarrow[p_1]{} H_1$ 弱并行相容于 $H \xrightarrow[p_2]{} H_2$。又 $H \xrightarrow[p_2]{} H_2 \xrightarrow[p_1]{} H'$ 是串行相容的软件体系结构动态演化,则 $H \xrightarrow[p_2]{} H_2$ 弱并行相容于 $H \xrightarrow[p_1]{} H_1$,故 $H \xrightarrow[p_1]{} H_1$ 和 $H \xrightarrow[p_2]{} H_2$ 是并行相容的软件体系结构动态演化。

证毕。

该命题说明:若 $H \xrightarrow[p_1]{} H_1$ 和 $H \xrightarrow[p_2]{} H_2$ 是并行相容的软件体系结构动态演化,则对软件体系结构超图 H,以任意顺序运用演化规则 p_1 和 p_2 进行软件体系结构动态演化,都将得到相同的结果。

进一步分析可知,并行相容的软件体系结构动态演化和串行相容的软件体系结构动态演化是可以相互转换的,从而并行冲突的软件体系结构动态演化和串行冲突的软件体系结构动态演化也可以相互转换。这是因为,软件体系结构演化规则中的超图态射是单射,从集合论的角度，以及软件体系结构演化规则的定义和实施过程可知，演化规则和运用演化规则进行软件体系结构动态演化的过程都是可逆的，因为部分超图单射的逆向仍然是一个部分超图单射，故可以通过以下方法，构造软件体系结构演化规则的逆向规则：通过转换箭头，则可得原演化规则的逆向演化规则。即对每个软件体系结构演化规则 $p_1:L_1\to R_1$，可以构造一个反向演化规则 $p_{1-1}:R_1\to L_1$，使得如果 $G\xrightarrow[p_1]{}H$，则有 $H\xrightarrow[p_1^{-1}]{}G$。这样，$H\xrightarrow[p_1]{}H_1\xrightarrow[p_2]{}H'$ 是串行冲突的软件体系结构动态演化，当且仅当 $H_1\xrightarrow[p_1^{-1}]{}H$ 和 $H_1\xrightarrow[p_2]{}H'$ 是并行冲突的软件体系结构动态演化。

4.4　客户/服务器系统案例分析

本节仍然采用上一章第 3.5 节的应用系统作为案例，讨论软件体系结构动态演化中可能的冲突。如图 3.5 所示，该系统包含三类构件：客户 C(Client)、控制服务器 CS（Control - Server）和服务器 S(Server)；两类连接件：客户连接件 CC(CConector)和服务器连接件 SC(SConector)。客户通过控制服务器向服务器组发出访问资源的请求，通过一定的机制，服务器组中的某台服务器负责对该请求进行响应，控制服务器则负责将服务器的响应返回给该客户，其中，客户和客户连接件通过通信端口 Pc 连接，客户连接件和控制服务器通过通信端口 Pcs 连接，控制服务器和服务器连接件通过通信端口 Pss 连接，服务器连接件和服务器通过通信端口 Ps 连接，CR、CA、SR、SA……分别表示客户请求(Client Request)、客户响应(Client Answer)、服务器请求(Server Request)、服务器响应(Server Answer)等交互关系。该案例系统软件体系结构演化规则的设计如第 3.5.2 节所述。

为了说明问题，这里仅以增加构件或连接件演化、删除构件或连接件演化为例，说明该案例系统中软件体系结构演化规则运用时可能出现的冲突。

(1)增加服务器连接件演化与删除控制服务器演化之间的冲突。假设系统当前的软件体系结构超图 H 如图 4.5(a)所示，则运用增加服务器连接件演化规则和删除控制服务器演化规则对该软件体系结构进行并行动态演化时，会产生并行演化冲突。这是因为，如果运用删除控制服务器演化规则，删除了该控制服务器，则无法再运用增加服务器连接件演化规则增加服务器连接件。设 $H\xrightarrow[p_2]{}H_2$ 和 $H\xrightarrow[p_{10}]{}H_{10}$ 分别表示增加服务器连接件演化和删除控制服务器演化，如图 4.5(b)所示，其中 $p_2:L_2\to R_2$ 表示增加服务器连接件演化规则(如图 3.12 所示)，$p_{10}:L_{10}\to R_{10}$ 表示删除控制服务器演化规则(如图 3.20 所示)，因为 $L_{10}=cs_1$ 是软件体系结构超图 H_2 的子超图，所以存在一个从 L_{10} 到 H_2 的包含超图单射，根据定义 4.1，软件体系结构动态演化 $H\xrightarrow[p_{10}]{}H_{10}$ 弱并行相容于软件体系结构动态演化 $H\xrightarrow[p_2]{}H_2$。又因为，$L_2=cs_1$ 不是软件体系结构超图 H_{10} 的子超图，所以，不存在一个从 L_2 到 H_{10} 的包含超图单射。根据定义 4.1，软件体系结构动态演化 $H\xrightarrow[p_2]{}H_2$ 不弱并行相容于软件体系结构动态演化 $H\xrightarrow[p_{10}]{}H_{10}$。故根据定义 4.3，$H\xrightarrow[p_2]{}H_2$ 和 $H\xrightarrow[p_{10}]{}H_{10}$ 是并行冲突的软件体系结构动态演化。该软件体系结构并行动态演化的冲突如图 4.5(c)所示,其中“×”表示相应的演化规则无法被运用。

以上软件体系结构并行演化的冲突也可以由演化规则并行运用的冲突特征,即命题 4.2 得到:因为 $L_2 \cap (L_{10} - R_{10}) \neq \varnothing$,所以,根据命题 4.2 可知,$H \xrightarrow[p_2]{} H_2$ 和 $H \xrightarrow[p_{10}]{} H_{10}$ 是并行冲突的软件体系结构动态演化。

由以上分析过程可知,要判断两个软件体系结构演化规则并行运用是否会产生冲突,采用软件体系结构演化规则并行运用的冲突特征显然比运用其冲突定义更加高效和容易。后文中,本章将只采用软件体系结构演化规则并行运用的冲突特征来判定是否会产生并行演化冲突。

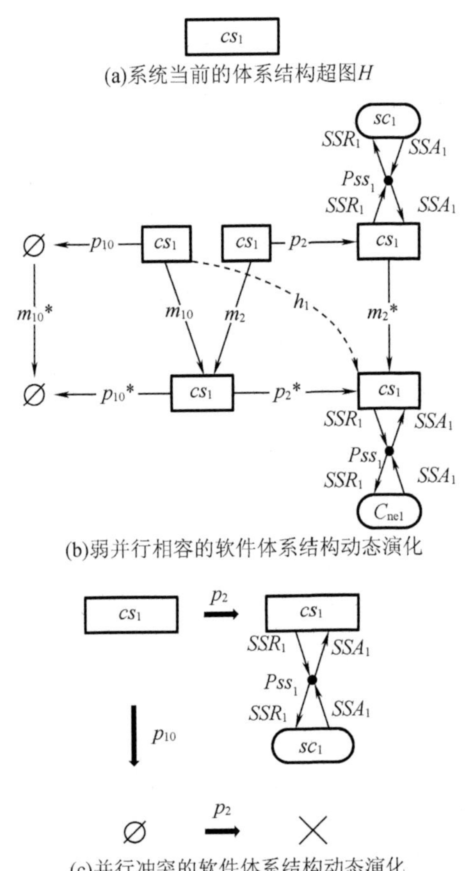

图 4.5 增加服务器连接件演化和删除控制服务器演化之间的冲突

(2)增加服务器演化与删除服务器连接件演化之间的冲突。假设系统当前的软件体系结构超图 H 如图 4.6 左上方所示,则运用增加服务器演化规则和删除服务器连接件演化规则,对该软件体系结构进行并行演化时,也会产生并行演化冲突。

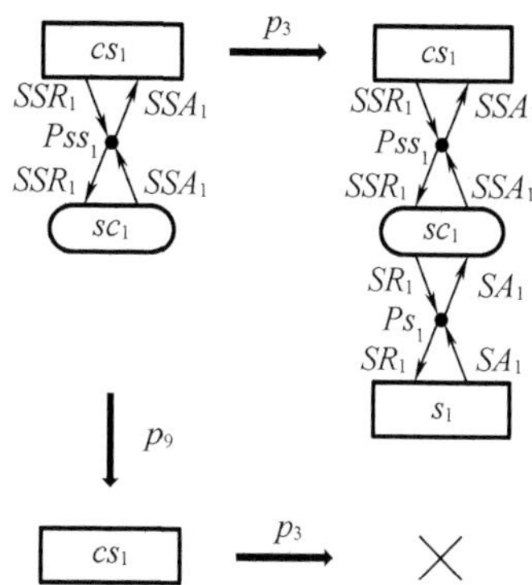

图 4.6　增加服务器演化和删除服务器连接件演化之间的冲突

如图 4.6 所示，其中 $p_3:L_3\to R_3$ 表示增加服务器演化规则（如图 3.13 所示），$p_9:L_9\to R_9$ 表示删除服务器连接件演化规则（如图 3.19 所示）。该软件体系结构并行演化的冲突可描述如下，因为 $L_3\cap(L_9-R_9)\neq\varnothing$，所以，根据命题 4.2 可知，$H\xrightarrow[p_3]{}H_3$ 和 $H\xrightarrow[p_9]{}H_9$ 是并行冲突的软件体系结构动态演化。

（3）删除服务器演化与删除服务器演化之间的冲突。假设系统当前的软件体系结构超图如图 4.7 左上方所示，则对该软件体系结构同时运用删除服务器演化规则两次，进行并行演化时，也会产生并行演化冲突，如图 4.7 所示，其中 $p_8:L_8\to R_8$ 表示删除服务器演化规则（如图 3.18 所示）。该软件体系结构并行演化的冲突可描述如下，因为 $L_8\cap(L_8-R_8)\neq\varnothing$，所以，根据命题 4.2 可知，$H\xrightarrow[p_8]{}H_8$ 和 $H\xrightarrow[p_8]{}H_8$ 是并行冲突的软件体系结构动态演化。

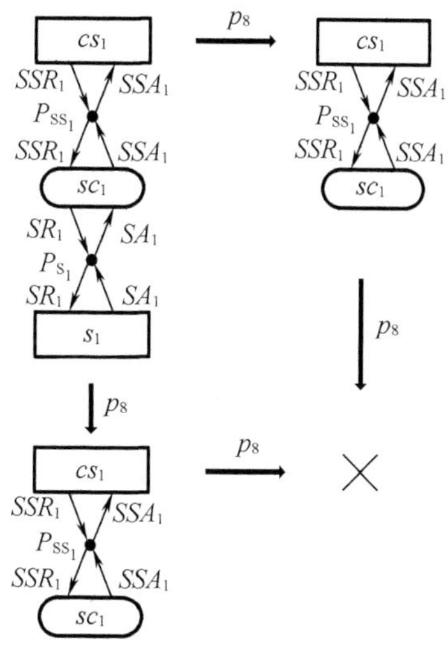

图 4.7　删除服务器演化和删除服务器演化之间的冲突

类似地，增加客户连接件与删除控制服务器、增加客户与删除客户连接件、删除控制服务器与删除控制服务器、删除客户与删除客户、删除客户连接件与删除客户连接件等软件体系结构动态演化之间也会产生冲突，限于篇幅，这里不再描述。

4.5 基于临界对的软件体系结构动态演化冲突检测

由第4.3节可知,软件体系结构演化规则运用的并行冲突和串行冲突之间具有对偶性,故本节只讨论软件体系结构演化规则并行运用的冲突检测,软件体系结构演化规则串行运用的冲突检测则可以通过与软件体系结构并行运用冲突的转换来进行。

4.5.1 软件体系结构动态演化冲突临界对的定义

根据软件体系结构演化规则并行运用的冲突特征,要检测出软件体系结构动态演化过程中所有可能的并行演化冲突,则必须对其中每个软件体系结构上的两个演化规则并行运用进行判断,看是否会产生冲突。然而,由于动态演化过程中产生的软件体系结构超图数量可能很多,每个软件体系结构超图也可能很复杂,对每个软件体系结构超图都按照软件体系结构演化规则并行运用的冲突特征进行冲突检测,这样的效率很低。为了提高效率,应尽量减少所考虑的软件体系结构超图的复杂性,并且不考虑那些不会引起冲突的演化规则的并行运用。

本章采用的方法是:对于每对软件体系结构演化规则的并行运用,排除不会引起并行演化冲突的软件体系结构的组成部分,即不考虑那些与两个软件体系结构演化规则的左手边均不匹配的部分。因为这些部分不会由于演化规则的运用而被删除。为此,本章只需要考虑两个软件体系结构演化规则左手边的联合满射部分,从而大大减少所考虑的软件体系结构超图的数量和复杂性。

为了达到该目的,本章将临界对(Critical Pair)[90]这一思想引入到软件体系结构演化规则并行运用的冲突检测中。临界对的概念首先在项重写(Term Rewriting)[91]领域中被提出,后来被推广到图重写系统中,用于描述这些应用的汇流分析[89]。临界对可以形式化地表达潜在的最小上下文情形下的软件体系结构演化冲突。

定义4.7(软件体系结构动态演化的冲突临界对) 给定两个软件体系结构演化规则 $p_1:L_1\rightarrow R_1$ 和 $p_2:L_2\rightarrow R_2$,设 $H\xrightarrow[(p_1,m_1)]{}H_1$、$H\xrightarrow[(p_2,m_2)]{}H_2$ 是两个单步的软件体系结构动态演化,其中 m_1 为 L_1 到 H 的包含超图单射,m_2 为 L_2 到 H 的包含超图单射,且 (m_1, m_2) 是联合超图满射。若 $H\xrightarrow[(p_1,m_1)]{}H_1$ 和 $H\xrightarrow[(p_2,m_2)]{}H_2$ 是两个并行冲突的软件体系结构动态演化,则称 $H\xrightarrow[(p_1,m_1)]{}H_1$ 和 $H\xrightarrow[(p_2,m_2)]{}H_2$ 是软件体系结构动态演化的冲突临界对。

4.5.2 软件体系结构动态演化冲突临界对的完备性

定理4.1(软件体系结构动态演化冲突临界对的完备性) 每对并行冲突的软件体系结构动态演化 $H\xrightarrow[(p_1,m_1)]{}H_1$ 和 $H\xrightarrow[(p_2,m_2)]{}H_2$,都存在一个软件体系结构动态演化冲突临界对与之对应。

证明：由定义4.3可知，若两个单步软件体系结构动态演化 $H \xrightarrow[(p_1,m_1)]{} H_1$ 和 $H \xrightarrow[(p_2,m_2)]{} H_2$ 是并行冲突的，则以下情况之一成立：

(1)不存在包含超图单射 $h_1:L_1 \to H_2$，使得 $h_1 = p_2^* \circ m_1$；

(2)不存在包含超图单射 $h_2:L_2 \to H_1$，使得 $h_2 = p_1^* \circ m_2$。

若(1)成立，则对 m_1 和 m_2，存在超图 G 和超图单射 $m:G \to H$，使得 $o_1:L_1 \to G$ 和 $o_2:L_2 \to G$ 为联合超图满射，且满足 $m_1 = m \circ o_1$，$m_2 = m \circ o_2$，如图4.8所示。

由超图单射 m 和 p_1^* 构造 pushout 补(pushout complement)(1)，由超图单射 p_1 和 o_1 构造 pushout (2)，得到超图单射 s_1、v_1 和 t_1，如图4.9所示，则(1)也是 pushout。由于 p_1 和 m 均是超图单射，则由 pushout 的属性引理[89]可知，s_1、t_1 和 v_1 具有唯一性。类似地，可以构造 pushout (3)和(4)。

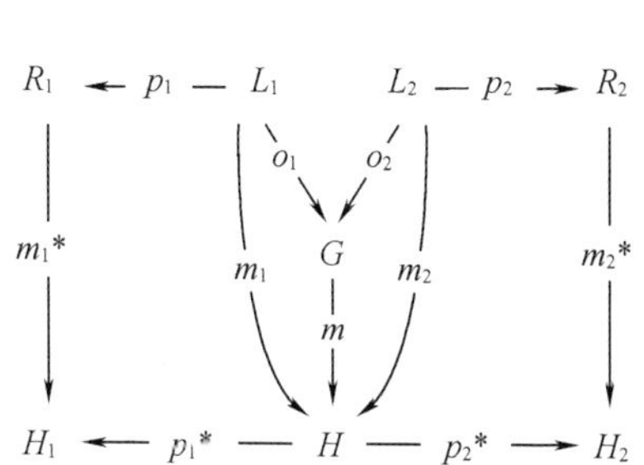

图4.8 构建联合超图满射

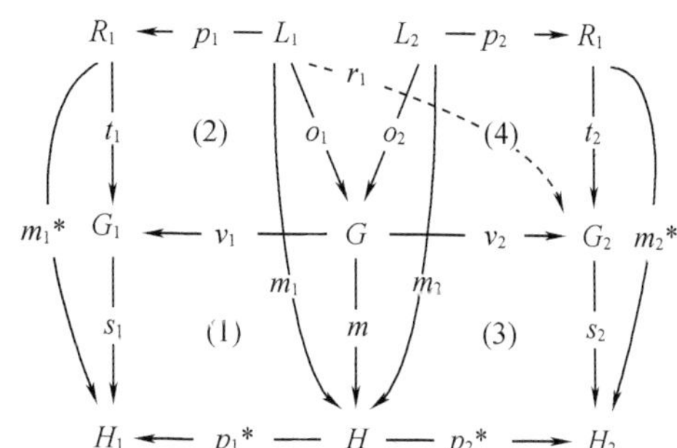

图4.9 构建 pushout

下面证明 $G \xrightarrow[(p_1,o_1)]{} G_1$ 和 $G \xrightarrow[(p_2,o_2)]{} G_2$ 是软件体系结构动态演化冲突临界对。

由以上构造过程可知，不存在超图单射 $r_1:L_1 \to G_2$，使得 $r_1 = v_2 \circ o_1$。否则，由 $r_1 = v_2 \circ o_1$ 可得 $s_2 \circ r_1 = s_2 \circ v_2 \circ o_1$，又(3)为 pushout，故 $s_2 \circ v_2 = p_2^* \circ m$，所以有 $s_2 \circ r_1 = p_2^* \circ m \circ o_1 = p_2^* \circ m_1$，与(1)成立矛盾。即 $G \xrightarrow[(p_1,o_1)]{} G_1$ 和 $G \xrightarrow[(p_2,o_2)]{} G_2$ 是软件体系结构动态演化冲突临界对。

同理可证，若(2)成立，则也存在一软件体系结构动态演化冲突临界对与之对应。

故定理成立。证毕。

4.5.3 软件体系结构动态演化冲突检测的优化

根据定理4.1，要检测出所有可能的软件体系结构并行动态演化冲突，则只需检测出软件体系结构动态演化过程中的所有冲突临界对，即可实现软件体系结构演化规则并行运用的冲突检测。然而，根据软件体系结构动态演化冲突临界对的定义，要检测出所有可能的冲突临界对，必须对所有软件体系结构演化规则中任意两个规则的并行运用进行判断。然而，并非任何两个软件体系结构演化规则的并行运用都可能存在冲突临界对。根据并行冲突软件体系结构演化的定义及特征可知，产生软件体系结构并行演化冲突的原因是：运用其中一个演化规则后，删除了部分软件体系结构组成元素，使得无法再运用另一个软件体系结构演化规则。如果两个软件体系结构演化规则均不删除任何软件体系结构的组成元素，则显然它们不是并行冲突的。即对两个不删除任何软件体系结构组成元素的演化规则，没有必要进行判断，因为它们之间不会产生冲突，即不存在软件体系结构演化冲突临界对。为了更好地说明问题，这里给出以下定义：

定义 4.8（非删除的软件体系结构演化规则） 给定一个软件体系结构演化规则 $p_1:L_1\to R_1$，若运用该规则进行软件体系结构动态演化后，并不删除任何体系结构元素，则称 p_1 为非删除的软件体系结构演化规则。

例 4.1 在第 3.5 节的案例系统中，增加服务器连接件演化规则 $p_2:L_2\to R_2$，如图 3.12 所示，就是一个非删除的软件体系结构演化规则，因为运用该演化规则后，不会删除任何软件体系结构的组成元素。

命题 4.6（非删除软件体系结构演化规则的特征） 给定一个软件体系结构演化规则 $p_1:L_1\to R_1$，若 p_1 为非删除的软件体系结构演化规则，则 $L_1\subseteq R_1$。

证明：由软件体系结构演化规则的定义和实施过程，显然可得该结论。证毕。

命题 4.7（非删除软件体系结构演化规则的并行相容性） 给定两个非删除的软件体系结构演化规则 $p_1:L_1\to R_1$ 和 $p_2:L_2\to R_2$，则每对运用演化规则 p_1 和 p_2 进行的单步软件体系结构动态演化 $H\xrightarrow[p_1]{}H_1$ 和 $H\xrightarrow[p_2]{}H_2$，均是并行相容的软件体系结构动态演化。

证明：因为 p_1 是非删除的软件体系结构演化规则，则有 $L_1\subseteq R_1$，所以有 $L_1-R_1=\varnothing$，从而 $L_2\cap(L_1-R_1)=\varnothing$。

同理可证，$L_1\cap(L_2-R_2)=\varnothing$。

故根据命题 4.3，$H\xrightarrow[p_1]{}H_1$ 和 $H\xrightarrow[p_2]{}H_2$ 是并行相容的软件体系结构动态演化。证毕。

例 4.2 在第 3.5 节的案例系统中，增加服务器连接件演化规则 $p_2:L_2\to R_2$，如图 3.12 所示，以及增加客户连接件演化规则 $p_4:L_4\to R_4$，如图 3.14 所示，均是非删除的软件体系结构演化规则，设系统当前软件体系结构超图 H 如图 4.10 左上方所示，则根据命题 4.7，$H\xrightarrow[p_2]{}H_2$ 和 $H\xrightarrow[p_4]{}H_4$ 是并行相容的软件体系结构动态演化，如图 4.10 所示。

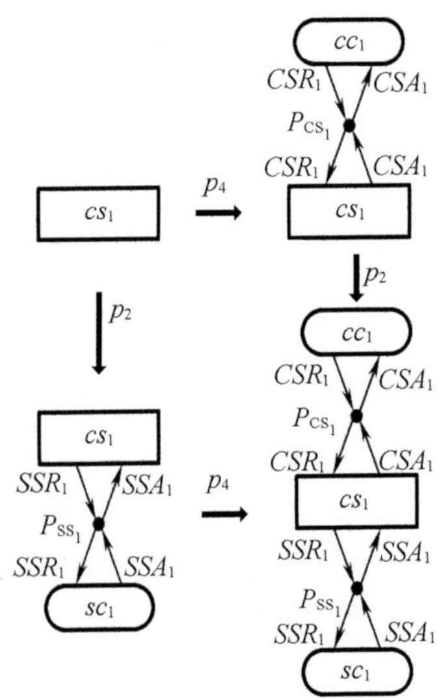

图 4.10 非删除软件体系结构动态演化的并行相容性

4.5.4　基于临界对的软件体系结构动态演化冲突检测算法

为了找出软件体系结构动态演化过程中所有的冲突临界对，根据软件体系结构动态演化冲突临界对的定义，以及上一小节的优化方法，只需要根据给定的软件体系结构演化规则集，对于每两个演化规则 p_1 和 p_2，只要它们不全是非删除的软件体系结构演化规则，则构造它们左手边所有可能的联合超图满射$(m_1,\ m_2)$，以及所形成的软件体系结构超图 H，通过判断 $H \xrightarrow[(p_1,m_1)]{} H_1$ 和$H \xrightarrow[(p_2,m_2)]{} H_2$ 是否是软件体系结构动态演化的冲突临界对，从而实现判定运用 p_1 和 p_2 进行并行动态演化是否会产出冲突的目的。

为此，本章设计以下算法，可以实现软件体系结构演化规则并行运用的冲突检测。

Algorithm 4.1:Detecting software architecture parallel evolution conflicts

---

Input:an evolution rule set *P*

Output:a critical pair set *CP*

```
Procedure DetectingSAParallelConflicts(evolution rule set P)
 CP = ∅;
 for each pair p1, p2 ∈ P
   //L1 is the left-hand side of the rule p1, R1 is the right-hand side of the rule p1
   if L1⊄R1 or L2⊄R2 then
     if (L1∩(L2 - R2)≠ϕ) or (L2∩(L1 - R1)≠ϕ) then
       //compute all jointly surjective morphisms m1:L1→H 和 m2:L2→H;
       for each common subhypergraph S in L1 and L2
         building the union of L1 and L2 over S to obtain the overlapping hypergraph H;
         if H is a well-defined SA hypergraph then
           constructing inclusion hypergraph morphisms m1:L1→H and m2:L2→H;
           T1: = (H, p1);
           T2: = (H, p2);
           CP : = CP∪{(T1, T2)};
         end if
       end for
     end if
   end if
 end for
 return CP;
end Procedure
```

其中 T_1 表示 $H \xrightarrow[(p_1, m_1)]{} H_1$，$T_2$ 表示 $H \xrightarrow[(p_2, m_2)]{} H_2$。

4.6 实验模拟分析

为了评估本章所提出方法的正确性，以及检测软件体系结构演化规则运用中所有可能的并行冲突，本节仍利用图变换(graph transformation)工具 AGG[86] 进行实验模拟分析。AGG 是一个基于代数方法的图变换系统仿真环境，它不仅可以以图形的方式模拟图变换系统的变换过程，而且可以检查出图变换系统中的临界对。

按照本章提出的方法，利用 AGG 进行了第 4.4 节案例系统中软件体系结构动态演化冲突分析与检测的实验。具体实验步骤如下。

第一步，将本文中的超边、超图等记法转换为 AGG 中的记法，在 AGG 中定义相应的节点类型、边类型和一个类型超图，其中该类型超图限定了案例系统中软件体系结构超图的风格，如图 4.11 所示。

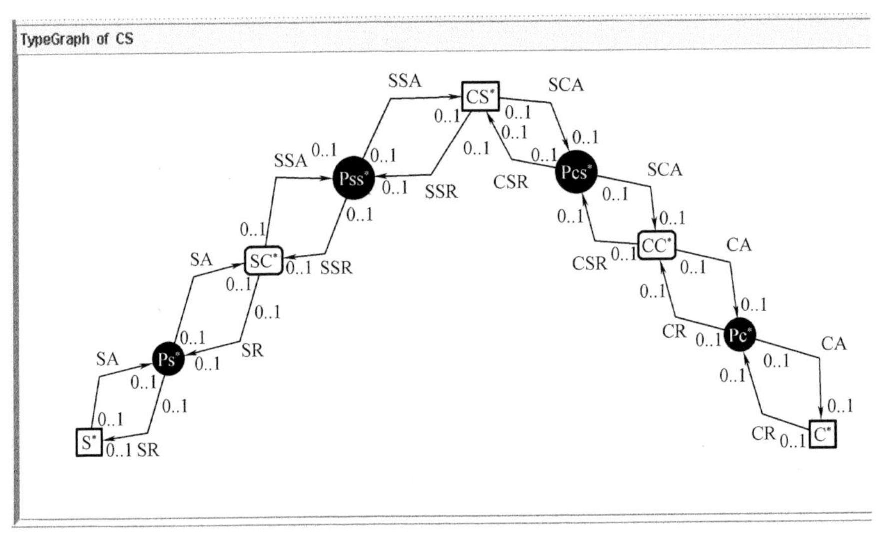

图 4.11 AGG 中案例系统的类型图

这里增加了对软件体系结构超图的节点和超边的多重性约束，以保证动态演化过程中，每个构件和连接件(即服务器与服务器连接件、控制服务器与服务器连接件、控制服务器与客户连接件、客户与客户连接件)只能通过一个通信端口相连。

第二步，将案例系统中的演化规则转换为 AGG 中的图变换规则，其方法与第 3.7 节中类似，这里不再描述。在本节实验中，定义了增加、删除和替换控制服务器，增加、删除和替换服务器，增加、删除和替换服务器连接件等 15 个演化规则。

最后，利用 AGG 的临界对生成功能，可以检测出本章定义的软件体系结构演化的冲突临界对。AGG 以表格的方式列出了所有可能的冲突临界对，实验结果如图 4.12 所示，其中单元格中的数字表示 AGG 计算出来的案例系统中的冲突临界对数。

Minimal Conflicts

Show

first \ second	1: Add...	2: Add...	3: Add...	4: Add...	5: Add...	6: Re...	7: Re...	8: Re...	9: Re...	10: Re...	11: Re...	12: Re...	13: Re...	14: Re...	15: Re...
1: AddCServer	0	0	0	0	0	0	0	0	0	0	0	0	0	0	0
2: AddingSConnector	0	0	0	0	0	0	0	0	0	0	0	0	1	1	0
3: AddingServer	0	0	0	0	0	1	0	0	0	1	0	0	0	0	0
4: AddingCConnector	0	0	0	0	0	0	0	0	0	0	0	0	1	1	0
5: Addingclient	0	0	0	0	0	0	0	1	0	0	0	1	0	0	0
6: RemovingSConnector	0	0	1	0	0	1	0	0	0	1	0	0	0	0	0
7: RemovingServer	0	0	0	0	0	0	1	0	0	0	1	0	0	0	0
8: RemovingCConnector	0	0	0	0	1	0	0	1	0	0	0	1	0	0	0
9: RemovingClient	0	0	0	0	0	0	0	0	1	0	0	0	0	0	1
10: ReplacingSConnector	0	0	1	0	0	1	0	0	0	1	0	0	0	0	0
11: ReplacingServer	0	0	0	0	0	0	1	0	0	0	1	0	0	0	0
12: ReplacingCConnector	0	0	0	0	1	0	0	1	0	0	0	1	0	0	0
13: ReplacingCServer	0	1	0	1	0	0	0	0	0	0	0	0	1	1	0
14: RemovingCServer	0	1	0	1	0	0	0	0	0	0	0	0	1	1	0
15: ReplacingClient	0	0	0	0	0	0	0	0	1	0	0	0	0	0	1

图 4.12　AGG 中临界对检测结果

实验结果完全符合预期。例如，对于两个非删除的软件体系结构演化规则，如增加服务器连接件演化规则和增加客户连接件演化规则，它们之间不存在冲突临界对，即它们的并行运用不会产生演化冲突；增加服务器连接件演化规则与删除控制服务器演化规则之间、增加客户连接件演化规则与删除控制服务器演化规则之间生成了类似的冲突临界对；增加服务器演化规则与删除服务器连接件演化规则之间、增加客户演化规则和删除客户连接件演化规则之间生成了类似的冲突临界对。另外，并行运用同一个删除、替换演化规则总是会产生冲突，即在生成的临界对表中，所有删除和替换演化规则的对角线部分均包含冲突临界对。

下面以增加服务器演化规则 $p_3:L_3\to R_3$ 和删除服务器连接件演化规则 $p_9:L_9\to R_9$ 之间生成的临界对为例进行分析。假设系统当前体系结构超图 H 如图 4.6 左上方所示，按照第 4.4 节的分析可知，$H\xrightarrow[p_3]{}H_3$ 和 $H\xrightarrow[p_9]{}H_9$ 是并行冲突的软件体系结构动态演化，根据定义 4.7，$H\xrightarrow[p_3]{}H_3$ 和 $H\xrightarrow[p_9]{}H_9$ 是软件体系结构动态演化的冲突临界对。本次实验中，由 AGG 生成的这两个软件体系结构演化规则对应的临界对中的超图如图 4.13 所示，和图 4.6 中的软件体系结构超图 H 完全一致。该实验结果进一步验证了本章方法的正确性。

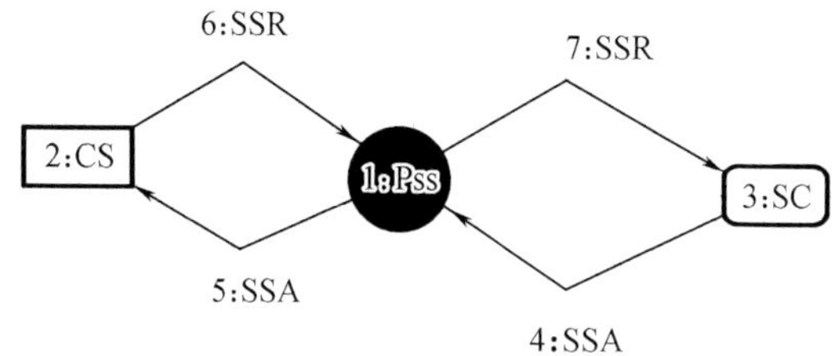

图 4.13　AGG 生成的临界对中的软件体系结构超图

4.7 本章小结

软件体系结构动态演化还是一个年轻的研究领域，存在许多问题有待解决，其中软件体系结构动态演化的冲突检测就是其中之一。软件体系结构动态演化冲突的描述、检测是保证软件体系结构正确动态演化的必要手段。然而，目前的研究工作还很少关注软件体系结构动态演化中的冲突问题。本章针对软件体系结构演化规则并行、串行运用中的冲突进行分析和检测，首先给出软件体系结构演化规则运用并行冲突、串行冲突的定义和特征，然后建立软件体系结构演化规则运用并行冲突与串行冲突的对偶关系。在此基础上，建立软件体系结构动态演化冲突临界对的定义，通过分析临界对的完备性，即每一对冲突的软件体系结构演化规则运用，都对应于一个软件体系结构动态演化的冲突临界对，设计并优化算法，实现了软件体系结构演化规则运用冲突的有效检测。最后，根据所提出的方法，利用 AGG 工具，设计实验，分析和验证了本章所提出方法的可行性和正确性。

第5章　基于关联矩阵的软件体系结构动态演化

当前的软件体系结构动态演化研究，很少考虑软件体系结构中各元素之间的关联及关联程度[92-94]。本章将从软件体系结构中各个元素之间的关系出发，用关联矩阵来描述软件体系结构中各个元素的关联关系，建立相关的定义，通过各个元素间的关联关系计算出各个元素间的最短关联路径长度，以此构成关联度矩阵来描述软件体系结构中各个元素之间的关联程度，从而来描述整个软件系统的构成，然后将软件体系结构动态演化各项需求通过关联矩阵及关联度矩阵的变换来实现，从而实现软件体系结构的动态演化。

5.1　关联矩阵的相关概念

本章将软件体系结构看成是由构件与连接件进行线性关联构成，用 C_p 表示软件体系结构中的构件集合，其中单个构件表示为 C_{pi}，i 为对应的构件下标；C_n 表示软件体系结构中的连接件集合，其中单个连接件表示为 C_{ni}，i 为对应的连接件下标。为了后续矩阵描述方便，本章将软件体系结构中每个元素用 C_{ej} 表示，e 代表元素，j 为元素下标，对应于相应矩阵的行号或列号，且本章假定，软件体系结构动态演化过程中所有可能的构件和连接件个数之和不超过 n。另外，在进行矩阵描述软件体系结构之前，需要先将软件体系结构元素 C_{pi} 或 C_{ni} 与 C_{ei} 进行相应的规范对应，以便构建相应的矩阵描述。

定义5.1（直接关联关系）　如果在软件体系结构中，元素 C_{ei} 与 C_{ej} 之间是直接相连的，则称 C_{ei} 与 C_{ej} 之间存在直接关联关系，记为 $C_{ei} \times C_{ej}$ 或 $C_{ej} \times C_{ei}$。

定义5.2（间接关联关系）　如果在软件体系结构中，元素 C_{ei} 与 C_{ej} 之间没有直接相连，但是通过其他元素相连，则称 C_{ei} 与 C_{ej} 之间存在间接关联关系，记为 $C_{ei} \oplus C_{ej}$ 或 $C_{ej} \oplus C_{ei}$。

定义5.3（自关联关系）　为了后文矩阵表示方便，本章认为软件体系结构的每个元素 C_{ei} 与自身也存在关联关系，称之为自关联关系，记为 $C_{ei} \otimes C_{ei}$。

定义5.4（直接关联向量）　将软件体系结构元素 C_{ei} 与软件体系结构的每一个元素 C_{ej} $(j = 1, 2, \cdots, n)$ 的直接关联关系构成一个向量，称之为软件体系结构元素 C_{ei} 的直接关联向量（Direct Incidence Vector），记为 $DIV_i = (X_{i1}, \cdots, X_{ij}, \cdots, X_{in})$。如果存在 $C_{ei} \times C_{ej}$ 或 $C_{ej} \times C_{ei}$，则 $X_{ij} = 1$，否则 $X_{ij} = 0$。

定义5.5（直接关联矩阵）　将软件体系结构每个元素 C_{ei} $(i = 1, 2, \cdots, n)$ 的直接关联向量按行向量组合的方式构成矩阵，则称该矩阵为该软件体系结构的直接关联矩阵，简称为关联矩阵,记为 ***DIM***(Direct Incidence Matrix)。

直接关联矩阵记录了软件体系结构元素之间的直接关联关系。由于关联是相互的,所以关联矩阵显然是对称矩阵。

定义 5.6(关联度) 在直接关联矩阵中,软件体系结构元素 C_{ei}关联到另一元素 C_{ej}的最短路径的长度,称之为 C_{ei}与 C_{ej}的关联度。

关联度可以描述软件体系结构元素之间关联关系的强弱。关联度越大,则说明元素隔得越远,则关联关系越弱,反之关联度越小,则说明元素隔得越近,则关联关系越强。当 $i=j$ 的时候,元素 C_{ei} 自关联,因为元素与自身的关联应该是最强的,所以元素与自身关联的基数应该是最小的。本章假定如果元素 C_{ei}与元素 C_{ej}之间没有关联关系,他们之间的关联度设为 0。元素与自身的关联度为 1,并且任何元素都是可以自关联的。其他软件体系结构中元素之间关联度,则须要求他们之间的最短关联路径长度,其转换为求元素 C_{ei}关联到元素 C_{ej}所经历的最少元素的个数。

定义 5.7(关联度向量) 将软件体系结构元素 C_{ei}与软件体系结构的每一个元素 $C_{ej}(j=1,2,\cdots,n)$的关联度构成一个向量,称之为元素 C_{ei} 的关联度向量,记为 $IDV_i = (Y_{i1},\cdots,Y_{ij},\cdots,Y_{in})$,其中 Y_{ij}表示软件体系结构元素 C_{ei}到元素 C_{ej}的最短关联路径长度。

定义 5.8(关联度矩阵) 将软件体系结构的每个元素 $C_{ei}(i=1,2,\cdots,n)$的关联度向量按行向量组合方式构成矩阵,则称该矩阵为关联度矩阵,记为 ***IDM***(Incidence Degree Matrix)。

关联度矩阵记录了软件体系结构元素之间的关联度,该关联度是通过元素之间的最短关联路径来表达的,由于关联是相互的,所以关联度矩阵显然也是对称矩阵。

5.2 基于关联矩阵的软件体系结构动态演化

5.2.1 软件体系结构的关联矩阵表示

假设有一个软件体系结构如图 5.1 所示,其中构件用 $C_{pi}(i=1,2,3)$表示,连接件用 C_{ni} $(i=1,2)$表示。将该软件体系结构中元素与矩阵元素建立代数对应关系如下:$C_{p1}\to C_{e1}$,$C_{n1}\to C_{e2}$,$C_{n2}\to C_{e3}$,$C_{p2}\to C_{e4}$,$C_{p3}\to C_{e5}$。则该软件体系结构所对应的关联矩阵 ***DIM*** 和关联度矩阵 ***IDM*** 如图 5.2 和所示。

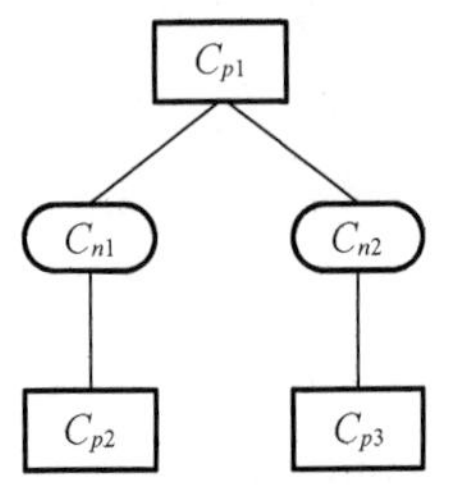

图 5.1 软件体系结构举例

$$DIM=\begin{bmatrix}0&1&1&0&0\\1&0&0&1&0\\1&0&0&0&1\\0&1&0&0&0\\0&0&1&0&0\end{bmatrix},\quad IDM=\begin{bmatrix}1&2&2&3&3\\2&1&3&2&4\\2&3&1&4&2\\3&2&4&1&5\\3&4&2&5&1\end{bmatrix}$$

图 5.2　软件体系结构所对应的 *DIM* 和 *IDM*

由上述 ***DIM*** 可以直接得到软件体系结构中元素之间的直接关联关系。例如，由第一行可知 C_{e1} 直接关联 C_{e2} 和 C_{e3}。由上述 ***IDM*** 则可得到软件体系结构中元素之间的最短关联路径长度。例如，由第一行可知 C_{e1} 关联到自身的最短路径长度为 1，关联到 C_{e2} 和 C_{e3} 的最短路径长度为 2，关联到 C_{e4} 和 C_{e5} 的最短路径长度为 3。

5.2.2　基于关联矩阵的软件体系结构动态演化

如前面章节所述，软件体系结构动态演化主要包括三类操作：构件或连接件的添加、构件或连接件的删除以及构件或连接件的替换，其他的演化操作则可以通过这三类操作组合而成。本章以上述三类操作为例，描述基于关联矩阵的软件体系结构动态演化。为了矩阵处理方便，本章假定，在软件体系结构动态演化过程中所需添加、删除或者替换的构件或连接件事先已经知道。为了与现有的软件体系结构元素进行区分，本章在软件体系结构的关联矩阵和关联度矩阵中做如下处理：对于需要添加进当前软件体系结构的元素，由于其没有直接关联的元素，只能自关联自身，则它们在软件体系结构的初始 ***DIM*** 中，所对应的行列值均设为 0，而在软件体系结构的初始 ***IDM*** 中，所对应的行列值只有与自身的关联度的值为 1，其余值均设为 0。

下面分别讨论这三种软件体系结构动态演化操作的实现：

1. 添加构件和连接件演化操作的实现

当需要向当前软件体系结构中添加构件或连接件时，首先根据动态演化需求，在软件体系结构的当前 ***DIM*** 中将相应位置的值设为 1，生成新的软件体系结构 ***DIM***，然后根据新的 ***DIM*** 生成新的软件体系结构 ***IDM***。图 5.3 表示了添加一个构件和连接件的过程，即向已有的软件体系结构中添加一个构件 C_{p3} 和连接件 C_{n2}，其中 C_{n2} 为构件 C_{p2} 和 C_{p3} 之间的连接件。

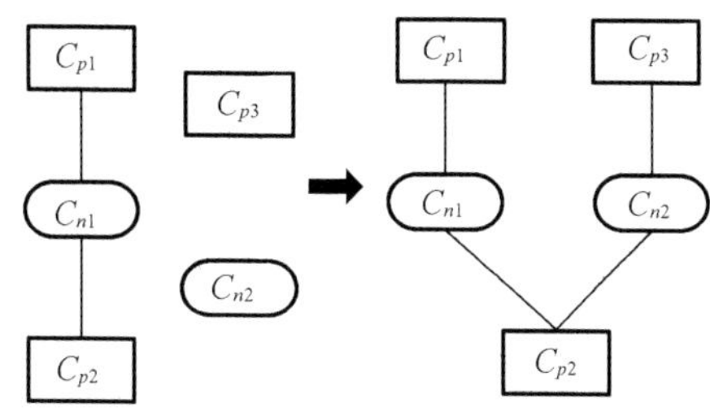

图 5.3　软件体系结构中构件和连接件的添加

建立图 5.3 所示的软件体系结构元素与矩阵元素的代数对应关系为：$C_{p1}\rightarrow C_{e1}$，$C_{n1}\rightarrow C_{e2}$，$C_{p2}\rightarrow C_{e3}$，$C_{p3}\rightarrow C_{e4}$，$C_{n2}\rightarrow C_{e5}$。则该软件体系结构所对应的关联矩阵 ***DIM***、关联度矩阵 ***IDM*** 及其动态演化过程如图 5.4 所示，其中实线穿过标识添加的行或者列。

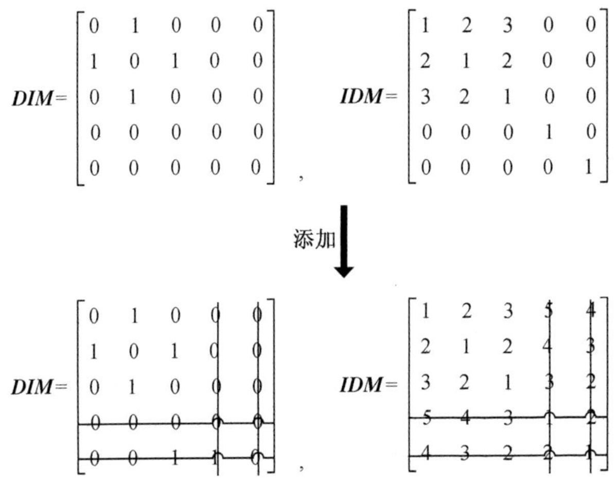

图 5.4 构件和连接件添加对应的 *DIM* 和 *IDM* 演化过程

2. 删除构件和连接件演化操作的实现

当需要向当前软件体系结构中删除构件或连接件时，首先根据动态演化需求，在软件体系结构的当前 ***DIM*** 中将相应位置的值设为 0，生成新的软件体系结构 ***DIM***，然后根据新的 ***DIM*** 生成新的软件体系结构 ***IDM***。图 5. 5 所示表示了删除一个构件和连接件的过程，即向已有的软件体系结构中删除一个构件 C_{p2} 和连接件 C_{n2}，其中 C_{n2} 为构件 C_{p2} 和 C_{p3} 之间的连接件。

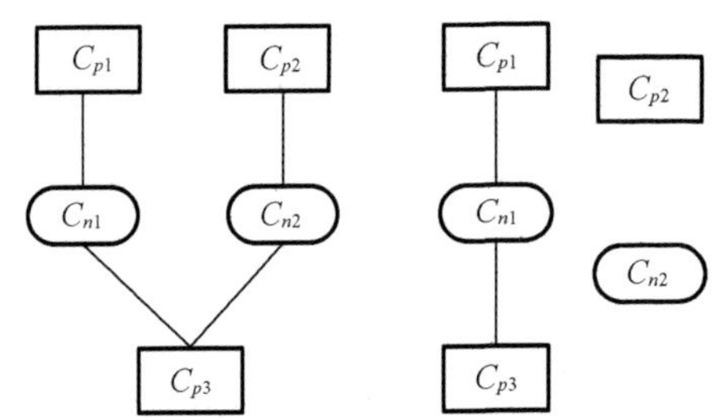

图 5.5 软件体系结构中构件和连接件的删除

建立图 5. 5 所示的软件体系结构元素与矩阵元素的代数对应关系为：$C_{p1}\to C_{e1}$，$C_{p2}\to C_{e2}$，$C_{n1}\to C_{e3}$，$C_{n2}\to C_{e4}$，$C_{p3}\to C_{e5}$。则该软件体系结构所对应的关联矩阵 ***DIM***、关联度矩阵 ***IDM*** 及其动态演化过程如图 5. 6 所示，其中虚线穿过标识删除的行或列。

3. 替换构件和连接件演化操作的实现

当需要向软件体系结构替换构件或连接件时，根据动态演化需求，在软件体系结构的当前 ***DIM*** 中将要删除的元素所对应位置的值设为 0，然后将要添加的元素所对应位置的值设为 1，生成新的软件体系结构 ***DIM***，然后根据新的 ***DIM*** 生成新的软件体系结构 ***IDM***。图 5. 7 所示表示替换一个构件和连接件的演化过程，即分别用构件 C_{p4} 和连接件 C_{n3} 替换已有软件体系结构中的构件 C_{p2} 和连接件 C_{n2}。

建立图 5. 7 所示的软件体系结构元素与矩阵元素的代数对应关系为：$C_{p1}\to C_{e1}$，$C_{p2}\to C_{e2}$，$C_{n1}\to C_{e3}$，$C_{n2}\to C_{e4}$，$C_{p3}\to C_{e5}$，$C_{p4}\to C_{e6}$，$C_{n3}\to C_{e7}$。则该软件体系结构所对应的关联矩阵

DIM、关联度矩阵 *IDM* 及其动态演化过程如图 5.8 所示，其中虚线穿过标识删除的行或列，实线穿过标识添加的行或列。

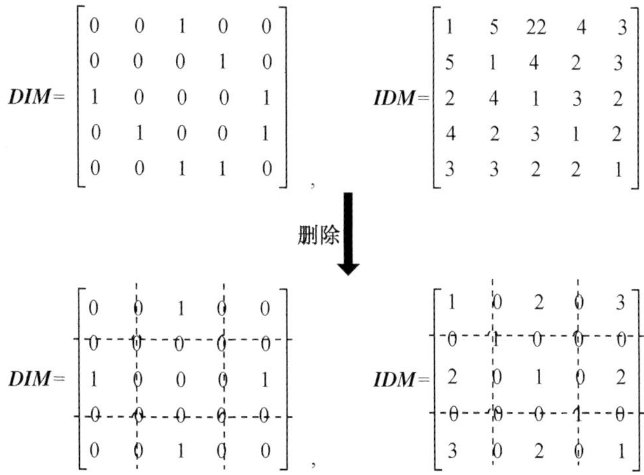

图 5.6　构件和连接件的删除所对应的 *DIM* 和 *IDM* 演化过程

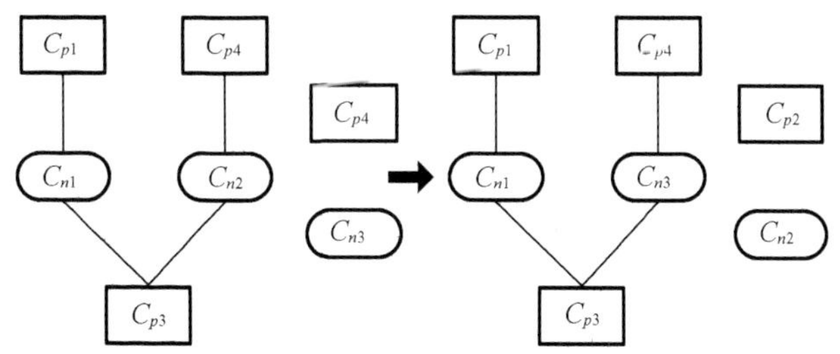

图 5.7　软件体系结构中构件和连接件的替换

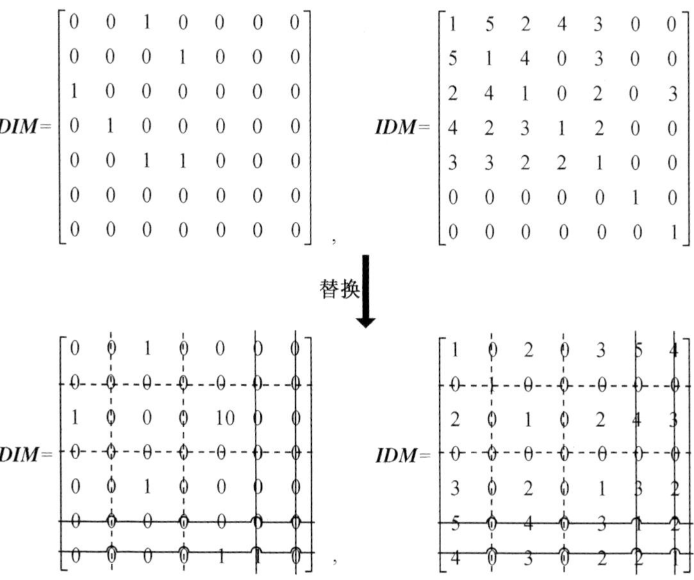

图 5.8　构件和连接件的替换所对应的 *DIM* 和 *IDM* 演化过程

5.2.3 软件体系结构动态演化中关联度矩阵的特征

由上面所描述的软件体系结构动态演化过程可知，随着软件体系结构的不断演化，用以描述软件体系结构的关联矩阵及其关联度矩阵也不断发生演化，但是在动态演化的过程中，软件体系结构的关联度矩阵 ***IDM*** 存在一些固有的特征，具体如下，其中 C_i 表示软件体系结构中任意的构件或者连接件：

(1)如果存在 $C_i \otimes C_i$，则有 $\boldsymbol{IDM}(i, i)=1$。

(2)如果存在 $C_i \times C_j$ 或者 $C_j \times C_i$，则有 $\boldsymbol{IDM}(i, j)=\boldsymbol{IDM}(j, i)=2$。

(3)如果存在 $C_i \oplus C_j$ 或者 $C_j \oplus C_i$，则有 $\boldsymbol{IDM}(i, j)=\boldsymbol{IDM}(j, i)>2$。

(4)由软件体系结构的 ***IDM*** 可知，其行向量中各个元素之和为 1 的点是孤立点，即该元素与其他软件体系结构元素没有任何关联。其他的行向量各个元素之和大于 1 的行，其元素之和越小，说明其所对应的元素与软件体系结构中的各个元素关联的越紧，其元素之和最小的行所对应的元素其关联到达所有元素所花费的代价最小，本章将软件体系结构中 ***IDM*** 行向量中各个元素之和最小的行所对应的元素称之为软件体系结构的中心点，则在软件体系结构动态演化的实现过程中，从中心点开始，根据关联关系进行连接建立，则其所花费的代价最小。

5.3 基于关联矩阵的软件体系结构动态演化算法实现

本节主要从算法实现的角度，描述软件体系结构动态演化是如何基于其关联矩阵来实现的，具体相关的实现算法如下。

5.3.1 软件体系结构动态演化的实现算法

软件体系结构动态演化的实现算法主要是用来描述基于关联矩阵的软件体系结构动态演化实现的流程。软件体系结构的动态演化是通过其关联矩阵的变换来实现的，该算法首先获取软件系统的名称、软件体系结构元素的矩阵对应表、初始关联矩阵 ***DIM***、软件体系结构元素动态演化对应的添加列表、删除列表和替换列表等，然后根据动态演化需求变换软件体系结构的关联矩阵 ***DIM*** 对应的相关行列值，然后根据 ***DIM*** 计算软件体系结构各元素之间的关联度，生成对应的关联度矩阵 ***IDM***，最后根据 ***IDM*** 结果生成动态演化后的软件体系结构。

软件体系结构动态演化的实现算法具体步骤如下：

(1)获取软件系统名称、软件体系结构的元素矩阵的对应表字符串、矩阵大小字符串、初始 ***DIM*** 字符串、添加元素列表字符串、删除元素列表字符串和替换元素列表字符串；

(2)根据软件体系结构元素矩阵的对应表字符串初始化元素矩阵对应表，用矩阵 ***TM*** 记录，记录软件体系结构元素在矩阵表示中与矩阵下标的对应关系，为了应用的方便，***TM*** 为全局变量；

（3）根据矩阵大小字符串，初始化矩阵大小，用 mSize 记录；

（4）根据 ***DIM*** 字符串和 mSize 初始化软件体系结构的关联矩阵 ***DIM***；

（5）根据添加元素列表字符串进行添加元素，按照构件添加操作规则变换上述 ***DIM*** 对应的行列值；

（6）根据删除元素列表字符串进行删除元素，按照构件删除操作规则操作上述 ***DIM*** 对应的行列值；

（7）根据替换元素列表字符串进行替换元素，按照构件替换操作规则操作上述 ***DIM*** 对应的行列值；

（8）初始化该软件体系结构的关联度矩阵 ***IDM***；

（9）根据上述 ***DIM*** 循环调用计算两点之间的最短路径长度算法（具体将在第 5.3.2 小节进行描述）来计算各个点之间的关联度，从而生成最终的 ***IDM***；

（10）获取中心点 i；

（11）根据上述 ***IDM*** 和 ***TM***，从中心点 i 开始调用对应的软件体系结构生成算法（具体将在第 5.3.3 小节进行描述）递归生成最终动态演化后的软件体系结构；

（12）退出。

以下是上述算法的关键代码描述：

```
Algorithm 5.1:Realize of software architecture dynamic evolution based on incidence
matrix
```

```
Input:the name of software system SystemName
      the string of corresponding SA element matrix table TMStr
      the string of matrix size DIMSizeStr
      the string of DIM DIMStr
      the string of adding element list addListStr
      the string of deleting element list deleteListStr
      the string of replacing element list replaceListStr
Output:evolved software architecture Sa
```

```
public static void RSAEvolution(String SystemName, String TMStr, String
   DIMSizeStr, String DIMStr, String addListStr, String deleteListStr, String
   replaceListStr, StackHelper Sa)
{
   int[] TM = initTM(TMStr);                    //根据元素矩阵对应表字符串初始化元素矩阵
                                                  对应表
   int mSize = initMSize(DIMSizeStr);           //根据矩阵大小字符串,初始化矩阵大小
   int[][] DIM = initDIM(DIMStr, mSize);        //根据 DIM 字符串和 mSize 初始化 DIM
   addElement(DIM, addListStr);                 //根据添加列表添加元素
   deleteElement(DIM, deleteListStr);           //根据删除列表删除元素
```

```
replaceElement(DIM, replaceListStr);        //根据替换列表替换元素
int[][] IDM = new int[mSize][ mSize];       //初始化 IDM
for (int i =0; i <mSize; i + +) {
  for (int j = i; j <mSize; j + +) {
    StackHelper stack = StackHelper.getStackHelper();
                                            //调用计算 DIM 中点 i 和点 j 之间的最短路径
                                              长度算法,堆栈 stack 记录
                                            //当前 DIM 中计算经过的点
    int ID = shortestIncidencePath(i, j, stack, DIM);
    IDM[i][j] = ID;
    IDM[j][i] = ID;
    }
  }
  int i = getCore(IDM);                     //获取中心点 i
  Sa = StackHelper.getStackHelper();        //获取初始堆栈 Sc
                                            //根据 IDM 和 TM,从中心点 i 开始调用基于
                                              IDM 的软件体系结构生成算法递归
                                            //生成 SystemName 所对应的具体系统的软件
                                              体系结构 Sa
  realizeRSA(i, IDM, Sa);
}
```

5.3.2 计算 *DIM* 中点 *i* 到点 *j* 的最短路径长度算法

该算法主要根据软件体系结构关联矩阵 ***DIM*** 来计算点 i 到点 j 的最短路径长度,从点 i 开始,用堆栈 stack 记录走过的点,不断寻找与点 i 直接关联且 stack 中没有记录的点,直到找到点 j。在一条路径中如果找得到点 j,则自底向上累加路径长度,如果没有点 j,则返回 0。

计算 ***DIM*** 中点 i 到点 j 的最短路径长度算法具体步骤设计如下:

(1)获取点 i、点 j、***DIM*** 和堆栈 stack。

(2)用定义数值 k 用来作为最终最短路径长度返回值,将其初始化为 0。

(3)将点 i 存入堆栈 stack。

(4)判断 i 是否等于 j,如果等于则说明已经到达终点,则执行步骤(5),否则执行步骤(6)。

(5)将 k 设为 1,执行步骤(15)。

(6)根据 ***DIM*** 获取与元素 i 直接关联且不在 stack 中的元素,用堆栈 Sc1 记录。

(7)判断堆栈 Sc1 是否为空,为空则说明已经没有需要计算的点,则执行步骤(15),否则执行步骤(8)。

(8)从堆栈 Sc1 取直接关联元素,并且将其赋值给 i。

(9)以当前的 i、j、***DIM*** 和 stack 递归自身,计算直接关联元素到终点 j 的最短路径,将结果用 min 记录。

(10)判断 min 是否为 0,为 0 则说明当前路径没有找到终点,则执行步骤(7),否则执行步骤(11)。

(11)min 自加 1,算上当前元素自身的路径。

(12)判断 k 是否为 0,如为 0 则说明当前路径为计算的第一条路径,则执行步骤(14),否则执行步骤(13)。

(13)判断 k 是否大于 min,如果大于 min,说明记录的最短路径比当前计算得到的最短路径长,则执行步骤(14),否则执行步骤(7)。

(14)将 min 赋值给 k,执行步骤(7)。

(15)向上层函数返回 k。

以下是上述算法的关键代码描述:

Algorithm 5.2:Computing the shortest path length of the element i and the element j

---

```
Input:the element i
      the element j
      the stack of record the completing path stack
      the direct incidence matrix DIM
Output:the shortest path length k of i and j
```

```
private int shortestIncidencePath (int i,int j,StackHelper stack, int[][] DIM)
{
    int k=0;
    stack.push(i);                               //记录 i
    if (i==j)                                    //找到终点
      k=1;
    else
    {
                                                 //根据 DIM 获取与元素 i 直接关联且不在
                                                   stack 中的元素
                                                 //用 Sc1 记录
      StackHelper Sc1=getDirectIncidenceElement(i, stack, DIM);
      while (Sc1.isNull()==false)
      {
        i=Sc1.pop();                             //取直接关联元素
                                                 //计算直接关联元素到终点的最短路径长度
        int min=shortestIncidencePath(i, j, stack, DIM);
        if (min!=0)
        {
          min++;
```

```
        if (k = =0)
          k = min;
        else
          if (k > min)
              k = min;
        }
      }
    }
    return k;
}
```

5.3.3 基于 *IDM* 的软件体系结构生成算法

基于 ***IDM*** 的软件体系结构生成算法主要描述了如何基于 ***IDM*** 生成动态演化后的软件体系结构。该算法根据 ***IDM***，从指定的点 i(取中心点)开始，用堆栈 Sa 记录走过的点，通过不断寻找与点 i 直接关联且 Sa 中没有记录的点建立连接，最终生成由点到线，由线到面的二维软件体系结构。

基于 ***IDM*** 的软件体系结构生成算法具体步骤设计如下：

(1)获取元素 i、***IDM*** 和堆栈 Sa。

(2)将 i 存入堆栈 Sa。

(3)根据 ***IDM*** 获取与 i 直接关联，并且不在 Sa 中的点，用堆栈 Sa1 记录。

(4)判断 Sa1 是否为空，如果为空，说明当前路径已经生成完成，则执行步骤(8)，否则执行步骤(5)。

(5)从堆栈 Sa1 中取直接关联元素，将其赋值给 j。

(6)为元素 i 和元素 j 建立连接。

(7)以 j、***IDM*** 和 Sa 递归自身，从 j 开始与其直接关联且没有在 Sa 中记录的元素建立连接。执行步骤(4)。

(8)返回上层函数。

以下是上述算法的关键代码描述：

```
Algorithm 5.3:Generating evolved software architecture based on IDM

Input:the element i
      the incidence degree matrix IDM
Output:evolved software architecture Sa

private static void realizeRSA (int i,int[][] ICM,StackHelper Sa)
{
    Sa.push(i);//记录 i
```

```
                                        //根据 IDM 获取与 i 直接关联,并且不在 Sa 中
                                          的点,用 Sa1 记录
    StackHelper Sa1 = getDirectIncidenceElement(i, Sa, IDM);
    while (Sa1.isNull() = = false) {
      int j = Sa1.pop();                //获取直接关联元素 j
      connectElement(i,j);              //为元素 i 和元素 j 建立连接
      realizeRSA(j, IDM, Sa);
    }
  }
```

5.4 本章小结

现有的研究很少考虑软件体系结构动态演化过程中各元素之间的关联及关联程度。本章从关联矩阵出发,首先建立软件体系结构动态演化的关联矩阵、关联度矩阵等概念,然后给出软件体系结构的关联矩阵、关联度矩阵表示,接着以添加、删除和替换三类基本演化操作为例,给出基于关联矩阵的软件体系结构动态演化方法,并讨论了软体系结构动态演化过程中关联度矩阵的特征,最后从算法实现的角度,讨论了软件体系结构动态演化实现的相关算法。

本方法主要通过各个软件体系结构元素间的关联关系计算出各个元素间的最短关联路径长度,以此构成关联度矩阵来描述软件体系结构中各个元素之间的关联程度,从而来描述整个软件体系结构的构成,然后将软件体系结构动态演化的各项需求通过矩阵演化来实现,最终实现软件体系结构的动态演化。该方法可便于计算机进行处理和实现。

第 6 章　基于偏序矩阵的软件体系结构动态演化

当前的软件体系结构动态演化研究,很少考虑软件体系结构的层次关系[94-95]。本章将从分层的软件体系结构角度出发,将一个软件系统看成是一个大的构件,其中包含多个子构件,用“层”的概念描述和管理这种包含与被包含关系,并且从软件体系结构的角度来描述软件系统的这种层次结构,提出了分层软件体系结构概念,同时对于分层软件体系结构中的各个构件之间的包含与被包含关系,通过偏序来进行描述,定义了相应的偏序矩阵来描述分层软件体系结构及其动态演化的各项需求,提出了一种基于偏序矩阵的分层软件体系结构动态演化方法。然后将软件体系结构动态演化的各项需求通过偏序矩阵演算来实现,最终实现了分层软件体系结构的动态演化。

6.1　相关基本概念

定义 6.1(分层软件体系结构)　从分层的角度出发,将一个软件系统看成是一个大的构件,其中包含多个子构件,用“层”的概念描述和管理这种包含与被包含关系,并且从软件体系结构的角度来描述软件系统的这种层次结构,本文将通过这种方式进行描述和构造的软件系统结构,称之为分层软件体系结构(Layer Software Architecture)。

分层软件体系结构结合了层的概念和软件体系结构的概念来描述软件系统。因此,分层软件体系结构与一般的软件体系结构有相似之处,也有不同之处。由分层软件体系结构的描述可知,分层软件体系结构是由构件和配置约束等构成。分层软件体系结构中的构件和配置约束的表述与软件体系结构中的表述是一样。分层软件体系结构与软件体系结构所不同的是,其没有连接件,因为分层软件体系结构中构件与构件之间的关系是包含与被包含的关系,是一种逻辑上的关系,因此分层软件体系结构不描述构件之间的连接关系。图 6.1 展示了如何用分层软件体系结构描述一个具体的应用系统。

由图 6.1 所示可知,应用系统包含构件 1 和构件 4,构件 1 包含构件 2 和构件 3。本章用“层”的概念管理软件系统的这种包含与被包含关系,为了方便后面的表述,本章假定在分层软件体系结构中,自上而下层级越来越低,如图 6.1 中的分层软件体系结构实例中,应用系统的层级最高,构件 1 和构件 4 的层级次之,构件 2 和构件 3 的层级最低。同时约定分层软件体系结构中层级的表示,用数值进行标识,并且层级越低,数值越小,如图 6.1 中的分层软件体系结构实例中，从构件2经过构件1，最后到应用系统，其对应的层级数值表示分别为1，2和3。

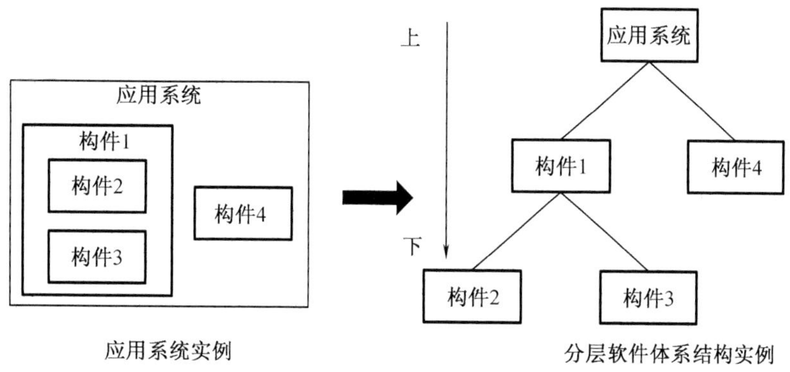

图6.1　分层软件体系结构描述应用系统实例

由分层软件体系结构的概念可知，分层软件体系结构是将一个软件系统看作一个由多个子构件构成的大构件，其主要是由构件和配置约束构成，所以可以将分层软件体系结构看成是由各类构件进行点点连接构成线，再由线构成面，从而形成的二维结构。本文用 C 表示构件集合，其中单个构件表示为 C_i，i 为对应的构件下标，为了矩阵描述方便，并且本文假定，在分层软件体系结构的动态演化过程中，所有可能的元素个数不超过 n。

定义6.2（包含关系）　如果构件 C_i 包含构件 C_j，则记为 $C_i \supseteq C_j$。$C_i \supseteq C_j$ 表示构件 C_i 包含构件 C_j，或者称构件 C_j 被包含于构件 C_i。并且构件 C_i 的层级高于构件 C_j 的层级。

定义6.3（偏序）　设 R 为非空集合 A 上的关系，如果 R 是自反的、反对称的和传递的，则称 R 为 A 上的偏序关系，简称偏序[96]。

在分层软件体系结构中，各个元素之间的包含关系存在如下性质：

（1）如果存在两个构件 C_i 和 C_j，有 $C_i \supseteq C_j$，当 C_i 和 C_j 代表同一元素的时候，存在 $C_i \supseteq C_j$ 和 $C_j \supseteq C_i$，即分层软件体系结构中各个元素之间的包含关系是可自反的。

（2）如果存在两不同构件 C_i 和 C_j，有 $C_i \supseteq C_j$，二者存在 $C_i \supseteq C_j$ 关系，则不可能存在 $C_j \supseteq C_i$ 关系，即分层软件体系结构中各个元素之间的包含关系是反对称的。

（3）如果存在三个不同的构件 C_i、C_j 和 C_k，三者存在 $C_i \supseteq C_j$，$C_j \supseteq C_k$ 关系，则一定存在 $C_i \supseteq C_k$ 关系，即分层软件体系结构中各个元素之间的包含关系是可传递的。

由上面的描述可知，分层软件体系结构中的包含关系的自反的、反对称的和传递的。本章将利用偏序描述分层软件体系结构中的包含关系，为了表示方便，定义包含关系的偏序表示。

定义6.4（分层软件体系结构中包含关系的偏序表示）　如果分层软件体系结构中的构件 C_i 和构件 C_j，二者有这样的关系：$C_i \supseteq C_j$，则二者偏序表示为：$C_i \odot C_j$。

定义6.5（包含关系向量）　将分层软件体系结构元素 C_i 与分层软件体系结构的每一个元素 $C_j(j=1,2,\cdots,n)$ 的偏序关系构成一个向量，称之为 C_i 的包含关系向量 $\boldsymbol{IV}$（Inclusion Vector），记为 $\boldsymbol{IV}_i=(X_{i1},\cdots,X_{ij},\cdots,X_{in})$。如果存在 $C_i \odot C_j$，则 $X_{ij}=1$，否则 $X_{ij}=0$。

定义 6.6(包含关系矩阵) 将分层软件体系结构每个元素 $C_i(i=1,2,\cdots,n)$ 的包含关系向量按行向量组合方式构成矩阵，则称该矩阵为分层软件体系结构的包含关系矩阵，记为 ***IM***（Inclusion Matrix）。

该包含关系矩阵记录了分层软件体系结构元素之间的包含与被包含关系，***IM*** 中数值为 1，则说明其所对应的两个元素存在包含与被包含的关系，数值为 0 则不存在包含与被包含的关系，任何元素都包含自身，并且也被自身包含。由于 ***IM*** 是基于偏序建立的，所以 ***IM*** 显然是非对称矩阵，为偏序矩阵。

定义 6.7(分层软件体系结构中元素的基于偏序的层级表示) 如果分层软件体系结构有元素 C_i、C_j 和 C_k，三者存在这样的偏序关系：$C_i \odot C_j$，$C_j \odot C_k$。根据分层软件体系结构的层级表示约定：用数值进行标识，并且层级越低，数值越小，那么我们可知由 C_i 到 C_k 所经历的层有：C_i 层、C_j 层和 C_k 层，共经历 3 层，在这三者的偏序关系中：C_i 处于第 3 级、C_j 处于第 2 级和 C_k 处于第 1 级，即 C_i 相对于 C_k，是 C_k 的第 3 级。同时由上面描述的元素之间的偏序可知与 C_k 相关的偏序有：$C_i \odot C_k$ 和 $C_j \odot C_k$，并且元素的偏序是自反的，所以还有：$C_k \odot C_k$，正好且只有 3 个偏序，即由 C_i 出发到达 C_k，与 C_k 有且只有 3 个以 C_k 结尾的偏序。那么 C_i 相对是 C_k 的第几级，则可以用由 C_i 出发到达 C_k，与 C_k 存在以 C_k 结尾的偏序的个数之和表示。又因为存在 $C_i \odot C_k$、$C_j \odot C_k$ 和 $C_k \odot C_k$，则有 $X_{ik}=1$、$X_{jk}=1$ 和 $X_{kk}=1$，所以 C_i 相对是 C_k 的第几级可用数值表示为：$X_{ik}+X_{jk}+X_{kk}=3$，简记为：$\sum X_{tk}(t=i,j,k)$。但是会发现这种表述只是体现了与 C_k 关系，体现不出与 C_i 的关系，即限定了偏序个数统计的结束，没有限定偏序个数统计的开始，因此这种表示很容易将 C_i 的上级元素与 C_k 的偏序统计进来，而那并不是需要统计的。此时会发现在 C_i、C_j 和 C_k 存在着这样以 C_i 开头的偏序：$C_i \odot C_i$、$C_i \odot C_j$ 和 $C_i \odot C_k$，所以有：$X_{ii}=1$、$X_{ij}=1$ 和 $X_{ik}=1$。所以 C_i 相对是 C_k 的第几级可用数值表示为：$X_{ii}\times X_{ik}+X_{ij}\times X_{jk}+X_{ik}\times X_{kk}=3$，简记为：$\sum X_{it}\times X_{tk}(t=i,j,k)$，这样既限定了结束，也限定了开始，那么 C_i 相对是 C_k 的第几级可表述为：与 C_i 存在以 C_i 开头的偏序，并且与 C_k 存在以 C_k 结尾的偏序的元素个数之和。那么对于任一元素 C_i 相对是任一元素 C_j 的第几级可表示为：$\sum X_{ik}\times X_{kj}$（k 为从 C_i 到 C_j 所经过的元素的下标），其中，如果存在 $C_i \odot C_k$，则 $X_{ik}=1$，否则 $X_{ik}=0$；如果存在 $C_k \odot C_j$，则 $X_{kj}=1$，否则 $X_{kj}=0$。

定义 6.8(层级关系向量) 将分层软件体系结构元素 C_i 与分层软件体系结构的每一个元素 $C_j(j=1,2,\cdots,n)$ 的层级关系构成一个向量，称之为元素 C_i 的层级关系向量 ***LV***（Layer Vector），记为 $\boldsymbol{LV}_i=(Y_{ij},\cdots,Y_{in})$，$Y_{ij}=\sum X_{ik}\times X_{kj}$（$k$ 为从 C_i 到 C_j 所经过的元素的下标），其中，如果存在 $C_i \odot C_k$，则 $X_{ik}=1$，否则 $X_{ik}=0$；如果存在 $C_k \odot C_j$，则 $X_{kj}=1$，否则 $X_{kj}=0$。

定义 6.9(层级关系矩阵) 将分层软件体系结构每个元素 $C_i(i=1,2,\cdots,n)$ 的层级关系向量按行向量组合方式构成矩阵，则称该矩阵为分层软件体系结构的层级关系矩阵，记为 ***LM***（Layer Matrix）。

该矩阵记录了分层软件体系结构元素之间的相对层级关系，层级关系矩阵中数值为非 0，则说明矩阵行所对应的元素包含了矩阵列所对应的元素，数值为 0 则说明矩阵行所对应的元素不包含矩阵列所对应的元素，任何元素都是自身的第 1 级，由于 ***LM*** 是基于偏序建立的，所以 ***LM*** 显然是非对称矩阵，为偏序矩阵。

6.2　基于偏序矩阵的分层软件体系结构动态演化

本节将详细介绍如何运用偏序矩阵来描述分层软件体系结构，分层软件体系结构中的偏序矩阵之间存在怎样的关系，分层软件体系结构的动态演化通过什么样的偏序矩阵的演算完成，以及分层软件体系结构的偏序矩阵具有怎样的特征。

6.2.1　分层软件体系结构的偏序矩阵表示

下面以图 6.1 所示的应用系统实例中的分层软件体系结构为例，用偏序矩阵进行描述。

图 6.1 的分层软件体系结构中的元素与矩阵的代数对应关系为：应用系统标识为 C_1，构件 1 标识为 C_2，构件 2 标识为 C_3，构件 3 标识为 C_4，构件 4 标识为 C_5，则该分层软件体系结构所对应的偏序矩阵，即包含关系矩阵 ***IM*** 和层级关系矩阵 ***LM*** 如图 6.2 所示。

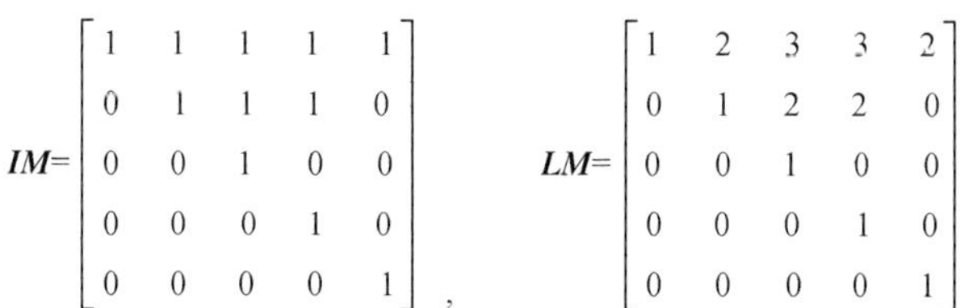

$$\boldsymbol{IM}=\begin{bmatrix}1&1&1&1&1\\0&1&1&1&0\\0&0&1&0&0\\0&0&0&1&0\\0&0&0&0&1\end{bmatrix},\quad \boldsymbol{LM}=\begin{bmatrix}1&2&3&3&2\\0&1&2&2&0\\0&0&1&0&0\\0&0&0&1&0\\0&0&0&0&1\end{bmatrix}$$

图 6.2　分层软件体系结构所对应的 *IM* 和 *LM*

其中：

（1）由包含关系矩阵 ***IM*** 可知该分层软件体系结构中各个元素之间的包含与被包含关系，其中，***IM*** 的行向量表示了对应元素与分层软件体系结构中各个元素的包含关系，***IM*** 的列向量表示了对应元素与分层软件体系结构中的各个元素的被包含关系。例如，由图 6.2 中的 ***IM*** 中的第二行可知：构件 1 包含自身、构件 2 和构件 3；由图 6.2 中的 ***IM*** 中的第二列可知：构件 1 被自身和应用系统包含。

（2）由层级关系矩阵 ***LM*** 可知分层软件体系结构中各个元素之间的相对层级关系，其中，***LM*** 的行向量表示了对应元素与分层软件体系结构中各个元素之间的相对层级关系，***LM*** 的列向量表示了对应元素相对于该元素处于第几层级。例如，由图 6.2 中的 ***LM*** 的第二行可知：构件 1 相对是自身的第 1 级、相对是构件 2 的第 2 级和相对是构件 3 的第 2 级；由图 6.2 中的 ***LM*** 中的第二列可知：构件 1 相对是自身的第 1 级，应用系统相对是构件 1 的第 2 级。

6.2.2　偏序矩阵之间的关系及证明

命题 6.1（*IM* 和 *LM* 之间的关系）　分层软件体系结构及其动态演化过程中，包含关系矩阵 ***IM*** 和层级关系矩阵 ***LM*** 之间存在如下关系：$\boldsymbol{LM}=\boldsymbol{IM}\times\boldsymbol{IM}$。

证明：

由包含关系矩阵 **IM** 的矩阵定义可知：$\boldsymbol{IV}_i=(X_{i1}, \cdots, X_{ij}, \cdots, X_{in})$，如果存在 $C_i \odot C_j$，则 $X_{ij}=1$，否则 $X_{ij}=0$。

由层级关系矩阵 **LM** 的矩阵定义可知：$\boldsymbol{LV}_i=(Y_{ij}, \cdots, Y_{in})$，$Y_{ij}=\sum X_{ik}\times X_{kj}$（$k$ 为从 C_i 到 C_j所经过的元素的下标），其中，如果存在 $C_i \odot C_k$，则 $X_{ik}=1$，否则 $X_{ik}=0$；如果存在 $C_k \odot C_j$，则 $X_{kj}=1$，否则 $X_{kj}=0$。

如果要证明 $\boldsymbol{LM}=\boldsymbol{IM}\times\boldsymbol{IM}$，则只要证明 **LM** 中的元素与 **IM** 中的元素存在这样的关系：$Y_{ij}=\sum X_{ik}\times X_{kj}(k=1, 2, 3, \cdots, n)$ 即可。

（1）如果存在 $C_i \odot C_k$，并且 $C_k \odot C_j$，则有 $X_{ik}=1$，$X_{kj}=1$，那么可以有 $X_{ik}\times X_{kj}=1$。即从 C_i（包含 C_i）到 C_j（包含 C_j）的元素，与 C_i存在以 C_i开头的偏序，与 C_j存在以 C_j结尾的偏序，该元素需要统计，并且计算式：$Y_{ij}=\sum X_{ik}\times X_{kj}(k=1, 2, 3, \cdots, n)$，统计该元素，所以当 C_i包含 C_j的时候，从 C_i（包含 C_i）到 C_j（包含 C_j）的元素可以添加进计算式进行计算。

（2）如果存在 $C_k \odot C_i$，并且 $C_j \odot C_k$，则有 $X_{ik}=0$，$X_{kj}=0$，那么可以有 $X_{ik}\times X_{kj}=0$。即当 C_j包含 C_i的时候，虽然 C_k是为 C_i到 C_j的元素，但是与 C_i不存在以 C_i开头的偏序，与 C_j不存在以 C_j结尾的偏序，该元素不应统计，并且计算式：$Y_{ij}=\sum X_{ik}\times X_{kj}(k=1, 2, 3, \cdots, n)$，不统计该元素，所以当 C_j包含 C_i的时候，从 C_i（包含 C_i）到 C_j（包含 C_j）的元素可以添加进计算式进行计算。

（3）如果存在 $C_k \odot C_i(k\neq i)$，则 $X_{ik}=0$，那么可以有 $X_{ik}\times X_{kj}=0$，即层级比元素 C_i高的元素，虽然与 C_j可能存在以 C_j结尾的偏序，但是与 C_i不存在以 C_i开头的偏序，该元素不应统计，并且计算式：$Y_{ij}=\sum X_{ik}\times X_{kj}(k=1, 2, 3, \cdots, n)$，不统计该元素，所以层级比元素 C_i高的元素可以添加进计算式进行计算。

（4）如果存在 $C_j \odot C_k(k\neq j)$，则有 $X_{kj}=0$，那么可以有 $X_{ik}\times X_{kj}=0$，即层级比元素 C_j低的元素，虽然与 C_i可能存在以 C_i开头的偏序，但是与 C_j不存在以 C_j结尾的偏序，该元素不应统计，并且计算式：$Y_{ij}=\sum X_{ik}\times X_{kj}(k=1, 2, 3, \cdots, n)$，不统计该元素，所以层级比元素 C_j低的元素可以添加进计算式进行计算。

（5）如果元素 C_k与元素 C_i不存在包含与被包含关系，且与元素 C_j不存在包含与被包含关系，则有 $X_{ik}=0$，$X_{kj}=0$，那么可以有 $X_{ik}\times X_{kj}=0$，即与元素 C_i和元素 C_j不存在包含与被包含关系的元素，与 C_i不存在以 C_i开头的偏序，与 C_j不存在以 C_j结尾的偏序，该元素不应统计，并且计算式：$Y_{ij}=\sum X_{ik}\times X_{kj}(k=1, 2, 3, \cdots, n)$，不统计该元素，所以与元素 C_i和元素 C_j不存在包含与被包含关系的元素可以添加进计算式进行计算。

综上所述，**LM** 中的任一数值 Y_{ij}均可以这样表示：$Y_{ij}=\sum X_{ik}\times X_{kj}(k=1, 2, 3, \cdots, n)$，即 **IM** 矩阵的第 i 行向量乘以 **IM** 矩阵的第 j 列向量。

所以，分层软件体系结构中的包含关系矩阵 **IM** 和层级关系矩阵 **LM** 之间存在这样的关系：$\boldsymbol{LM}=\boldsymbol{IM}\times\boldsymbol{IM}$。

证毕。

6.2.3 基于偏序矩阵的分层软件体系结构动态演化

根据前面章节分析,分层软件体系结构动态演化通常包括三类操作:构件的添加、构件的删除和构件的替换。为了矩阵处理方便,本章假定,分层软件体系结构动态演化过程中所需添加、删除或者替换的构件事先已经知道。为了与现有的分层软件体系结构元素进行区分,本章在分层软件体系结构的包含关系矩阵和层级关系矩阵中做如下处理:对于需要添加进当前分层软件体系结构的元素 C_i,由于它没有与其他元素存在包含与被包含关系,只包含自身,被自身包含,则其在包含关系矩阵 ***IM*** 中所对应的行列值只有 $X_{ii}=1$,其余全部为 0;在 ***LM*** 中所对应的行列值只有 $Y_{ii}=1$,其余值为 0。

1. 添加构件动态演化

当需要向分层软件体系结构中添加构件时,根据动态演化需求,在包含关系矩阵 ***IM*** 中将相应位置的值设为 1,生成新的分层软件体系结构的 ***IM***,然后根据新的 ***IM*** 生成新的层级关系矩阵 ***LM***。图 6.3 所示表示了添加一个构件的动态演化过程,即向已有的分层软件体系结构中的构件 C_2 中添加一个下级构件 C_3。则该分层软件体系结构所对应的包含关系矩阵及层级关系矩阵演化如图 6.4 所示,其中实线穿过标识添加的行或列。

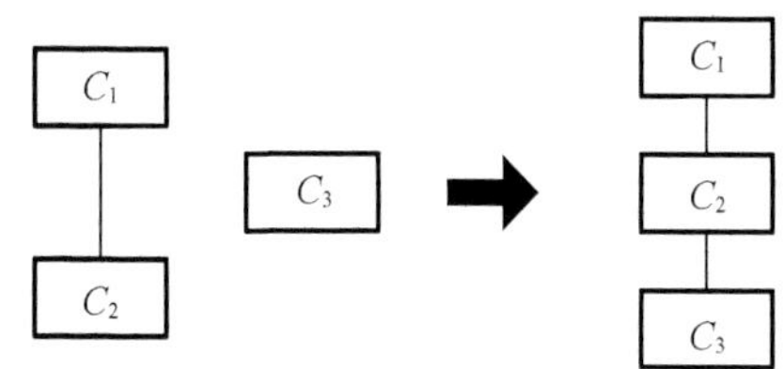

图 6.3　分层软件体系结构中构件的添加

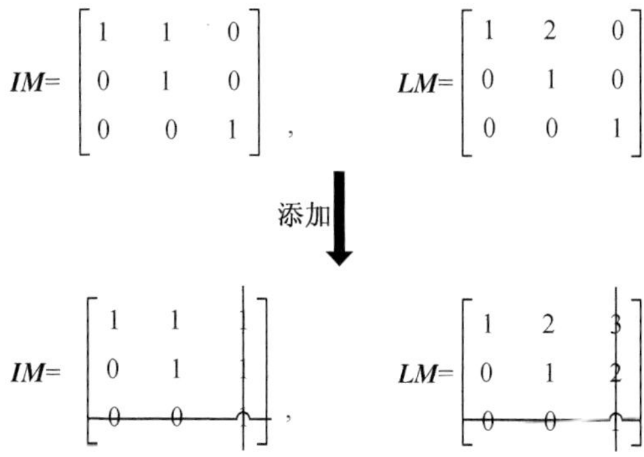

图 6.4　构件添加中所对应的 *IM* 和 *LM* 演化过程

2. 删除构件动态演化

当需要向分层软件体系结构中删除构件时,根据动态演化需求,在包含关系矩阵 ***IM*** 中将相应位置的值设为 0,生成新的分层软件体系结构的 ***IM***,然后根据新的 ***IM*** 生成新的层级关系矩阵 ***LM***。图 6.5 所示表示了删除一个构件的动态演化过程,即向已有的分层软件体系结构中的构件 2 中删除一个下级构件 C_3。则该分层软件体系结构所对应的包含关系矩阵及层级关系矩阵演化如图 6.6 所示，其中虚线穿过标识删除的行或列。

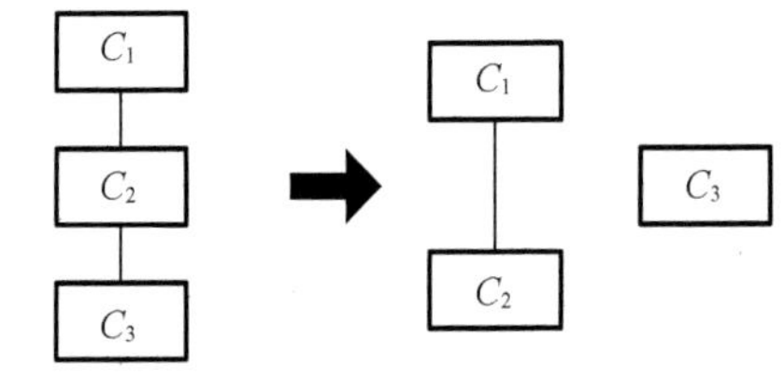

图 6.5 分层软件体系结构中构件的删除

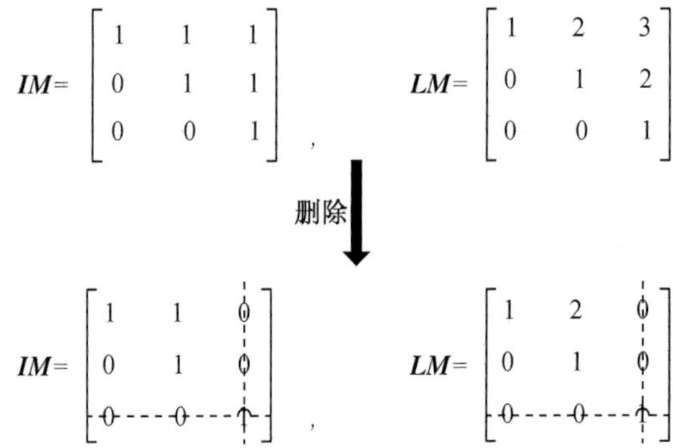

图 6.6 构件删除中所对应的 *IM* 和 *LM* 演化过程

3. 替换构件动态演化

当需要向分层软件体系结构中替换构件时，根据动态演化需求，在包含关系矩阵 ***IM*** 中将要删除的元素所对应位置的值设为 0，然后将要添加的元素所对应位置的值设为 1，生成新的分层软件体系结构的 ***IM***，然后根据新的 ***IM*** 生成新的层级关系矩阵 ***LM***。图 6.7 所示表示替换一个构件的动态演化过程，即用构件 C_4 替换已有分层软件体系结构中的构件 C_3。则该分层软件体系结构所对应的包含关系矩阵及层级关系矩阵演化如图 6.8 所示，其中虚线穿过标识删除的行或列，实线穿过标识添加的行或列。

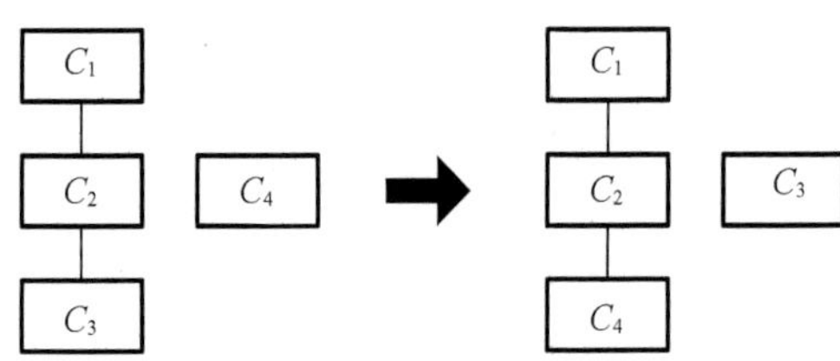

图 6.7 分层软件体系结构中的构件替换

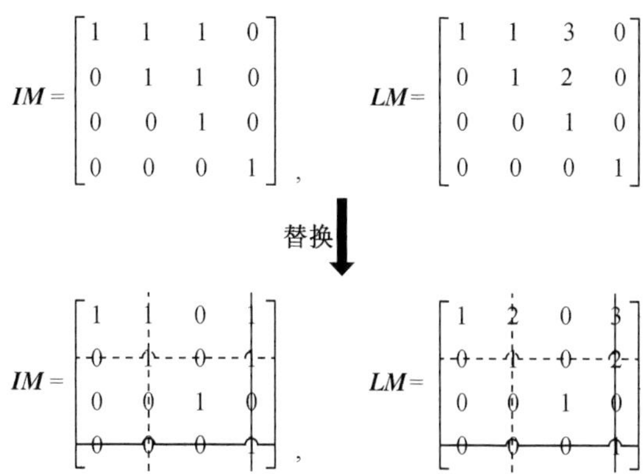

图 6.8　构件替换中所对应的 **IM** 和 **LM** 演化过程

6.2.4　分层软件体系结构动态演化过程中偏序矩阵的特征

由上面所描述的分层软件体系结构动态演化过程可知，随着分层软件体系结构的不断动态演化，用于描述分层软件体系结构的包含关系矩阵与层级关系矩阵也会不断发生演化，但是在其演化的过程中存在一些不变特征，具体如下：

(1)在分层软件体系结构动态演化的过程中，包含关系矩阵 **IM** 与层级关系矩阵 **LM** 始终存在这样的关系：$\boldsymbol{LM} = \boldsymbol{IM} \times \boldsymbol{IM}$。

(2)在层级关系矩阵 **LM** 矩阵中，行向量表示了对应元素与分层软件体系结构中各个元素之间的相对层级关系，对应行向量的和的值越大的构件，在其所在的线性关系中，其层级越高，行向量的和的值为 1，其所对应的元素处于其所在的线性关系中的叶子层。

(3)在层级关系矩阵 **LM** 矩阵中，列向量表示了对应元素的上级，相对于该元素处于第几层级，一个列向量表示了，自该列所对应的元素开始的一条自底向上的线性关系，一列中值越大的，其所对应的元素，在该列所对应的元素所在的线性关系中，其层级越高。如果值为零，则为零，表示没有关系，同时任何元素的直接上级，相对该元素所处于的层级，总是为第 2 层级，并且任何元素对其自身而言，总是为第 1 层级，线性关系中位于顶层的元素没有直接上级，即在其对应的列向量中不存在值为 2，只有值为 1，其余值均为 0。

(4)如果行向量和的值为 1，并且列向量和的值也为 1，则其对应的元素与分层软件体系结构没有任何关系。

在后文分层软件体系结构动态演化的实现过程中，将所有的这种如果行向量和的值为 1，并且列向量和的值也不为 1 的所对应的元素(称之为分层软件体系结构的叶子节点)为一条线性关系的构建的开始，自底向上地创建线性关系，再由线性关系构成二维平面的分层软件体系结构。

6.3 分层软件体系结构动态演化的算法实现

本节主要从算法实现的角度,详细介绍分层软件体系结构动态演化是如何基于其偏序矩阵实现。在本章中,分层软件体系结构的变化通过包含关系矩阵 ***IM*** 体现,需要根据 ***IM*** 的变化,自适应性地生成层级关系矩阵 ***LM***,根据 ***LM*** 结果实现新的分层软件体系结构。具体相关的实现算法如下:

6.3.1 分层软件体系结构动态演化的实现算法

分层软件体系结构动态演化算法主要是用来描述基于偏序矩阵的分层软件体系结构动态演化实现的流程,分层软件体系结构的动态演化主要是通过包含关系矩阵 ***IM*** 的变换来体现,该算法首先获取系统名称、初始 ***IM***、元素矩阵对应表、添加列表、删除列表和替换列表,然后根据软件体系结构的动态演化需求变化 ***IM*** 对应的相关行列值,然后根据 ***LM*** = ***IM*** · ***IM***,自适应性地生成层级关系矩阵 ***LM***,最后根据 ***LM*** 结果实现新的分层软件体系结构。

分层软件体系结构动态演化实现算法的具体步骤设计如下:

(1)获取系统名称、初始 ***IM*** 字符串、矩阵大小字符串、元素矩阵对应表字符串、添加列表字符串、删除列表字符串和替换列表字符串。

(2)根据元素矩阵对应表字符串初始化元素矩阵对应表,用矩阵 ***TM*** 记录,记录元素在矩阵表示中与矩阵下标的对应关系,为了应用的方便,***TM*** 为全局应用。

(3)根据矩阵大小字符串,初始化矩阵大小,用 mSize 记录。

(4)根据 ***IM*** 字符串和 mSize 初始化 ***IM***。

(5)根据添加列表字符串添加元素,按照构件添加规则变化 ***IM*** 对应的行列值。

(6)根据删除列表字符串删除元素,按照构件删除规则变化 ***IM*** 对应的行列值。

(7)根据替换列表字符串替换元素,按照构件替换规则变化 ***IM*** 对应的行列值。

(8)初始化 ***LM***。

(9)根据 ***LM*** = ***IM*** × ***IM*** 计算获取 ***LM***。

(10)根据 ***LM*** 和 ***TM***,调用对应的分层软件体系结构生成算法生成新的分层软件体系结构。

(11)退出。

以下是分层软件体系结构动态演化实现算法的关键代码描述:

```
Algorithm 6.1:Realize of layer software architecture dynamic evolution based on
partial ordermatrix
```

```
Input:the name of software system SystemName
      the string of corresponding SA element matrix table TMStr
```

```
    the string of matrix size IMSizeStr
    the string of IM IMStr
    the string of adding element list addListStr
    the string of deleting element list deleteListStr
    the string of replacing element list replaceListStr
```

```
Output:evolved software architecture Sa
```

```
public static void RSAEvolution(String SystemName, String TMStr, String IMSizeStr,
String IMStr, String addListStr, String deleteListStr, String replaceListStr,
StackHelper Sa)
{
    int[] TM = initTM(TMStr);                    //根据元素矩阵对应表字符串初始化元素矩阵
                                                  对应表
    int mSize = initMSize(IMSizeStr);            //根据矩阵大小字符串,初始化矩阵大小
    int[][] IM = initIM(IMStr, mSize);           //根据 IM 字符串和 mSize 初始化 IM
    addElement(IM, addListStr);                  //根据添加列表添加元素
    deleteElement(IM, deleteListStr);            //根据删除列表删除元素
    replaceElement(IM, replaceListStr);          //根据替换列表替换元素
    int[][] LM = new int[mSize][mSize];          //初始化 LM
    /* *根据 LM = IM · IM 生成 LM * */
    for (int i =0; i <mSize; i ++) {
      for (int j =0; j <mSize; j ++) {
        LM[i][j] =0;
        for (int k =0; k <mSize; k ++) {
          LM[i][j] =LM[i][j] +IM[i][k] * IM[k][j];
        }
      }
    }
                                                 //根据 LM 和 TM,生成 SystemName 所对应的
                                                  具体系统的分层软件体系结构 Sa
    realizeLSA(LM, Sa);
    }
```

6.3.2　基于 *LM* 的分层软件体系结构生成算法

基于 ***LM*** 的分层软件体系结构生成算法主要描述了如何基于层级关系矩阵 ***LM*** 生成分层软件体系结构。该算法根据 ***LM*** 获取分层软件体系结构的叶子节点,然后从每个叶子节点开始自下而上生成分层软件体系结构的线性结构,最后由各种线性结构构成二维结构的分层软件体系结构。

基于 ***LM*** 的分层软件体系结构生成算法具体步骤设计如下：

(1)获取 ***LM***。

(2)申请一个空栈 Sa。

(3)根据 ***LM*** 获取分层软件体系结构的叶子节点，用堆栈 stack 记录。

(4)判断 stack 是否为空，如果为空，则说明没有叶子点，即没有垂直的线性结构需要建立，执行步骤(7)，否则执行步骤(5)。

(5)从 stack 中取叶子节点，将其赋值给 i。

(6)根据 ***LM***、Sa 和 ***TM***，调用对应的分层软件体系结构线性结构生成算法，从 i 开始自下而上生成线性结构，用 Sa 记录已经建立好连接的点。执行步骤(4)。

(7)退出。

以下是上述基于 ***LM*** 的分层软件体系结构生成算法的关键代码描述：

```
Algorithm 6.2:Layer software architecture generation algorithm based on LM

Input:the layer matrix LM
Output:evolved layer software architecture Sa

private static void realizeLSA(int[][] LM, StackHelper Sa)
{
                                          //获取堆栈 Sa 记录线性结构生成过程走过的元素
    Sa = StackHelper.getStackHelper();
                                          //根据 LM 获取分层软件体系结构的叶子节点，用 Sc 记录
    StackHelperstack = getLeafElement(LM);
    while (stack.isNull() = = false) {
      int i = stack.pop();                //去叶子节点 i
                                          //根据 LM、Sc 和 TM，从 i 开始自下而上生成线性结构
      realizeLSALine(i, LM, Sa);
    }
}
```

6.3.3 基于 *LM* 的分层软件体系结构线性结构生成算法

基于 LM 的分层软件体系结构线性结构生成算法主要描述了如何根据 ***LM***，从节点 i 自下而上生成分层软件体系结构线性结构。该算法根据 ***LM***，从指定的点 i 开始，用堆栈 Sa 记录走过的点，如果 Sa 中没有点 i 的记录，则寻找点 i 的直接上级点建立连接，如果存在则退出，通过这种不断地寻找，直到顶层，最终完成分层软件体系结构的由点 i 出发的一条自下

而上的线性结构。

基于 ***LM*** 的分层软件体系结构线性结构生成算法具体步骤设计如下：

(1)获取 *i*、***LM*** 和 Sa。

(2)判断 *i* 是否在 Sa 里面，如果在里面，则说明自 *i* 向上的线性结构已经建立好，执行步骤(11)，否则执行步骤(3)。

(3)将元素 *i* 存入 Sa 中。

(4)根据 ***LM*** 获取元素 *i* 的直接上级，用堆栈 Sa1 记录。

(5)判断 Sa1 是否为空，如果为空，则说明没有直接上级，当前为最顶层级，执行步骤(6)，否则执行步骤(7)。

(6)以 0 作为直接上级与元素 *i* 建立连接。执行步骤(11)。

(7)判断 Sa1 是否为空，如果为空，则说明从其直接上级向上的线性结构已经建立好，执行步骤(11)，否则执行步骤(8)。

(8)从 Sa1 中取直接上级，将其赋值给 *j*。

(9)建立元素 *i* 和 *j* 之间的连接。

(10)根据 *j*、***LM*** 和 Sa 递归调用自身，寻找 *j* 的直接上级建立连接。执行步骤(7)。

(11)返回上层函数。

以下是上述基于 ***LM*** 的分层软件体系结构线性结构生成算法的关键代码描述：

Algorithm 6.3:Linear structure generation algorithm for layered software architecture

---

```
Input:the element i
      the layer matrix LM
Output:evolved layer software architecture Sa
```

```
private static void realizeLSALine(int i, int[][] LM, StackHelper Sa)
{
    if (Sa.searchElement(i) = = false) {         //元素 i 没有在 Sc 中
      Sa.push(i);                                 //元素 i 进栈
                                                  //根据 LM 获取元素 i 的直接上级,用 Sa1 记录
      StackHelper Sa1 = getDirectSuperior(i, LM, mSize);
      if (Sa1.isNull()) {                         //Sa1 为空
        ConnectElement(i,0);                      //以 0 作为直接上级与元素 i 建立连接
      }
      else
      {
        while (Sa1.isNull() = = false)
        {
          int j = Sa1.pop();                      //获取直接上级
          ConnectElement(i,j);                    //建立 i 和 j 之间的连接
```

```
            realizeLSALine(j, LM, Sa);
          }
        }
      }
    }
```

6.4 本章小结

现有的研究很少考虑软件体系结构的层次关系。本章从分层的软件体系结构角度出发,首先介绍了分层软件体系结构动态演化的相关概念、分层软件体系结构的包含关系矩阵、层级关系矩阵等偏序矩阵表示、描述分层软件体系结构及其动态演化行为的偏序矩阵之间的关系及证明;然后以添加、删除和替换三类基本演化操作为例,给出基于偏序矩阵的分层软件体系结构的动态演化过程,基于偏序矩阵的软件体系结构动态演化方法,并讨论了分层软件体系结构动态演化过程中偏序矩阵的特征,最后从算法实现的角度,讨论了分层软件体系结构动态演化实现的相关算法。本方法可进一步细化对分层软件体系结构动态演化的描述,增强分层软件体系结构元素演化关系的可追踪性,增强分层软件体系结构演化的可控性。

第7章　基于狼群算法的软件体系结构动态演化

纵观过去60多年,软件发生了巨大的变化,经历了结构化、对象化、构件化、服务化的发展转变。尤其是21世纪随着云计算技术[97]的日益成熟,以Google App Engine等为代表的云服务得到了蓬勃发展,IT资源服务化的思想日益普及,呈现“一切皆服务”(X as a Service,XaaS)的趋势[98]。服务化软件将面向服务的思想引入构件技术中,支持松耦合且互操作性好的应用软件开发。面向服务的软件已经颠覆和革新了代码式软件,改变了原有的开发模式,极大地提高了软件的生产率。目前,在学术界和工业界的共同推动下,云计算正逐渐成为主流的应用环境。云计算环境下,服务成为核心概念[99]。在云计算中,软件和硬件都被抽象化为资源形态并封装成服务,以服务的形式提供给用户使用。

当前,国内外各大IT企业都部署了云平台,并对外提供相应的云服务。例如亚马孙的云计算服务AWS、谷歌推出的Google App Engine、微软的Azure、IBM的Blue Cloud、阿里的阿里云、腾讯的腾讯云,以及百度的百度云等。云服务的出现克服了地理位置的障碍,将分散的资源集中在一起提供服务,让全世界的用户都可以通过网络获取高质量、高性能、低花费的优质服务。云服务能够为用户的个性化需求提供按需服务,这种新兴的服务提供模式非常有效地提升了IT资源的利用率和用户体验[100-103]。

由于狼群算法对于各种具有不同特征的复杂函数求解都有较好的鲁棒性和全局优化能力,可有效避免其他算法过早收敛的问题[104],所以本章以云服务软件系统体系结构为对象,首先,给出云服务系统组合动态演化的相关概念基础;然后,综合考虑CPU占用率、内存占用率和带宽占用率等负载均衡因素,以及时间、费用、可靠性、可用性和信誉等云服务通用QoS属性对云服务的影响,给出了各个QoS属性的量化表达式后,建立了云服务的QoS评价模型;接着,基于上述给出的模型,采用狼群算法进行云服务优化组合演化。求解时将人工浪的位置进行整数编码,对应每条云服务演化路径中各个云服务在子任务候选集中的编号,求解得到QoS最优的云服务演化执行路径,接着采用破碎纸片复原云服务系统为具体应用场景,设计仿真实验,验证了狼群算法对云服务系统演化模型求解的有效性和具有较好的效率;最后,针对狼群算法在初始化、游走行为和召唤行为中的一些不足,提出相应的改进方法,使用改进后的狼群算法对云服务动态演化模型进行求解,并采用同样的应用场景设计仿真实验,通过与狼群算法和自适应粒子群算法的求解结果进行对比,验证了算法改进的有效性。

7.1 云服务组合演化的相关基础

本小节将介绍云服务系统组合动态演化的相关基础[100-103]。

7.1.1 云服务系统组合动态演化的相关定义

定义 7.1(云服务) 是云计算环境下服务提供商将各类计算资源虚拟化后,通过网络发布的一个独立的,功能完整的服务。本章将云服务形式化定义为一个六元组 CS = (ID, Fun, CN, Int/out, Info, QoS),其中:

(1)ID 是云服务系统中云服务的标识符,通过 ID 可以确定唯一的云服务;

(2)Fun 是对该云服务具有功能的描述;

(3)CN 是云服务的功能分类编号,在云服务系统中具有相同或相似功能的云服务的 CN 相同;

(4)Int/out 表示服务的输入和输出;

(5)Info 是云服务提供商对云服务一些属性信息的描述,包括云服务名称、云服务提供商等信息;

(6)QoS 是对云服务的服务质量的量化评价,将在下一节对 QoS 进行详细的描述。

定义 7.2(云服务候选集) 是云平台中具有相同或相似功能,且均能够单独完成某个特定任务的若干个云服务的集合。将云服务候选集形式化定义为一个三元组(CN, Fun, Nums, Mems),其中:

(1)CN 表示该云服务候选集的分类编号,同一候选集中所有云服务具有相同 CN;

(2)Fun 是对该候选集中所有云服务具有的功能和能完成何种任务的描述;

(3)Nums 为该云服务候选集的所有云服务在候选集中的编号序列,即 1, 2, 3,…, s,其中 s 为该云服务候选集中云服务的个数;

(4)Mems 为按顺序构成该云服务候选集的所有云服务组成的一个序列。

定义 7.3(组合云服务) 是为了满足用户处理复杂任务的需求,将候选云服务中具有不同功能的一组云服务按照一定的逻辑进行组合,形成的弹性可伸缩的服务[102,104]。将组合云服务定义为一个序列 $CS = (CS_1, CS_2, \cdots, CS_n)$,其中 $CS_i(i=1,2,\cdots,n)$ 为按照顺序组成的组合云服务的所有云服务,n 为组合云服务中云服务的个数。

7.1.2 云服务组合动态演化的流程

由于云计算环境的复杂性,功能单一的云服务往往无法满足云平台上大规模且复杂的多功能任务的需要,因此需要将多个云服务按一定的逻辑进行组合动态演化来提供服务以满足这样的需求。为一个大规模云计算任务选择其相应的云服务进行组合动态演化,一般经历三个过程。

(1)任务分解:将完整的任务分解成若干个不可再分,并能被单一云服务完成执行的子任务。用 T 表示一个完整的任务，则 $T=\{T_1,T_2,T_3,\cdots,T_i,\cdots,T_n\}$ 用来表示子任务集合，其中 n 是任务分解后得到的子任务数量，T_i 表示第 i 个子任务，$i=1,2,3,\cdots,n$，如图 7.1 步骤①，各个子任务之间有着清晰的逻辑关系，这种关系一般用任务流程图来表示，本章用有向无环图来表示各个任务之间的依赖关系和逻辑关系。

（2）子任务云服务优选：对于每个子任务 T_i，根据功能需求在云平台中搜索相应的候选云服务，组成子任务 T_i 的候选云服务集 $CS_i=\{CS_{i1},CS_{i2},\cdots,CS_{ij},\cdots,CS_{im}\}$，$m$ 表示优选出的候选云服务数量，CS_{ij} 表示 T_i 的第 j 个候选云服务，$i=1,2,3,\cdots,m$，如图 7.1 步骤②。

（3）云服务组合动态演化：从每个子任务候选云服务集 CS_i 中挑选一个候选云服务 CS_{ij}，生成所有可能的组合，理论上有 $\prod_{i=1}^{n} m_i$ 种组合情况（n 为子任务的数量），根据给定的约束条件考虑 QoS 选择一组最优的服务组合演化执行路径，如图 7.1 步骤③中对应的路径为 $\{CS_{12},CS_{21},\cdots,CS_{i3},CS_{n1},\cdots\}$。

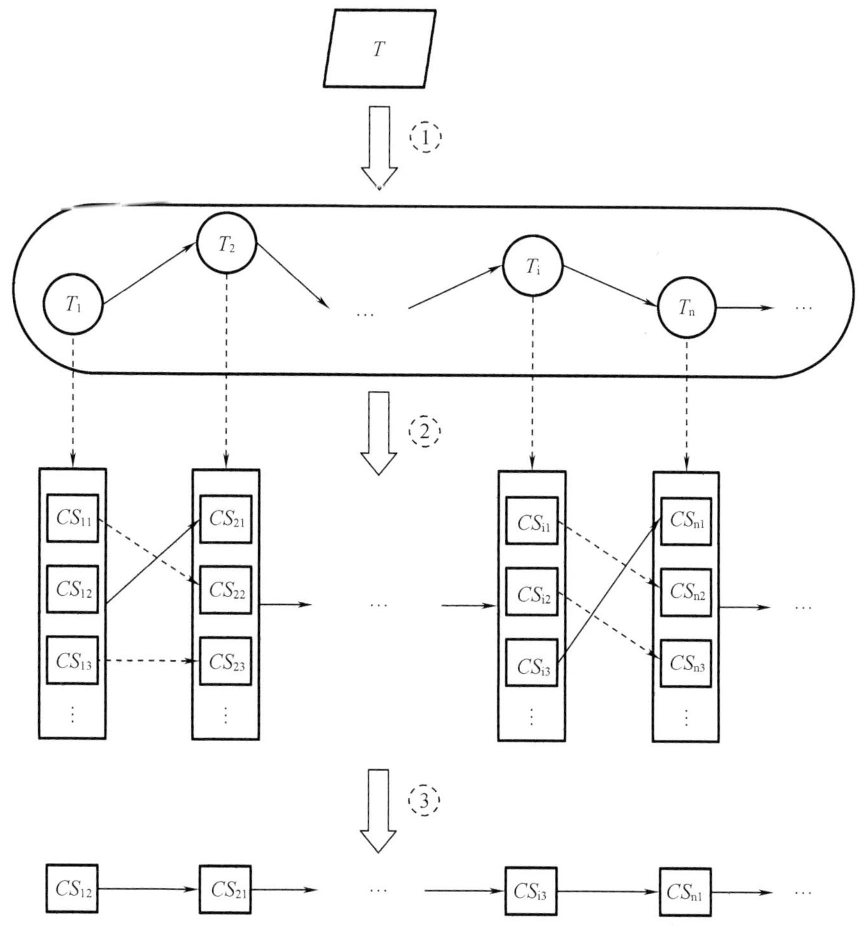

图 7.1　云服务组合动态演化流程

7.1.3　云服务的 QoS 评价模型

在云计算环境下，云服务是提供商将计算资源虚拟化后通过网络在云计算平台上发布供用户按需获取的一种服务。在云服务系统体系结构的动态演化过程中,由于单一的云服务很难满足用户复杂任务的需求,需要从海量的候选云服务中选择一系列的云服务按照一定的逻辑组合起来完成用户的动态演化需求。这时就要对云服务的QoS(Quality of Service)进行科学、准确的评估。本小节对云服务QoS常用的指标,给出了一个云服务的八维QoS评价模型。

由于云计算环境中具有相同或相似功能的云服务数量快速增加,用户的需求不再只是注重功能方面,还需要考虑一些非功能性的指标,所以服务质量(QoS)就成了云服务组合动态演化过程中的一个重要评价指标[105-106],能在一定程度上能区分功能相同或相似的服务。在求解云服务组合动态演化模型的优选过程中,云服务的QoS属性在动态、复杂的云环境会受到很多方面的影响,当前关于云服务的评价中大多数只考虑了通用的QoS属性,而没有考虑到负载均衡因素对云服务的影响,所以,在对云服务组合动态演化模型求解过程中,为了更好地对云服务进行评价和提高用户的满意度,本章将综合考虑云服务的通用QoS属性和负载均衡因素考虑。

(1)云服务的通用QoS属性

云服务的QoS属性可以分成通用的QoS属性和领域相关的QoS属性两种类型,通用的QoS属性在任何领域中都能使用,是在服务组合与优选中不需要更改的属性,如服务时间、服务价格等,领域相关的QoS属性是由于应用领域不同,其非功能属性也就不同。由于本章研究的是不限定领域的云服务QoS评价模型,因此这里只针对通用QoS属性进行研究,它们分别是服务时间(T)、服务费用(C)、可用性(Av)、可靠性(Rel)和信誉(Rep),这些属性的详细说明和计算方法将在后面小节给出。

(2)负载均衡因素

在云计算环境中,除了通用的QoS属性,还应该考虑云服务系统的负载均衡因素,它可以衡量云计算资源可以提供的服务水平情况。在云计算环境中,用户日益复杂和多样化的需求对云计算资源和服务的性能要求也越来越高,需要处理的数据量越来越大,所以在服务组合动态演化过程中需要更加全面的考虑到云服务系统的负载能力。如果云服务系统的负载能力比较弱,那么云服务的执行成功率就会很低,从而直接影响云服务组合的有效性和效率。云服务在被部署在相应的节点上后,此时节点上的计算资源所提供的CPU和内存的处理能力和带宽能力,使得云服务具有了CPU占用率、内存占用率和带宽占用率三个属性。

综上所述,云服务QoS的属性包含了服务的通用QoS属性和CPU占用率以及内存占用率。因此,本章给出一个八维的云服务QoS评价指标体系,分别为服务时间(T)、服务费用(C)、可用性(Av)、可靠性(Rel)、信誉(Rep)、CPU占用率(Cor)、内存占用率(Mor)和带宽占用率(Bor)。

$$Q_{CS}=(T(CS),C(CS),Av(CS),Rel(CS),Rep(CS),Cor(CS),Mor(CS),Bor(CS))$$

由于本章的研究重点不在具体的QoS属性,因此下面只是给出它们的定义和简单的量化表达式如下:

(1)服务时间(T):指用户从开始提交服务到服务执行完成并返回结果所消耗的全部时间,记为T。通常,服务时间越短则说明该服务越好。

(2)服务费用(C):指从用户提交服务请求到服务执行完成返回结果所需要的所有金钱花费,记为 C。

(3)可用性(Av):指服务可以成功被访问的概率。本文将可用性表示为该云服务成功访问的次数与总访问次数的比值,即 $Av=A_s/A_n$,其中,A_n为一段时间内对该云服务的访问总次数,A_s为该云服务自身成功响应的次数。

(4)可靠性(Rel):指云服务正常运行的概率,表示为服务实例的可用时间占总的服务工作时间的比例。表示为 $Rel=T_r/T_n$,其中,T_n为云服务运行的总时间,T_r为该段时间内正常运行的时间。

(5)信誉(Rep):用于衡量一个服务值得信任的程度,基于用户在使用该云服务后做出的评价。表示为 $Rep=\sum_{i=1}^{n}R_i/n$, 其中,R_i为第 i 个用户对云服务做出的评价,n 为用户对云服务评价的次数,R_i的值设置为0、1、2、3、4、5六个等级,默认值为3。

(6)CPU占用率(Cor):指云服务的CPU使用量与服务节点上服务能提供的CPU计算能力的比值,表示为 $Cor=CPU_s/CPU_n$,其中,CPU_s为云服务的CPU需求量,可以通过性能监视器进行测试和获取。CPU_n表示云服务所在节点提供的可用CPU计算能力。在每一条云服务组合路径中的CPU占用率取路径中所有云服务的CPU占用率最大的那个。

(7)内存占用率(Mor):指云服务的内存使用量与服务节点上提供的内存大小的比值,表示为 $Mor=Mem_s/Mem_n$,其中,Mem_s为云服务的内存使用量,可以通过性能监视器进行测试和获取。Mem_n表示云服务所在节点提供的内存大小。在每一条云服务组合路径中的内存占用率取路径中所有云服务的内存占用率最大的那个。

(8)带宽占用率(Bor):指云服务的带宽使用率,表示为 $Bor=BW_s/BW_n$,其中,BW_s为云服务的带宽使用量,可以通过性能监视器进行测试和获取。BW_n为节点所在网络中所提供的可用带宽。在每一条云服务组合路径中的带宽占用率取路径中所有云服务的内存占用率最大的那个。

建立云服务的QoS评价模型需要通过QoS进行比较,并从大量云服务中选择最合适QoS的云服务。只有将多个QoS属性值综合起来分析比较,才能找到最适合的云服务。但由于每个QoS属性的意义不同,表示方法和量化单位也不同,为了消除不同量纲的影响,本章需要统一对QoS进行无量纲化处理,即归一化。

针对云服务的消极属性如时间、费用、CPU占用率、内存占用率和带宽占用率,使用如下公式处理。

$$q_i^-=\frac{q_{\max}-q_i}{q_{\max}-q_{\min}}$$

针对云服务的积极属性如可用性、可靠性和信誉,使用如下公式处理。

$$q_i^+=\frac{q_i-q_{\min}}{q_{\max}-q_{\min}}$$

其中,$q_{\max}-q_{\min}\neq 0$,q_i^- 和 q_i^+ 表示云服务第 i 个属性的归一化值。q_i表示云服务第 i 个QoS属性值,$q_{\max}$和 $q_{\min}$分别表示该云服务所在候选集中对应QoS属性的最大值和最小值。

从公式中可以看出,积极属性的 QoS 值变大,归一化后的值也变大,而消极属性的 QoS 值变大,归一化后的值会变小。云服务的 QoS 属性值在归一化后,其取值都在[0,1]范围内。这样就可以直接对 QoS 属性值进行统一处理。

7.1.4 云服务组合动态演化的模型

QoS 表示了云服务的非功能属性,云服务的 QoS 可以由运营商提供,也可以基于服务的运行情况得到,或者通过使用过的用户反馈获得。云服务组合动态演化的 QoS 属性值不仅和单个云服务的 QoS 属性值有关,还和云服务之间的结构有关。在云服务组合动态演化过程中,云服务之间存在顺序结构、选择结构、并行结构和循环结构这四种基本结构,所以,云服务经过组合动态演化后可以产生大量结构不同的组合云服务,形成云服务组合动态演化的执行路径。下面将分别对这四种基本结构的组合云服务 QoS 计算表达式进行推导,从而得到云服务组合动态演化模型。

(1)顺序结构

图 7.2 表示云服务组合动态演路径中的云服务是顺序关系的结构,其 QoS 值的计算公式如表 7.1 所示,其中 $i=1, 2, \cdots, n$。

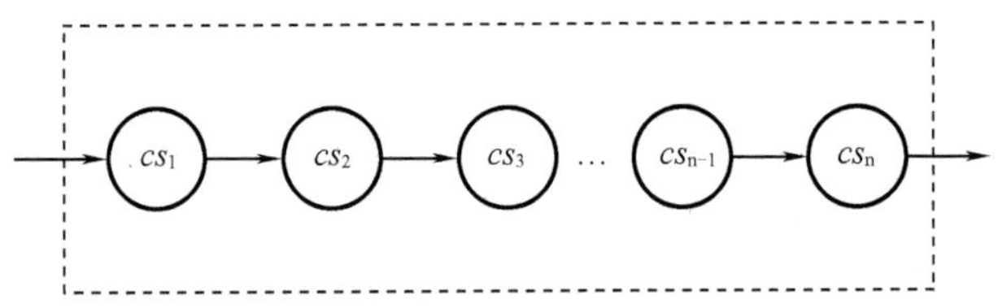

图 7.2 顺序结构

表 7.1 顺序结构组合云服务的 QoS 计算公式

云服务 QoS 属性	计算公式
服务时间(T)	$\sum_{i=1}^{n} T(CS_i)$
服务费用(C)	$\sum_{i=1}^{n} C(CS_i)$
可用性(Av)	$\prod_{i=1}^{n} Av(CS_i)$
可靠性(Rel)	$\prod_{i=1}^{n} Rel(CS_i)$
信誉(Rep)	$\sum_{i=1}^{n} Rep(CS_i)/n$
CPU 占用率(Cor)	$\mathrm{Max}(Cor(CS_i))$
内存占用率(Mor)	$\mathrm{Max}(Mor(CS_i))$
带宽占用率(Bor)	$\mathrm{Max}(Bor(CS_i))$

2. 选择结构

图 7.3 表示云服务组合动态演化路径中的云服务是选择关系的结构,其 QoS 值的计算公式如表 7.2 所示。其中,P_i为选择结构模型中每个 CS_i被选中执行的概率。

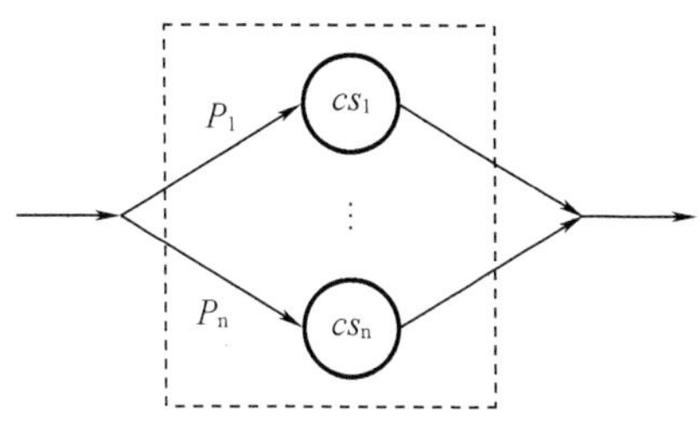

图 7.3　选择结构

表 7.2　选择结构组合云服务的 QoS 计算公式

云服务 QoS 属性	计算公式
服务时间(T)	$\sum_{i=1}^{n}(T(CS_I)\cdot P_i)$
服务费用(C)	$\sum_{i=1}^{n}(C(CS_I)\cdot P_i)$
可用性(Av)	$\sum_{i=1}^{n}(Av(CS_I)\cdot P_i)$
可靠性(Rel)	$\sum_{i=1}^{n}(Rel(CS_I)\cdot P_i)$
信誉(Rep)	$\sum_{i=1}^{n}(Rep(CS_I)\cdot P_i)$
CPU 占用率(Cor)	$\mathrm{Max}(Cor(CS_i))$
内存占用率(Mor)	$\mathrm{Max}(Mor(CS_i))$
带宽占用率(Bor)	$\mathrm{Max}(Bor(CS_i))$

3. 并行结构

图 7.4 表示云服务组合动态演化路径中的云服务是并行关系的结构,其 QoS 值的计算公式如表 7.3 所示。

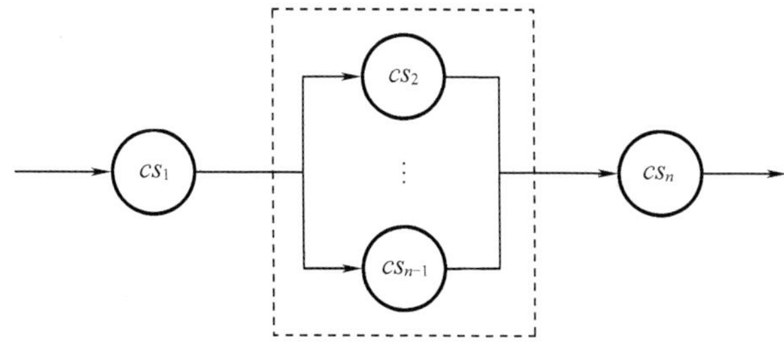

图 7.4　并行结构

表 7.3 并行结构组合云服务的 QoS 计算公式

云服务 QoS 属性	计算公式
服务时间(T)	$\mathrm{Max}(T(CS_i))\quad i\in[1,n]$
服务费用(C)	$\sum_{i=1}^{n} C(CS_i)$
可用性(Av)	$\prod_{i=1}^{n} Av(CS_i)$
可靠性(Rel)	$\prod_{i=1}^{n} Rel(CS_i)$
信誉(Rep)	$\sum_{i=1}^{n} Rep(CS_i)/n$
CPU 占用率(Cor)	$\mathrm{Max}(Cor(CS_i))$
内存占用率(Mor)	$\mathrm{Max}(Mor(CS_i))$
带宽占用率(Bor)	$\mathrm{Max}(Bor(CS_i))$

4. 循环结构

图 7.5 表示云服务组合路径中的云服务是选择关系的结构,其 QoS 值的计算公式如表 7.4 所示。其中,K 表示循环结构模型中循环执行的次数。

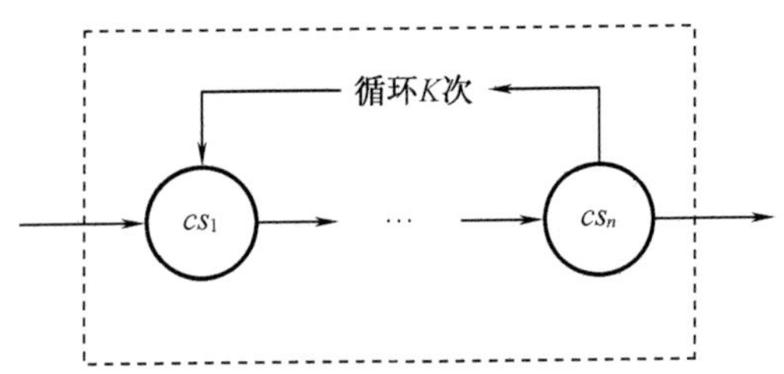

图 7.5 循环结构

表 7.4 循环结构组合云服务的 QoS 计算公式

云服务 QoS 属性	计算公式
服务时间(T)	$K*\sum_{i=1}^{n} T(CS_i)$
服务费用(C)	$K*\sum_{i=1}^{n} C(CS_i)$
可用性(Av)	$\prod_{i=1}^{n} Av(CS_i)$
可靠性(Rel)	$\prod_{i=1}^{n} Rel(CS_i)$
信誉(Rep)	$\sum_{i=1}^{n} Rep(CS_i)/n$
CPU 占用率(Cor)	$\mathrm{Max}(Cor(CS_i))$
内存占用率(Mor)	$\mathrm{Max}(Mor(CS_i))$
带宽占用率(Bor)	$\mathrm{Max}(Bor(CS_i))$

综上所述，假设每个云服务组合都有 n 个唯一的云服务，并且具有时间、费用、可用性、可靠性、信誉、CPU 占用率和内存占用率等 8 个 QoS 属性，则任意云服务组合路径 P 的 QoS 表达式如下式所示：

$$\begin{aligned} QoS(P) &= \{T(P),\ C(P),\ Av(P),\ Rel(P),\ Rep(P),\ Cor(P),\ Mor(P)\} \\ &= f_{\text{seq}}(T,\cdots,Bor) + f_{\text{par}}(T,\cdots,Bor) + f_{\text{sel}}(T,\cdots,Bor) + f_{\text{cir}}(T,\cdots,Bor) \end{aligned}$$

其中，f_{seq}，f_{par}，f_{sel}，f_{cir}取决于云服务实际执行路径的结构。

从上面公式可以看出，云服务组合动态演化问题本质上是一个离散多目标优化问题，对多目标优化问题的求解通常有分层优化方法、Pareto 最优法、模糊评价法和多目标权重法等，本章将采用对每个属性加权将多目标问题转换成一个单目标优化问题。

云服务组合动态演化的目标是时间、费用、CPU 占用率、内存占用率和带宽占用率尽可能少，可用性、可靠性、信誉尽可能高，将云服务组合动态演化模型表达如下：

$$Q(P) = \text{Max}\left(\frac{w_1}{T(P_i)} + \frac{w_2}{C(P_i)} + w_3 Av(P_i) + w_4 \text{Rel}(P_i) + w_5 Rep(P_i) + \frac{w_6}{Cor(P_i)} + \frac{w_7}{Mor(P_i)} + \frac{w_8}{Bor(P_i)}\right)$$

其中，$i=1,2,3,\cdots,n$；w_1、w_2、w_3、w_4、w_5、w_6、w_7、w_8是相应的权重，$w_i \in [0,1]$，$\sum_{i=1}^{8} w_i = 1$，P_i表示执行路径 P 上的第 i 个云服务。

通常来说，用户很难对云服务不同 QoS 属性的重要性给出精确的表示，他们一般偏向于对不同的云服务给出不同属性的偏好程度。因此，对上述 8 个权重的确定，本章将通过 AHP（层次分析法）来进行确定。具体步骤如下：

(1)首先构建一个 QoS 属性重要性两两对比的 8×8 判断矩阵如下：

$$A = \begin{bmatrix} 1 & a_{12} & \cdots & a_{18} \\ a_{21} & 1 & \cdots & a_{28} \\ \vdots & \vdots & \cdots & \vdots \\ a_{81} & a_{82} & \cdots & 1 \end{bmatrix}$$

其中，矩阵元素 a_{ij}表示属性 i 与属性 j 的重要性之比，判断元素 a_{ij}的标度方法如表 7.5 所示。

表 7.5 矩阵元素标度判定表

元素 a_{ij}的标度	定义	说明
1	同等重要	属性 i 和属性 j 同等重要
3	略微重要	属性 i 比属性 j 略微重要
5	重要	属性 i 比属性 j 重要
7	非常重要	相比于属性 j，属性 i 非常重要
9	及其重要	相比于属性 j，属性 i 及其重要

如果属性 i 与属性 j 的重要性之比为 a_{ij}，那么反之属性 j 与属性 i 的比值 $a_{ji=1}/a_{ij}$。

(2)计算每个 QoS 属性的权重，本文采用算术平均法来计算权重，即

$$W_i = \frac{1}{n} \sum_{j=1}^{n} \frac{a_{ij}}{\sum_{k=1}^{n} a_{kj}} \tag{6.5}$$

式中，$i,j,k=1,2,3,\cdots,n$，针对本文 n 的值为 8，下面给出计算步骤：

①将矩阵 $\boldsymbol{A}$ 中的元素按列进行归一化处理产生矩阵 $\boldsymbol{B}$，即求 $b_{ij}=a_{ij}/\sum_{k=1}^{n}a_{kj}$；

②对归一化后的矩阵 $\boldsymbol{B}$ 中的每一行元素求和，这样就得到了特征向量；

③对特征向量进行归一化处理后得出权重向量。

7.2 基于狼群算法的云服务组合动态演化

7.2.1 狼群算法基本原理

狼群算法是基于狼群捕食和狩猎的过程抽象出游走、召唤和围攻 3 种行为以及“胜者为王”的头狼产生规则和“强者生存”的狼群更新机制，提出的一种群体智能算法[106-107]。如图 7.6 所示为狼群捕猎模型，通过狼群个体在游走过程中对环境中猎物的气味浓度进行感知、人工狼之间相互共享信息并进行交互，然后基于自身的职责做出相应的决策，最终在整个狼群的合作下实现围捕猎物的全过程。

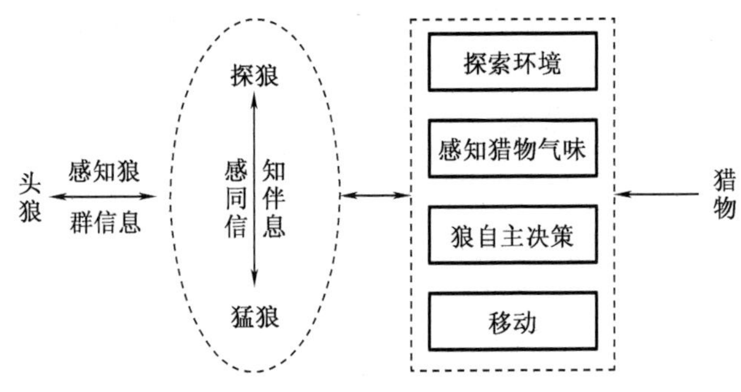

图 7.6 狼群捕猎模型

自然界中每个狼群中都存在一个首领，称为头狼。因为头狼在狼群捕食过程中对狼群拥有指挥权和决策权，所以头狼需要在狼群中通过不断的竞争才能产生，并且头狼也会不断地被更新替换。在捕猎过程中时，头狼会根据狼群的信息确定猎物可能的活动区域，然后指派狼群中几只较为精壮的狼（称为探狼）在该区域内进行搜寻，探狼根据感知到的周围环境中猎物气味的浓度自主决定搜索行为。一旦发现猎物踪迹，就立刻向头狼报告，头狼然后根据探狼报告的信息做出决策，通过嚎叫的方式召唤周围的猛狼来围攻猎物。周围的猛狼听到头狼的嚎叫后会快速朝着头狼的方向靠近。在猛狼均到达猎物周围一定范围内时，开始围攻猎物。在捕获猎物后，狼群根据每只狼在此次捕猎过程中的贡献大小进行猎物分配，这种方式可以使狼群中较为强壮的狼获得较多食物进而继续保持强壮，而少数弱小狼则会因为分配食物较少而被饿死。这种残酷的猎物分配规则让狼群始终保持着健壮性和多样性以及整个狼群的良性发展。狼群算法通过模拟狼群的捕食过程进行不断迭代寻找最优解，猎物的位置即为优化问题的解。狼群算法包括六个步骤，即：狼群的初始化、确定头狼、探狼游走行为、头狼召唤行为、猛狼围攻行为和狼群更新[101-104,107]。

下面将运用狼群算法的云服务组合动态演化进行详细介绍。

7.2.2　基于狼群算法的云服务组合动态演化

将狼群算法应用于云服务组合问题的求解,需要解决的问题主要有[101-103]:

(1)如何对人工狼进行编码,以便与云服务组合动态演化进行对应。

(2)狼群算法通常用来解决单目标连续优化问题,而本章需要解决的云服务组合动态演化问题是一个离散问题,需要对问题进行离散化处理。

本章结合狼群算法和云服务组合动态演化,设计云服务组合动态演化的步骤如下:

(1)构建云服务候选集

根据用户的需求,筛选出能够完成各个子任务的云服务候选集,每个云服务候选集中的云服务都具有相同或相似的功能。云服务候选集的定义如定义 7.2。

(2)云服务组合动态演化的人工狼编码

针对云服务组合问题,本文对人工狼的位置采用整数编码的方式,将每个组合云服务对应一只人工狼,假设每只人工狼的位置有 D 维,分别对应组合云服务中的 D 个云服务,组合云服务中完成每个子任务的云服务在相应云服务候选集中的编号对应为人工狼的 d 维位置,则人工狼的位置定义为

$$X_i = (x_{i1}, x_{i2}, \cdots, x_{id}, \cdots, x_{iD})$$

其中,x_{id}表示第 $i(1 \leqslant i \leqslant N)$ 只人工狼在第 $d(1 \leqslant d \leqslant D)$ 维上的值。则一个由 D 个云服务组合而成的组合云服务对应的人工狼编码如表 7.6 所示。

表 7.6　组合云服务与人工狼的对应编码

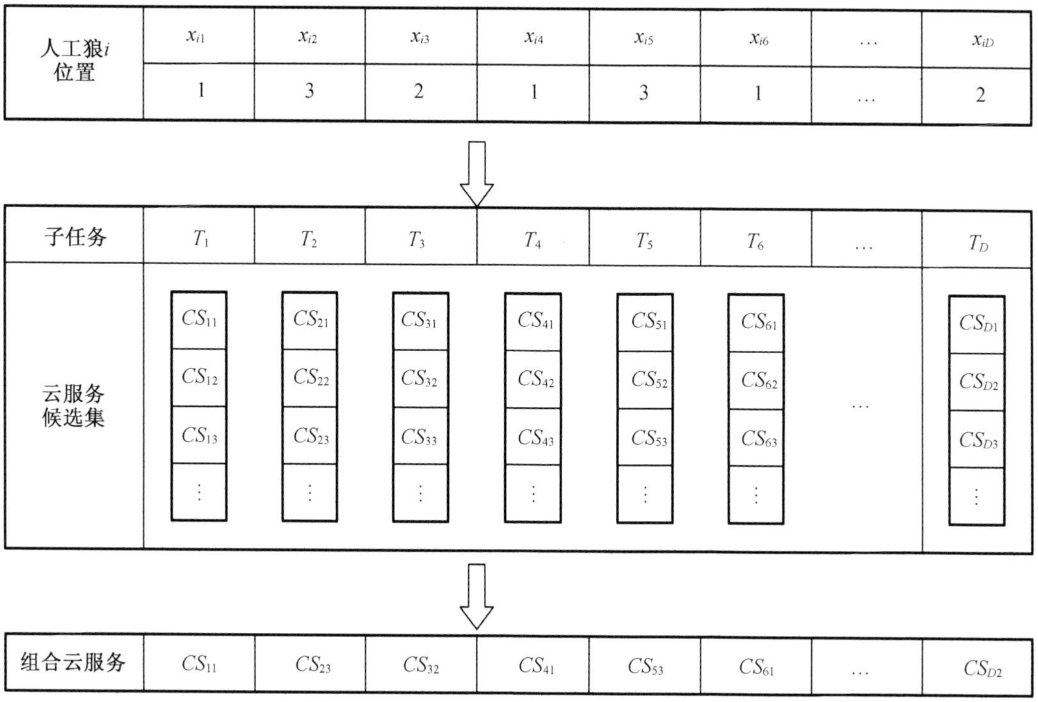

人工狼i位置	x_{i1}	x_{i2}	x_{i3}	x_{i4}	x_{i5}	x_{i6}	…	x_{iD}
	1	3	2	1	3	1	…	2

⇩

子任务	T_1	T_2	T_3	T_4	T_5	T_6	…	T_D
云服务候选集	CS_{11}	CS_{21}	CS_{31}	CS_{41}	CS_{51}	CS_{61}	…	CS_{D1}
	CS_{12}	CS_{22}	CS_{32}	CS_{42}	CS_{52}	CS_{62}		CS_{D2}
	CS_{13}	CS_{23}	CS_{33}	CS_{43}	CS_{53}	CS_{63}		CS_{D3}
	⋮	⋮	⋮	⋮	⋮	⋮		⋮

⇩

组合云服务	CS_{11}	CS_{23}	CS_{32}	CS_{41}	CS_{53}	CS_{61}	…	CS_{D2}

(3)初始化狼群

在初始化狼群时,定义狼群的规模为 N,最大迭代次数为 $K_{\max}$,探狼比例因子为 a,最大游走次数为 $T_{\max}$,距离判定因子为 w,步长因子为 S,更新比例因子为 β,X 表示狼群中的人工狼集合,则通过以下公式随机产生第 i 只人工狼 X_i的初始位置为

$$X_i = (x_{i1}, x_{i2}, \cdots, x_{id}, \cdots, x_{iD})$$

$$x_{id} = x_{d\min} + rand(0,1)(x_{d\max} - x_{d\min})$$

式中,x_{id}表示第 $i(1 \leqslant i \leqslant N)$ 只狼在第 $d(1 \leqslant i \leqslant D)$ 维上的值,rand(0,1)为在[0,1]范围内分布的随机数,$x_{d\max}$、$x_{d\min}$分别为狼群第 d 维的最大值和最小值。

(4)定义云服务组合动态演化的适应度函数

云服务组合动态演化的目标是时间、费用、CPU 占用率、内存占用率和带宽占用率尽可能少,可用性、可靠性、信誉尽可能高,根据第 7.1.4 节,将云服务组合动态演化的适应度函数定义如下:

$$F(X_i) = \mathrm{Max}\left(\frac{w_1}{T(X_i)} + \frac{w_2}{C(X_i)} + w_3 Av(X_i) + w_4 Rel(X_i) + w_5 Rep(X_i) + \frac{w_6}{Cor(X_i)} + \frac{w_7}{Mor(X_i)} + \frac{w_8}{Bor(X_i)}\right)$$

其中,$i = 1,2,3,\cdots,n$;w_1、w_2、w_3、w_4、w_5、w_6、w_7、w_8是相应的权重,$w_i \in [0,1]$,$\sum_{i=1}^{8} w_i = 1$,X_i表示云服务组动态演化路径中的第 i 只人工狼。

(5)云服务组合动态演化的游走

根据适应度函数计算每条组合执行路径的适应度值,选择具有最大值的组合路径对应的人工狼为头狼,头狼所在位置对应的组合云服务的适应度值为 Y_{lead}。

然后选择除头狼外适应度值最大的 m 条云服务组合路径作为探狼,其中 m 取 $\left[\frac{N}{a+1}, \frac{N}{a}\right]$之间的整数,$a$ 为探狼比例因子。

为了提高探狼的搜索精度,探狼按照以下方式进行游走行为:探狼 i(其中 $i = 1, 2, \cdots, m$)所在位置对应的组合云服务适应度值为 Y_i。如果 Y_i大于头狼的 Y_{lead},则 $Y_{\text{lead}} = Y_i$,探狼 i 替代头狼,如果 $Y_i < Y_{\text{lead}}$,则探狼 i 进行自主决策,即分别向 $d_{\max}$个方向前进一步,此时的步长设为 $step_a$,并记录下移动后的适应度值,然后退回原位置,探狼 i 向第 $p(p = 1,2,..., d_{\max})$个方向移动后在第 d 维空间的位置 x_{id}^p定义为

$$x_{id}^p = x_{id} + step_a$$

$$step_a = rand\_N(1, d_{\max})$$

其中,$rand_N(1, d_{\max})$为在$[1, d_{\max}]$范围内分布的随机整数,$d_{\max}$为狼群所有维度的最大值。

此时,探狼 i 所在位置对应的组合云服务路径的适应度值为 Y_{ip},选择大于当前位置适应度值中最大的方向前进一步,对探狼 i 的位置进行更新,不断重复游走直到某个位置的适应度值大于头狼所在位置的适应度值,或者游走次数 T 达到最大游走次数 $T_{\max}$。

（6）云服务组合动态演化的奔袭

头狼确定后，头狼周围的人工狼都以相对较大的奔袭步长 $step_b = 2 * |d_{max} - d_{min}|/S$ 快速接近头狼所在位置，人工狼 i 经过第 $k+1$ 次迭代后在第 d 维的位置为下式所示：

$$x^{k+1id} = x_{id}^{k} + step_b \times (g_d^k - x_{id}^k) / |g_d^k - x_{id}^k|$$

其中，g_d^k 为第 k 代群体的头狼在第 d 维空间的位置。

如果人工狼 i 在奔袭的途中，某位置对应的组合云服务适应度值 $Y_i > Y_{lead}$，则 $Y_{lead} = Y_i$，即该人工狼转变为头狼，然后重新进行奔袭行为；若 $Y_i < Y_{lead}$，则人工狼 i 继续奔袭，直到其与头狼之间的距离小于 d_{near} 时转入围攻行为。d_{near} 由下式确定：

$$d_{near} = \frac{1}{D \times w} \times \sum_{d=1}^{n} |x_{dmax} - x_{dmin}|$$

其中，x_{dmax}、x_{dmin} 分别为狼群第 $d(d = 1,2,\cdots,D)$ 维的最大值和最小值，w 为距离判定因子。

（7）云服务组合动态演化的围攻行为

经过奔袭的人工狼已经离猎物比较近，需要对猎物进行围攻以将其捕获，这里头狼的位置就是猎物的位置。狼群对猎物的位置进行围攻时，对于第 k 代狼群，狼群的围攻行为可用下式表示：

$$x^{k+1id} = x_{id}^{k} + \lambda \times step_c \times |g_d^k - x_{id}^k|$$

其中，g_d^k 为第 k 代群体头狼在第 d 维空间中的位置，λ 为[-1,1]范围内均匀分布的随机数，$step_c$ 为人工狼执行围攻行为时的攻击步长。

$step_c$ 由下式确定：

$$step_c = |d_{max} - d_{min}|/2S$$

其中，S 为步长因子，如果实施围攻行为后人工狼所在位置对应的组合云服务适应度值大于其原来位置对应组合云服务的适应度值，则更新此人工狼的位置，否则人工狼位置不变。

（8）更新头狼位置

实施围攻行为后，按“适应度值最大”的头狼产生规则，对头狼的位置进行更新。

（9）更新狼群

狼群按照捕猎过程中的功劳大小进行分配食物，导致弱小的狼会被饿死，即在算法中去除适应度值最差的 R 只人工狼，同时按照步骤 S3 的初始化狼群的方法随机产生 R 只人工狼加入狼群。R 的取值为$[N/2\beta, N/\beta]$之间的随机整数，β 为狼群更新比例因子。

（10）终止条件判断

判断是否达到最大迭代次数 k_{max}，若达到则转到步骤（11），否则转步骤（5）。

（11）输出头狼位置对应的组合云服务。

（12）离散化处理和越界处理

通常，狼群算法是用来对连续域的最优化问题进行求解，狼群算法中人工狼的位置在空间是连续变化的，但本章在求解云服务系统自适应动态演化问题时，对人工狼位置的编码为整数编码的方式，所以需要对除步骤（4）外的步骤（3）、步骤（5）至步骤（9）各步骤的求解结果进行离散化处理。

本章采用将连续型结果变量直接转换成离散值的离散化处理方法，具体的实现就是根据连续结果变量和离散变量之间的距离，用离连续型变量最近的离散变量作为离散化处理的结果，如下所示：

$$x_{id}=\begin{cases}\lfloor x_{id}\rfloor & x_{id}-\lfloor x_{id}\rfloor\leqslant\lceil x_{id}\rceil-x_{id}\\ \lceil x_{id}\rceil & \text{else}\end{cases}$$

式中，$\lfloor x_{id}\rfloor$、$\lceil x_{id}\rceil$分别表示对变量 x_{id}进行向下取整和向上取整。

基于狼群算法云服务组合动态演化的实现流程如图 7.7 所示。

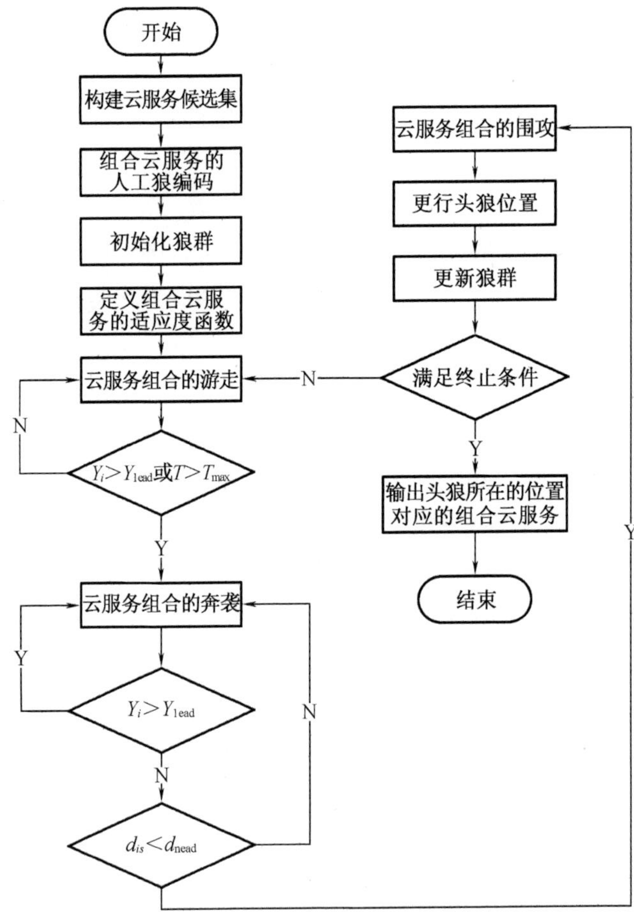

图 7.7 算法流程

7.2.3 案例分析与仿真实验

1. 云服务组合场景

本文实验模型采用破碎纸片修复过程来建立云服务组合的具体应用场景。破碎纸质文档的修复在纸质司法物证复原和历史文献修复等工作中发挥了很重要的作用。一般来说，碎纸片的拼接复原工作是通过人工来完成的，这种方式虽然在准确率上能得到保证，但是效率十分低下。特别是当碎片数量非常大时，通过人工拼接的方式在短时间内很难保质保量的完成工作。随着当前信息技术的发展,用户可以通过计算机软件来完成,由于本地计算资源有限,云计算平台提供的强大的计算服务是一个很好的选择。为了完成对破碎纸片拼接这个任务,首先需要对破碎纸片源图像进行图像灰度化、图像二值化和图像降噪等数据预处理工作,然后进行形状结构化和边缘信息结构化等数据结构化处理,最后完成基于文字信息拼接和基于形状拼接的处理。

如图7.8所示,为了满足用户的服务请求,云计算平台需要对现有的云服务进行组合演化后为用户提供服务,这里将破碎纸片修复分解成7个子任务:图像灰度化任务 t_1、图像二值化任务 t_2,图像降噪任务 t_3、形状结构化任务 t_4、边缘信息结构化任务 t_5、基于文字信息拼接任务 t_6、基于形状拼接任务 t_7。其中 t_1、t_2、t_3 为并行关系,t_4、t_5 为并行关系,t_6、t_7 为并行关系,这三个并行关系整体构成一个顺序关系。分别为每个子任务模拟产生2,3,4,2,4,3,2个候选云服务,然后为每个候选云服务在属性范围内随机生成QoS各个属性的值。根据本文的定义,各QoS属性的取值范围如下:$0 < T(cs) < 50\text{s}$,$0 < C(cs) < 150$,$0 < Av(cs) < 1$,$0 < Rel(cs) < 1$,$Rep(cs)$ 为0到5之间的整数,$0 < Cor(cs) < 1$,$0 < Mor < 1$,$0 < Bor < 1$。

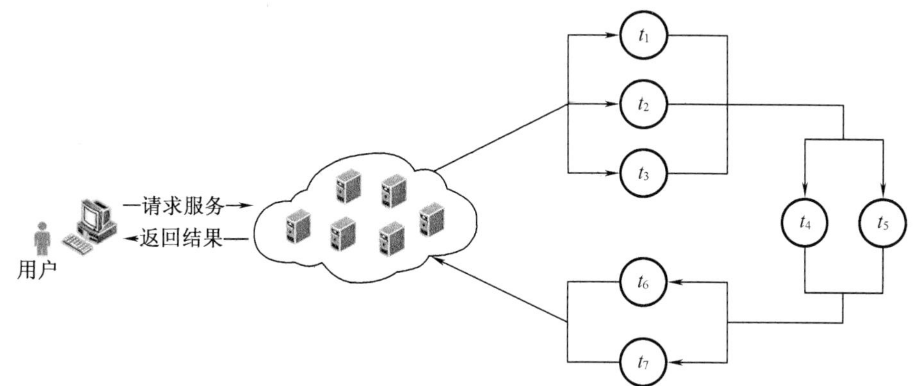

图7.8　云服务组合场景

t_1:图像灰度化;t_2:图像二值化;t_3:图像降噪;t_4:形状结构化;t_5:边缘信息结构化;t_6:基于文字信息拼接;t_7:基于形状拼接

各个任务的云服务候选集配置如表7.7所示。

表7.7　候选云服务配置表

子任务	候选云服务
t_1	CS_{11},CS_{12}
t_2	CS_{21},CS_{22},CS_{23}
t_3	CS_{31},CS_{32},CS_{33},CS_{34}
t_4	CS_{41},CS_{42}
t_5	CS_{51},CS_{52},CS_{53},CS_{54}
t_6	CS_{61},CS_{62},CS_{63}
t_7	CS_{71},CS_{72}

2. 实验与分析

为了验证本节提出的基于狼群算法的云服务组合动态演化问题研究的求解效率和准确性，本节对利用狼群算法求解云服务组合动态演化问题进行了仿真实验并与其他文献采用的算法进行对比分析。

(1)仿真实验环境与参数设置

仿真实验环境：实验电脑为 ThinkPad T460s，CPU 为 Intel Core i7 - 6600U @2.80 GHz，8GB 内存，Windows 10 系统，程序实现平台为 Matlab R2016a。

参数设置：探狼比例因子 $a=4$，游走方向 $h=4$，最大游走次数 $T_{max}=20$，步长因子 $s=200$，距离判定因子 $w=100$，更新比例因子 $\beta=6$。说明一下这里对参数的设置不会对实验结果产生显著的影响。

目标函数：根据本文第 7.1.4 节提出的云服务组合动态演化模型，得出本案例的适应度函数如下式所示：

$$F(X_i)=\mathrm{Max}\left(\frac{w_1}{T_i}+\frac{w_2}{C_i}+w_3Av_i+w_4\,Rel_i+w_5Rep_i+\frac{w_6}{Cor_i}+\frac{w_7}{Mor_i}+\frac{w_8}{Bor_i}\right)$$

其中：

$$T_i=\mathrm{Max}(T(CS_1),T(CS_2),T(CS_3))+\mathrm{Max}(T(CS_4),T(CS_5))+\mathrm{Max}(T(CS_6),T(CS_7))$$

$$C_i=\sum_{j=1}^{7}C(CS_j),Av_i=\prod_{j=1}^{7}Av(CS_j),Rel_i=\prod_{j=1}^{7}Rel(CS_j)$$

$$Rep_i=((Rep(CS_1)+Rep(CS_2)+Rep(CS_3))/3+(Rep(CS_4)+Rep(CS_5))/2+(Rep(CS_6)+Rep(CS_7))/2)/3$$

$$Cor=\mathrm{Max}(Cor(CS_j)),\quad j\in[1,7]$$

$$Mor=\mathrm{Max}(Mor(CS_j)),\quad j\in[1,7]$$

$$Bor=\mathrm{Max}(Bor(CS_j)),\quad j\in[1,7]$$

(2)算法有效性验证

本次有效性验证试验采用与穷举算法得出的全局最优解对比，以穷举算法得出的最优解为最优结果。使用通过狼群算法求得最优结果的次数占总计算次数的百分比，即最优结果百分数作为算法有效性的评价指标。由于目前没有云服务相关数据集，首先使用穷举算法得出所有执行路径的最优解。然后使用本章提出的基于狼群算法的求解方法进行求解得到的结果与最优结果对比，统计算法命中最优解的次数后计算最优结果百分数。种群规模为 10,20,30,40,50,60,70,80,90,100。计算次数为 30，迭代次数为 100，所得结果如图 7.9 所示。从图中可以看出，在种群规模比较少时，虽然最优结果百分数偏低，但基本都保持在 50% 以上，但当种群规模增加到 50 时，最优结果百分数大幅提升，达到 90%，随着种群规模继续增加，后续最优结果百分数达到 100%，因此证明狼群算法求解云服务组合问题是有效的。

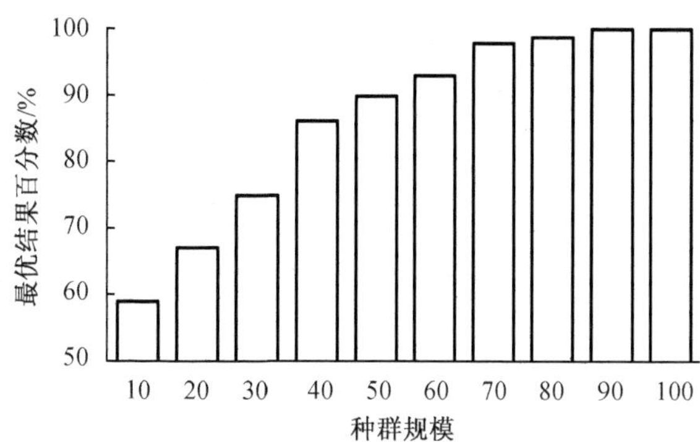

图 7.9 狼群算法求解问题最优结果百分数

(3)算法效率验证

本文采用 CPU 的运行时间作为评价标准,通过上面实验可以看出,种群规模的增加可以提高算法求解的有效性,而候选云服务数量的增加会导致问题规模增大,所以需要分别考虑种群规模增加和候选云服务数增加在不同迭代次数下的运行时间这 2 种情况来检验基于狼群算法求解云服务组合问题的效率,实验采用执行 20 次的平均值作为实验结果。

首先针对种群规模增加对算法效率的影响。分别考虑种群规模在 100,200,300,迭代次数在 100,200,300,400 时 CPU 的运行时间,这里候选云服务数量设置为 100。实验结果如图 7.10 所示。

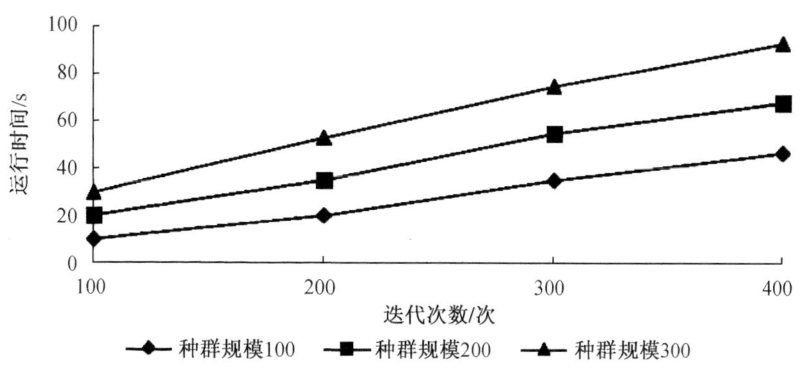

图 7.10 不同种群规模时的运行时间

针对候选云服务数量增加对算法效率的影响,分别考虑候选云服务数量在 40,80,120,迭代次数为 100,200,300,400 时 CPU 的运行时间,种群规模设置为 200。实验结果如图 7.11 所示。

从以上 2 个实验结果图中可以看出,当种群规模或者候选优服务数量增加一定时,随着迭代次数的增加,CPU 的运行时间也会增加,但增加的幅度较小;当迭代次数一定时,CPU 的运行时间也会随种群规模或候选云服务数量的增加小幅度的增加,而且大多数都在 100 s 以下,所以基于狼群算法求解云服务组合问题是比较高效的。

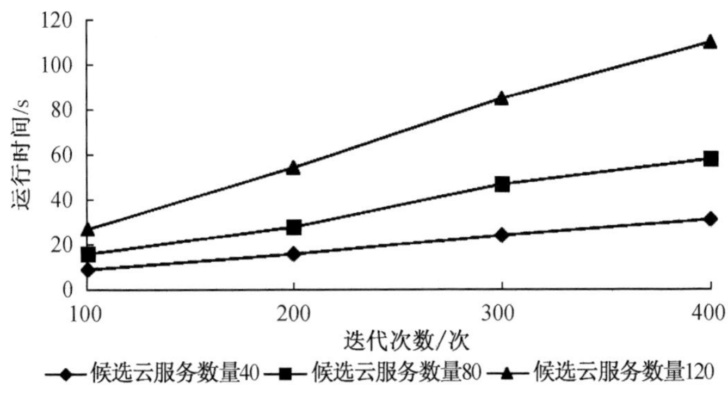

图 7.11　不同候选云服务数量时的运行时间

(4)算法对比验证

最后通过实验将本狼群算法(WPA)与文献[106]提出的粒子群算法(PSO)求解进行对比实验,来验证狼群算法求解云服务组合动态演化问题的优越性。为公平起见,基于上面实验结果显示种群规模、迭代次数和候选云服务数量对实验结果有影响,实验设置种群规模为100,最大迭代次数为100,候选云服务数量为80,从求解成功率和运行时间两方面进行对比。结果如图7.12,7.13所示。

由图7.12WPA与PSO求解成功率对比可以看出,虽然两种算法迭代次数大于90后都能得出云服务组合动态演化问题的最优解,但是相比于粒子群算法,本文提出的基于狼群算法的云服务组合动态演化问题求解方法具有更高的求解成功率和更快的收敛速度,由图7.13WPA与PSO求解效率对比可以看出,当种群规模在50以下时,本文提出的狼群算法执行时间比自适应粒子群算法所花的时间要多,但是随着种群规模的增多,狼群算法所花的时间明显少于粒子群算法所花的时间。所以说,本章提出基于狼群算法的云服务组合动态演化问题求解方法在准确性和求解效率要优于自适应粒子群算法。

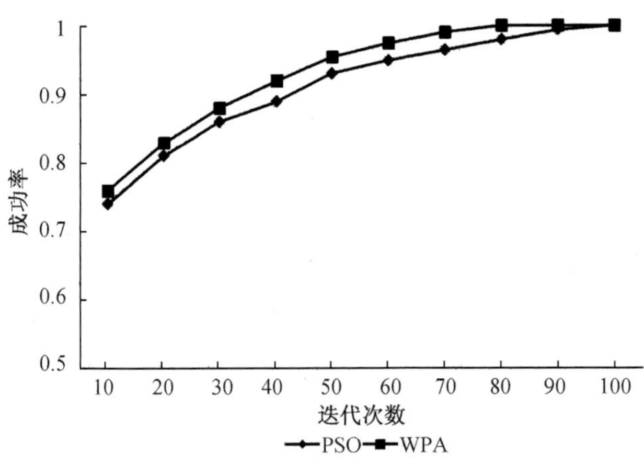

图 7.12　WPA 与 PSO 求解成功率对比

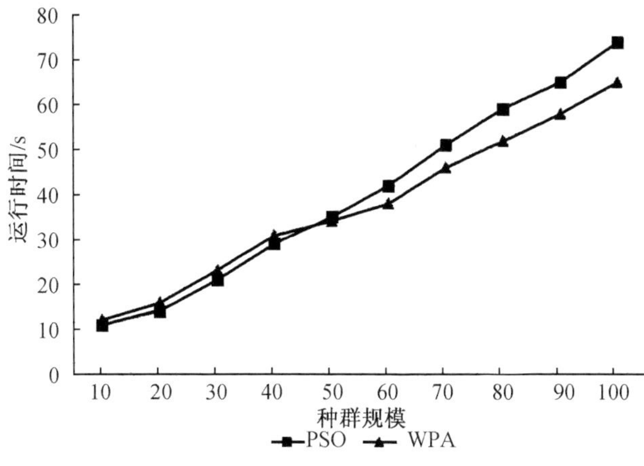

图 7.13　WPA 与 PSO 求解效率对比

7.3　基于改进狼群算法的云服务组合动态演化

上一节通过使用狼群算法来对云服务组合动态演化问题模型进行求解，虽然相比于其他智能优化算法有更好全局寻优能力。但也存在一些缺陷[102-103]：

(1) 求解过程中初始化狼群时虽然是通过随机的方式产生的种群，但并不能保证是均匀分布的，这可能会影响算法的求解效率；

(2) 基本狼群算法在游走行为中的游走步长采用固定值进行设定，这样会限制算法的准确性和收敛速度，以及增加不必要的搜索时间；

(3) 在头狼召唤行为中，猛狼的奔袭过度依赖头狼，有可能会使算法陷入局部最优；

(4) 人工狼的位置在更新过程中可能会出现越界。

针对以上几点缺陷，本节将对狼群算法进行改进，然后利用改进后的狼群算法对云服务组合动态演化问题进行求解。

7.3.1　利用信息熵生成初始种群

上一小节的基本狼群（狼群由若干个人工狼组成）算法通过随机生成的方式产生初始种群，尽管这种方式可以使初始种群随机分布于搜索空间内，但这种分布不是均匀的，可能在一定程度上会影响算法的求解效率，所以本节将利用信息熵[108]来初始化种群，保证在搜索空间中初始种群是随机均匀分布的，有利于提高算法求解效率和避免算法过早收敛。

在初始化狼群时，设狼群的规模为 N，则群体中第 $d(d=1,2,\cdots,D)$ 维的信息熵值 H_d 定义如下：

$$H_d = \sum_{i=1}^{N}\sum_{j=1+1}^{N}(P_{ij}\log_2 P_{ij})$$

$$P_{ij} = 1 - \frac{|x_{id} - x_{jd}|}{x_{d\max} - x_{d\min}}$$

其中，x_{id}、x_{jd} 分别表示为初始人工狼 i 和人工狼 j 在 d 维度的值，$1 \leqslant i,j \leqslant N$，$x_{d\max}$、$x_{d\min}$ 分

别为狼群第 d 维的最大值和最小值,P_{ij}表示 x_{id}不同于 x_{jd}的概率。

则整个初始群体的信息熵值 H 定义如下:

$$H = \frac{1}{D}\sum_{d=1}^{D} H_d$$

所以,基于信息熵初始化狼群的过程为:首先确定一个最小临界熵值 H_0(H_0本文取 0.5),然后通过以下公式随机产生第一只人工狼:

$$x_{id} = x_{d\min} + \text{rand}(0,1)(x_{d\max} - x_{d\min})$$

其中,rand(0,1)为在[0,1]范围内分布的随机数。

在不超过种群规模 N 的情况下,不断随机产生新人工狼,并计算新人工狼与已经存在的人工狼的信息熵值,如果信息熵值大于 H_0,则接收新人工狼加入初始种群,否则就抛弃该人工狼,继续按上述方法重新产生新人工狼并计算信息熵值,直到出现 N 只满足信息熵值大于 H_0的人工狼,作为初始化狼群。

7.3.2 游走步长的改进

基本狼群算法中,主要包括游走、召唤和围攻三种智能行为,并通过游走步长、奔袭步长和攻击步长来寻找最优解,这些步长都是固定值,并且由公式 $step_a = |d_{\max} - d_{\min}|/S$ 确定,表示人工狼在解空间中的搜索精度,这样的步长设置方法可能会限制算法的准确性,当搜索范围很小时,如果步长设置过大就会导致搜索不精确,难以找到最优解;当搜索范围很大时,如果步长设置过小会增加不必要的搜索时间和影响算法的收敛速度。在探狼游走过程中,随着游走次数的增加,当前的最优解也更接近局部最优解。这时,为了确保局部最优解的搜索准确性,探狼的游走步长也应该更加精细。所以,为了提高探狼的搜索精度,基于游走过程“先粗后细”的原则,本节将通过引入一个适应性调节因子来改进游走步长。改进后的步长如下式,其变化趋势如图 7.14 所示。

$$step_{\alpha i+1} = step_{ai} \times \alpha$$

其中,$step_{a0} = |d_{\max} - d_{\min}|/S$ 是游走步长的初始值,α 是适应性调节因子,$0 < \alpha < 1$。适应性调节因子由下式自适应决定:

$$\alpha = \exp\left(-30 \times \left(\frac{T}{T_{\max}}\right)^2\right)$$

其中,T 为探狼游走次数,$T_{\max}$为最大游走次数。

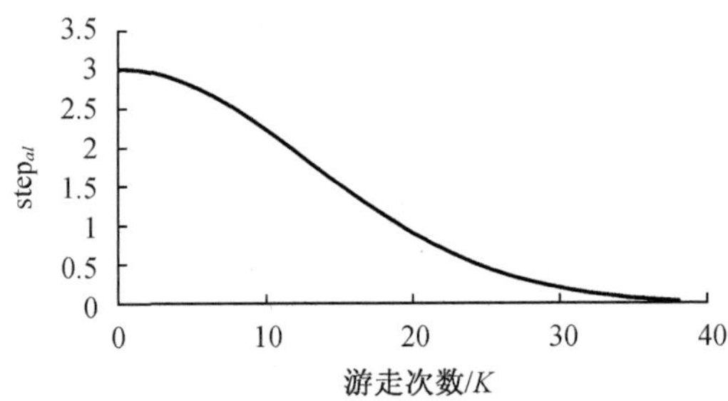

图 7.14 改进游走步长变化趋势

所以,改进游走步长后的游走行为可以描述为第 i 只探狼根据其当前所处位置的猎物气味浓度 Y_i与头狼所感知到的气味浓度 Y_{lead},进行比较,如果 $Y_i > Y_{\text{lead}}$,则探狼替代头狼,然后发起召唤行为，此时 $y_{lead}=Y_i$；如果 $Y_i<Y_{lead}$，则探狼向 h 个方向分别以改进后的步长 $step_{\alpha i+1}$ 前进一步，并记录当前感知到的猎物气味浓度后退回原位置，则探狼 i 在向第 $p(p=1,2,\cdots,h)$ 个方向前进一步后在第 d 维空间中所处的位置为下式表示：

$$x_{id}^{p}=x_{id}+\sin(2\pi\times p/h)\times step_a\times\exp\left(-30\times\left(\frac{T}{T_{\max}}\right)^2\right)$$

上式中的游走方向 h 可以通过取 $[h_{\min},h_{\max}]$ 间的随机整数确定，游走方向 h 越大说明搜索精度越高，但搜索时间更长。此时，探狼感知到的猎物气味浓度为 Y_{ip}，选择大于当前位置气味浓度 Y_{ip} 中气味浓度最大方向前进一步，对探狼的位置进行更新操作，重复以上游走行为直到某匹探狼感知到的猎物气味浓度 $Y_i>Y_{lead}$，或者游走次数 T 达到最大游走次数 $T_{\max}$。

7.3.3　自适应共享因子

头狼发起召唤行为后，猛狼都以相对较大的奔袭步长 $step_b$ 快速接近头狼所在位置，猛狼第 $k+1$ 次迭代时，在第 d 维空间中所处的位置为公式 $x^{k+1id}=x_{id}^{k}+step_b\times(g_d^k-x_{id}^k)/|g_d^k-x_{id}^k|$ 所示，它由两部分组成：第一部分是猛狼的当前位置，第二部分是猛狼移动到头狼位置的趋势。在每一次迭代中，每只探狼都通过跟踪全局最优值 G 和之前的位置来更新它们的位置。由此可见，G 在狼群对猎物的定位上起着重要作用。然而，如果探狼盲目向头狼奔袭，那算法就会在早期陷入局部最优。

因此，为了平衡全局搜索能力和局部搜索能力，本节引入自适应共享因子来动态调整猛狼与头狼之间的信息共享程度。自适应共享因子 s 的表达式给出如下：

$$s=(1-\delta)\times s_{\mathrm{final}}$$

$$\delta=1-\left(\frac{s_{\mathrm{init}}}{s_{\mathrm{final}}}\right)^{\frac{1}{k}}$$

式中，s_{init} 和 s_{final} 是常量，k 为迭代次数，本文 s_{init} 和 s_{final} 分别取 0.1 和 1.2。

信息共享在最初阶段被削弱，为了探索更多潜在的解决方案，并在后期加强以改善全球趋同，这种修改可以有效避免早熟收敛。所以加入自适应共享因子的召唤行为头狼通过发动召唤行为让周边的猛狼根据与头狼之间的共享信息向头狼所在的位置移动。则猛狼 i 经过第 $k+1$ 次迭代后在第 d 维的位置为下式所示：

$$x^{k+1id}=x_{id}^{k}+s\times step_b\times(g_d^k-x_{id}^k)/|g_d^k-x_{id}^k|$$

7.3.4　越界处理

通常，人工狼更新后的位置可能会超出搜索的范围。如果出现这种情况，我们必须进行必要的越界处理，将狼限制在解决方案空间内。因此，本节提出一个限制狼群的越界处理方法。所提出的边界条件的特征如图 7.15 所示。对于每个维度，当狼的位置处于搜索范围之外时，它将向相反的方向反弹回其解空间，并且让新位置和边界之间的距离等于越界位置与边界的距离。

对每只人工狼更新后的位置，将按照下式进行处理：

$$x_{id}^{t}=\begin{cases}x_{d\max}-(x_{id}^{t}-x_{d\max}), & x_{id}^{t}>x_{d\max}\\ x_{d\min}+(x_{d\min}-x_{id}^{t}), & x_{id}^{t}<x_{d\min}\\ x_{id}^{t}, & \text{else}\end{cases}$$

式中，x_{dmax}，x_{dmin}分别是第 d 维搜索范围的最大值和最小值。因此，每只人工狼在第 d 维空间的位置 x_{id}^t 的值就被限制在$[x_{dmin}, x_{dmax}]$的范围内，以防止人工狼的位置出现越界。

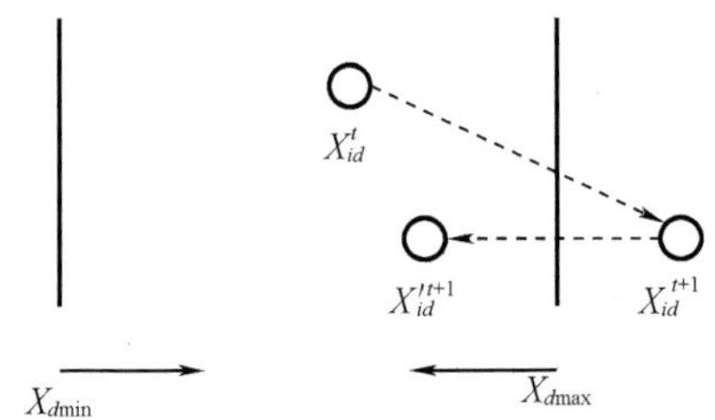

图 7.15 越界处理示意图

7.3.5 改进后算法流程

改进狼群算法后的云服务组合动态演化流程如下：

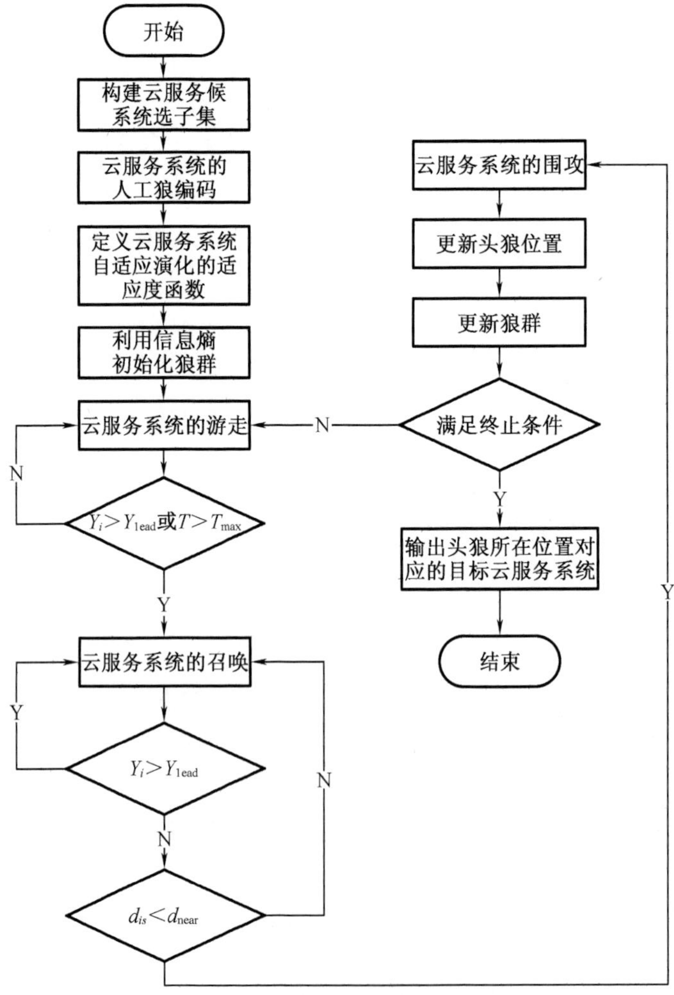

图 7.16 改进狼群算法流程图

7.3.6 案例分析与仿真实验

本节实验仍然使用和第7.2.3节相同的案例作为实验的具体使用场景，即如图7.8所示的破碎纸片修复过程，并且实验环境、参数设置和目标函数也和上一章相同。

1. 算法有效性对比实验

本次有效性对比实验首先是使用改进后的狼群算法对云服务组合动态演化问题求解，统计得出算法求得最优解的百分数，这里同样将种群规模为10,20,30,40,50,60,70,80,90,100十种情况，计算次数为30。然后将实验结果与狼群算法求解结果对比，验证算法改进的有效性。实验结果如图7.17所示。

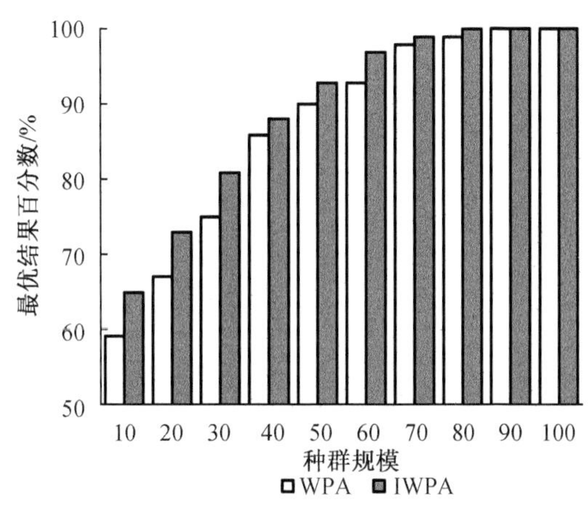

图7.17　IWPA与WPA最优结果百分数对比

由上图可知，改进狼群算法(IWPA)求解云服务组合动态演化问题的最优结果百分数明显高于使用狼群算法求解，即使在种群规模比较小时也有不错的最优结果百分数。实验证明从算法求解有效性来看，针对狼群算法的改进的效果是比较显著的。这是因为通过对狼群算法的改进，避免了算法求解过程中可能会陷入局部最优和狼群算法寻优过程中的盲目性。

2. 算法效率对比实验

同样采用CPU的执行时间作为评价指标，为了验证改进后的狼群算法对云服务组合动态演化问题的求解效率。控制种群规模为100，迭代次数为100，候选云服务数量分别设置为20、40、60、80、100、120。将改进狼群算法(IWPA)与狼群算法(WPA)、文献[109]提出的自适应粒子群算法(AMPSO)进行效率对比实验，实验结果如图7.18所示。

从三种算法对云服务组合求解的运行时间对比可以看出，改进后的狼群算法在运行时间明显少于狼群算法和自适应粒子群算法，并且在时间收敛性上也明显好于其他两种。

3. 算法适应度对比实验

将改进后的狼群算法(IWPA)与文献[109]提出的自适应粒子群算法(AMPSO)、狼群算法(WPA)进行适应度对比实验。实验设置种群规模为100，候选云服务数为100，迭代次数分别为10,20,30,40,50,60,70,80,90,100，运行30次取平均值。对比实验结果如图7.19

所示。

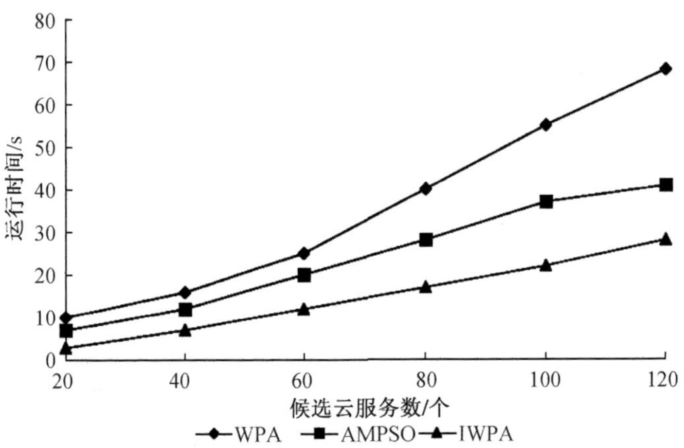

图 7.18 IWAP 与 WPA、AMPSO 运行时间比较

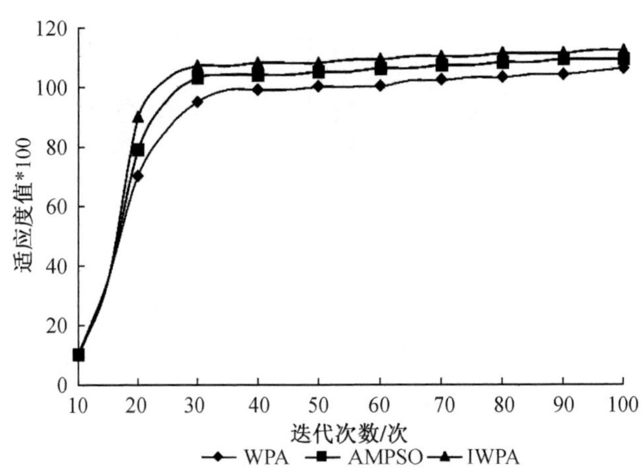

图 7.19 IWAP 与 WPA、AMPSO 适应度值对比

从上图可以看出,当迭代次数小于 18 时,三种算法求得的适应度值基本相同,但是当迭代次数超过 18 后,改进后的狼群算法求得的适应度值明显大于狼群算法和文献[110]所用自适应粒子群算法。并且可以看出改进后的狼群算发收敛更快。

7.4 本章小结

随着云计算技术的不断发展,云服务作为一种新兴的服务模式得到了广泛的应用,用户可以像使用水电一样,通过网络随时随地按需获取服务,给我们带来了极大的便利。然而,单个云服务所提供的计算资源和功能是非常有限的,所以需要从大量的云服务中选择合适的云服务并按照一定的逻辑进行组合动态演化来完成用户日益复杂的任务。在云服务组合动态演化过程中,不仅要考虑云服务的功能,还必须考虑云服务的非功能属性。本章以云服务的非功能属性 QoS 值作为评价指标,运用狼群算法对云服务组合动态演化问题进行建模并求解。首先,综合考虑云服务的通用 QoS 属性和负载均衡因素后,构建了一个八维的云服务 QoS 评价指标体系,并分别给出了各个评价指标的量化表达式;然后,分析了云服务组合动态演化的流程和几种基本结构,并给出了每种基本结构中云服务 QoS 属性的计算公式;接着,采用狼群算法对云服务组合动态演化进行求解,在求解过程中对人工狼的位置采用整数编码的方式来对应候选云服务集中云服务的编号,并对所求的结果做离散化处理;最后,针对狼群算法可能陷入局部最优,过早收敛等不足,通过应用信息熵初始化狼群,对游走步长进行自适应修改,引入自适应共享因子和越界处理等,对狼群算法进行改进,采用改进后的狼群算法求解云服务的组合动态演化问题。实验结果表明,狼群算法和改进狼群算法不仅提高了云服务组合动态演化问题的求解准确性,还提高了求解效率。

第 8 章　基于信任的软件体系结构动态演化

8.1　软件体系结构动态演化的可信性问题

随着互联网技术和软件技术的发展，现代的软件往往是以构件为组成元素，且架构在互联网之上。由于外部环境的复杂性，往往存在较多的恶意的、伪造的、虚假的软件或者构件，当与这些信誉不好的构件发生演化时，不仅演化结果达不到理想状态，也容易造成软件系统信息的泄漏等不安全行为。传统的基于静态的安全访问与控制等机制往往只是采用简单的身份认证、通信加密等常安全措施，不能保证提供服务的每个构件都是善意的，即不能保证对 Internet 环境中的每个构件提供的服务行为是可信的[116-119]。所以在软件体系结构实际动态演化过程中，为保证演化结果的正确性，需要在动态演化过程中，对参与演化的构件可信性进行分析和评估。

目前的研究很少给出软件体系结构动态演化的可信度量机制及可信量化方法[69,120-121]，本章以面向服务的构件为对象，根据构件在软件体系结构之间的关联关系，将构件之间的信任关系分为直接信任和间接信任两种，给出构件的直接信任演化方法和推荐信任演化方法，分别给出两种演化信任模型，采用不同的构件信任度评估方法，分别计算出构件的可信度和综合信任度，并根据计算结果，实现软件体系结构的动态演化过程，最后根据动态演化的完成情况，动态更新构件的可信度。

8.2　面向服务的构件直接信任演化

8.2.1　相关概念

在面向服务的软件系统中，每个构件都可以通过某种方式，与其他的构件直接关联，并提供相应的服务，同时也接受其他直接关联构件提供的服务[116-118]。该基于直接服务的构件模型如图 8.1 所示，这里以三个构件为例，其他的情况类似。

在图 8.1 所示的上述模型中，构件 a 为相邻构件 b 提供了 s_{a1} 到 s_{an} 的 n 个服务，同时构件 b 也为相邻构件 a 提供了 s_{b1} 到 s_{bn} 的 n 个服务，b 与 c 依此类推。构件 b 可以调用构件 a、c 中的任一服务，它们之间的关系是直接服务与直接被服务的关系，其他构件的关系依此类推。

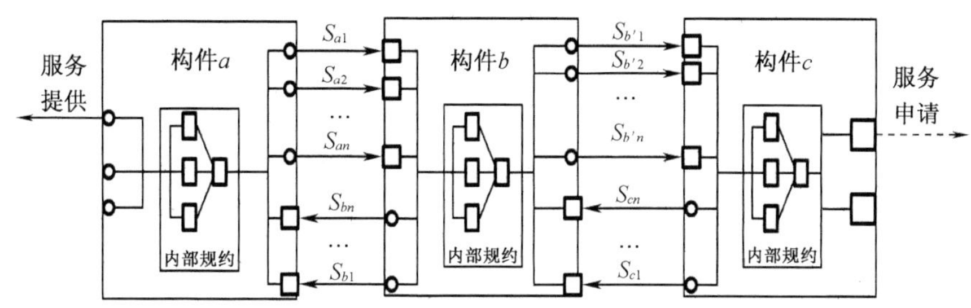

图 8.1　基于直接服务的构件模型

为了后续描述方便,建立如下定义:

定义 8.1(服务构件)　服务构件(为了简便,本章后面简称构件)是指一个实体,能提供相关服务,记为 *Component*(*a*),简记为 *a*。

定义 8.2(构件信任)　是指一个构件在根据以往的经验以及自身认识的基础上,建立的对于需要进行交互演化的另一个构件的一种主观判断行为。构件信任本身是不需要证明的,它是构件在根据以往的交互演化过程中所观察到的事实基础之上而得出的一种主观判断。

定义 8.3(构件服务需求)　是指一个构件 *a* 需要其他构件提供服务 *s* 的需求,用 *Need*(*a*,*s*) 表示。*a* 需要其他构件提供所有服务的集合,用 $NEED_a = \{s_1, s_2, \cdots, s_n \mid Need(a,s_i), i \in [1,2,\cdots,n]\}$ 表示。

定义 8.4(构件提供服务)　是指一个构件 *a* 能够提供的服务 *s*,记为 *Offer*(*a*,*s*)。构件 *a* 提供的所有服务集合记为 $OFFER_a = \{s_1, s_2, \cdots, s_n \mid Offer(a,s_i), i \in [1,2,\cdots,n]\}$。如图8.1所示,构件 *a* 提供的服务集合为 $OFFER_a = \{s_{a1}, \cdots, s_{an} \mid Offer(a\ ,\mathrm{sai}), i \in [1,2,\cdots,n]\}$。

定义 8.5(构件服务承诺)　是指一个构件 *a* 向另一个构件 *b* 承诺提供的服务 *s*,记为 *Promise*(*a*,*b*,*s*)。

定义 8.6(构件完成服务)　是指一个构件 *a* 为另一个构件 *b* 完成了某项服务 *s*,记为 *Done*(*a*,*b*,*s*)。

定义 8.7(构件服务信任)　是指一个构件 *a* 信任另一个构件 *b* 提供的服务 *s*,记为*Rely*(*a*,*b*,*s*)。

定义 8.8(构件信任值)　是指一个构件 *a* 信任另一个构件 *b* 提供的服务 *s* 的程度,记为 *Trust*(*a*,*b*,*s*),简记 *tr*(*a*,*b*,*s*);构件 *a* 信任构件 *b* 的程度,记为 *Trust*(*a*,*b*),简写为 *tr*(*a*,*b*)。本章规定,信任的程度(即信任值)以连续变量 $t(-1 \leqslant t \leqslant 4)$ 表示,其中 $-1 \leqslant t < 0$ 代表的是不信任,$0 \leqslant t \leqslant 1$ 代表最小信任,$1 < t \leqslant 2$ 代表一般信任,$2 < t \leqslant 3$ 代表非常信任,$3 < t \leqslant 4$ 代表完全信任;而 *a* 信任 *b* 的信任值即 *tr*(*a*,*b*) 等于 *a* 信任 *b* 中所有提供服务的信任值的平均值,即

$$tr(a,b) = \sum_{i=1}^{n} \frac{tr(a,b,s_i)}{n}$$

其中,s_i 为构件 *b* 为构件 *a* 提供的第 *i* 种服务,$1 \leqslant i \leqslant n$。

定义 8.9(构件可信度)　在面向服务的软件系统动态演化过程中,其他软件构件信任软件构件 a 的程度的加权平均值,称为 a 的可信度,记为 *Credibility*(a),简写为 $cr(a)$。

8.2.2　面向服务的构件可信度计算方法

在面向服务的软件系统动态演化过程中,构件可信度是作为其他构件判断是否选择此构件进行动态演化的重要参考值。构件可信度的计算方法是以其他构件对此构件的信任值为基础,进行加权平均计算,具体计算方法如下:

设在面向服务的软件系统动态演化过程中,构件 a 为 n 个构件 $b_i(1\leqslant i\leqslant n)$ 提供服务,且构件 b_i 信任构件 a 的程度为 $tr(b_i,a)$,则构件 a 的可信度为

$$cr(a)=\alpha_1 tr(b_1,a)+\cdots+\alpha_n tr(b_n,a)=\sum_{i=1}^{n}\alpha_i tr(b_i,a)$$

其中 α_i 为构件 b_i 的权重,且权重和:

$$\alpha_1+\alpha_2+\cdots+\alpha_n=1$$

例如,在一面向服务的软件系统演化过程中,构件 a 只为构件 b 和构件 c 提供服务,构件 b 信任构件 a 的信任值 $tr(b,a)$,即

$$tr(b,a)=\frac{\sum_{i=1}^{n}tr(b,a,s_i)}{n}$$

构件 c 信任构件 a 的信任值 $tr(c,a)$,即

$$tr(c,a)=\sum_{j=1}^{m}\frac{tr(c,a,s'_j)}{m}$$

其中,s_i 为构件 a 为构件 b 提供的一种服务,$1\leqslant i\leqslant n$,s'_j是构件 a 为构件 c 提供的一种服务,$1\leqslant j\leqslant m$,且构件 b、c 对构件 a 的信任权重分别为 α、$\beta(\alpha+\beta=1)$,则构件 a 的可信度为

$$\begin{aligned}cr(a)&=\alpha*tr(b,a)+\beta*tr(c,a)\\&=\alpha*\sum_{i=1}^{n}\frac{tr(b,a,s_j)}{n}+\beta*\sum_{j=1}^{m}\frac{tr(c,a,s'_j)}{m}\end{aligned}$$

具体如图 8.2 所示。

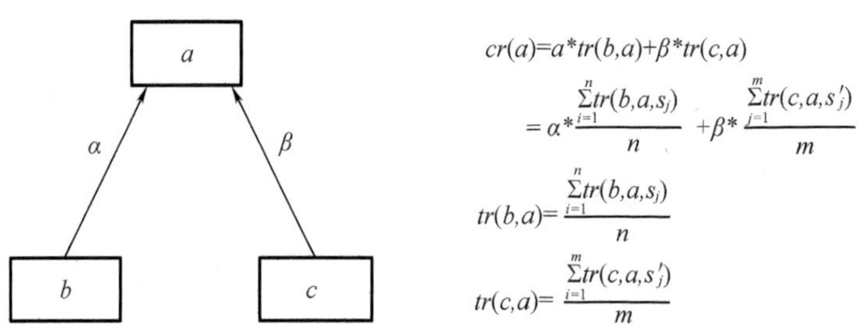

图 8.2　构件可信度计算模型与计算方法

构件的可信度对于构件在软件动态演化过程中具有重大意义,它是决定构件最终是否与其他构件进行动态演化的主要依据。

8.2.3　面向服务的构件可信演化推理机制

在面向服务的软件系统动态演化过程中，构件的可信度会不断产生变化。本小节提出一种构件可信度动态更新方法，称为构件可信演化推理机制。构件可信演化推理机制的主要原理如下：在面向服务的软件系统动态演化过程中，根据构件双方服务的完成情况，构件的可信度会有一定的升降。当服务得到完成，说明构件提供的服务是值得信任的，则构件服务的信任值上升，而每个构件服务的信任值上升，则构件在软件体系结构中的整体对外的可信度也随之上升。对于可信度高的构件，在软件体系结构动态演化过程中，被选择进行动态演化的概率就大；反之，可信度低的构件，在软件体系结构动态演化过程中被选择进行动态演化的概率就小。具体的推理规则如下所示。

规则 8.1（需求规则）

$$Need(a,s) \Rightarrow Offer(b_i,s)$$

该规则表示，如果软件构件 a 需要某种服务 s，记为 $Need(a,s)$，则在面向服务的软件系统中至少有一个软件构件 b_i 能为之提供服务 s，记为 $Offer(b_i,s)$，其中"⇒"表示逻辑符号"实质蕴涵"。

规则 8.2（执行规则）

①$Offer(b,s) \wedge Promise(b,a,s) \Rightarrow Done(b,a,s)$

②$\neg Offer(b,s) \wedge Promise(b,a,s) \Rightarrow \neg Done(b,a,s)$

其中，①表示，如果软件构件 b 能提供服务 s，记为 $Offer(b,s)$，且软件构件 b 承诺向软件构件 a 提供服务 s，记为 $Promise(b,a,s)$，则在正常情况下，软件构件 b 会为软件构件 a 完成服务 s，记为 $Done(b,a,s)$；②表示，如果软件构件 b 不能提供服务 s，却仍向软件构件 a 承诺提供服务 s，则显然软件构件 b 不能为软件构件 a 完成服务 s，这里"¬"表示逻辑符号"非"。

规则 8.3（信赖规则）

①$Promise(b,a,s) \wedge Done(b,a,s) \Rightarrow Rely(a,b,s)$

②$Promise(b,a,s) \wedge \neg Done(b,a,s) \Rightarrow \neg Rely(a,b,s)$

其中，①表示，软件构件 b 向软件构件 a 承诺提供服务 s，记为 $Promise(b,a,s)$，且软件构件 b 最终为软件构件 a 完成了服务 s，记为 $Done(b,a,s)$，则软件构件 a 信赖软件构件 b 提供的服务 s，记为 $Rely(a,b,s)$；②表示，软件构件 b 向软件构件 a 承诺提供服务 s，但是却没有最终完成服务 s，则软件构件 a 不信赖软件构件 b 提供的服务 s。

规则 8.4（信任规则）

①$Rely(a,b,s) \Rightarrow Trust(a,b,s)+1 \Rightarrow \uparrow Trust(a,b)$

②$\neg Rely(a,b,s) \Rightarrow Trust(a,b,s)-1 \Rightarrow \downarrow Trust(a,b)$

其中，①表示，如果软件构件 a 信赖软件构件 b 提供的服务 s，记为 $Rely(a,b,s)$，则软件构件 a 对软件构件 b 提供的服务 s 的信任值（即 $Trust(a,b,s)$）增加 1，根据软件构件间信任值的计算方法，从而构件 a 对构件 b 的信任值（即 $Trust(a,b)$）上升；②表示，如果构件 a 不信赖构件 b 提供的服务 s，则构件 a 对构件 b 提供的服务 s 的信任值减少 1，根据软件构件间信任值的计算方法，从而构件 a 对构件 b 的信任度下降。

规则 8.5(可信规则)

① $\uparrow Trust(a,b) \Rightarrow \uparrow Credibility(b)$

② $\downarrow Trust(a,b) \Rightarrow \downarrow Credibility(b)$

其中,①表示,如果软件构件 a 对软件构件 b 的信任值(即 $Trust(a,b)$)上升,根据构件可信度的计算方法,则构件 b 在动态演化过程中的可信度(即 $Credibility(b)$)上升;②表示,如果构件 a 对构件 b 的信任值下降,则构件 b 在动态演化过程中的可信度下降。

上述五个演化推理规则严格根据构件服务的完成情况,一步步推理出构件的信任值和可信度。根据上述五个演化推理规则,建立面向服务的软件体系结构动态演化过程中构件可信度的更新模型如图 8.3 所示。

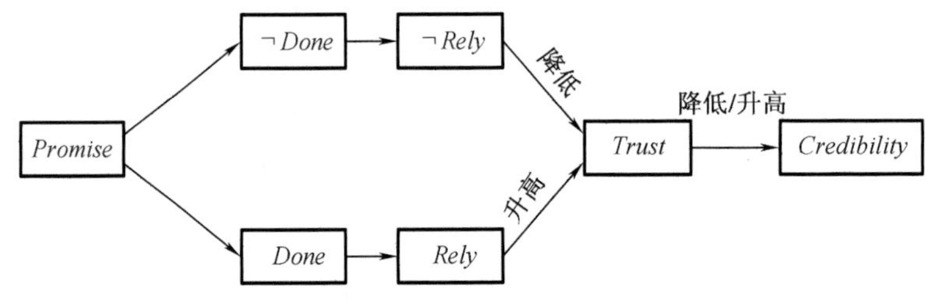

图 8.3 构件可信度更新模型

根据上述模型,在软件体系结构动态演化过程中,当构件提出服务需求的时候,由相邻的另一构件承诺向其提供服务;并根据该构件承诺服务的完成情况与否,决定对此构件的信赖与否;而信赖的结果影响着构件的信任值,并最终影响着构件的可信度大小。在整个软件体系结构动态演化过程中,影响可信度的决定因素在于面向服务的完成情况,而决定是否选择某构件进行交互动态演化,则取决于该构件的可信度大小。

在面向服务的软件体系结构动态演化过程中,如果某构件事先对另一构件承诺提供某服务,则根据该服务的实际完成情况,决定对该构件服务是否信赖,如果信赖,则该构件服务的信任值增加 1,本章规定,如果信任值超过 4,则仍然保持为 4;如果不信赖,则该构件服务的信任值减少 1 本章规定,如果信任值少于 0,则仍然保持为 0。通过对构件服务信任值的调整,根据构件间信任值和构件可信度的计算公式,相应更新构件间的信任值和构件的可信度。

在构件动态演化实现过程中,根据上述演化推理规则,本文设计实现了一种构件自动演化策略机制,采用下图 8.4 所示。采用此机制,可以实现构件间的动态交互演化。

如上图 8.4 所示,在软件系统中,如果某构件需要其他构件提供服务,则发出服务请求;相邻构件则对该服务请求进行应答,即是否承诺提供服务。发出服务请求的构件则在所有承诺提供服务的构件中,选择出可信度最高的构件进行交互演化;然后根据服务的演化结果做进一步处理,若演化成功,则进一步调用构件的可信度更新模型,更新提供服务构件的可信度;如果动态演化不成功,则在更新相关构件的可信度后,重新进行上述过程,选择新的构件进行交互演化。

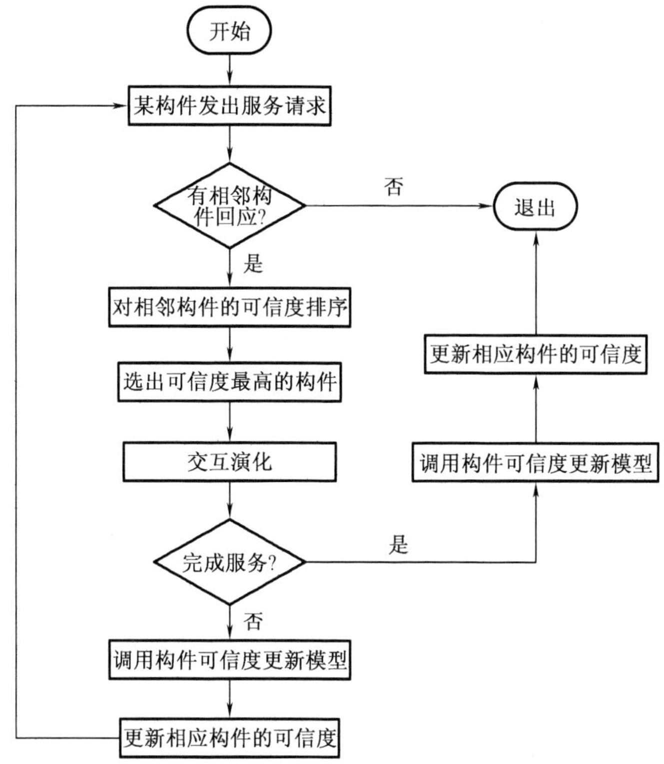

图 8.4　构件动态演化策略机制

8.2.4　案例分析

下面采用一个案例系统来演示上述动态交互演化过程:设有一个面向服务的图书借阅系统,实现了高校间图书资源的共享服务,例如,通过该系统,合作的高校学生可以进行校级多个图书馆图书借阅等服务,同时,为方便学生查询,该系统还提供了网上查询服务等等。

设有某高校学生 x 在网上查询到图书馆 A 和 B 都有自己需要的书籍现存本,为了保险起见,x 同时向 A、B 提交了图书借阅申请服务 s,A 和 B 也同时接受了申请,且承诺提供图书外借服务 s'_A、s'_B。服务 s、s'_A和 s'_B就服务的本质来看,实则为同一服务内容,只是服务的提供者不同,本文以下标以示区分,根据服务的相对时间性,A、B 提供图书外借服务 s'_A、s'_B的同时,要求 x 必须在规定的时间完成借阅服务。假设在图书馆 A 的规定时间内,x 先去 A 借书,但不巧的是,图书馆 A 的最后一本刚被人借走,x 转而去向图书馆 B 借书。然而,此时已超过图书馆 B 的规定时间。

在该系统服务协同演化过程中,三个对象 x、A 和 B 可看成组成软件动态演化的 3 个构件 $Component(x)$、$Component(A)$ 和 $Component(B)$,简记为 x、A 和 B。这三个构件组成的系统模型图如图 8.5 所示,假设 x 提供图书借阅申请服务 s,A 提供图书外借服务 s'_A,B 提供图书外借服务 s'_B。x 为了最终实现图书借阅,需要 A 提供的图书外借服务,记为 $Need(x,s'_A)$;或者 B 提供的图书外借服务 $Need(x,s'_B)$。而 A 要实现图书外借,则必须要有 x 进行图书借阅

申请服务 $Need(A,s)$，B 的情况则类推为 $Need(B,s)$；A 和 B 同时承诺提供的服务分别为 $Promise(A,x,s'_A)$ 与 $Offer(A,s'_A)$ 和 $Promise(B,x,s'_B)$ 与 $Offer(B,s'_B)$，x 承诺提供的服务为 $Promise(x,A,s)$ 与 $Offer(x,s)$ 和 $Promise(x,B,s)$ 与 $Offer(x,s)$；以 A 为例，A 为 x 完成的服务记为 $Done(A,x,s)$；A 信赖 x 的服务记为 $Rely(A,x,s)$；A 信赖 x 的服务记为 $tr(A,x,s)$；A 信任 x 记为 $tr(A,x)$；A 的可信度记为 $cr(A)$；构件 x，B 的情况依此类推。

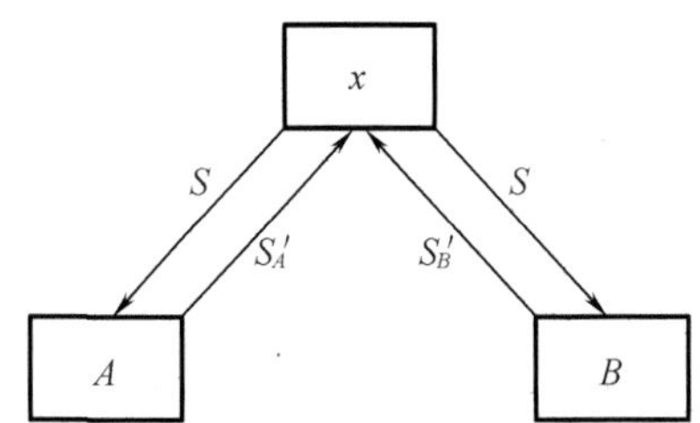

图 8.5 案例系统模型图

假设在该系统开始动态演化时，$tr(x,A,s'_A)=2$，$tr(x,B,s'_B)=2$，$tr(A,x,s)=2$，$tr(B,x,s)=2$，$tr(x,A)=2$，$tr(x,B)=2$，$tr(A,x)=2$，$tr(B,x)=2$，$cr(x)=2$，$cr(A)=2$，$cr(B)=2$，A、B 对 x 的信任权重均为 0.5，x 对 A、B 的信任权重都为 1。

通过以上场景分析，根据上述可信度更新模型，可得图书馆 A 的可信度的动态更新过程如下：

(1)x 需要借阅图书，故提交了服务 s 请求，A、B 同时接受了服务请求。

由规则 8.1 可以得出：

$$Need(x,s'_A)\Rightarrow Offer(A,s'_A)$$

$$Need(x,s'_B)\Rightarrow Offer(B,s'_B)$$

(2)A 因为最后一本书已经在 x 来借之前，被其他同学外借出，则不能借书给 x。

由规则 8.2 可以得出：

$$\neg Offer(A,s'_A)\wedge Promise(A,x,s'_A)\Rightarrow\neg Done(A,x,s'_A)$$

(3)A 未能完成 s'_A 服务，导致了 x 对 A 提供的服务 s'_A 的不信赖。

通过规则 8.3 可以得出：

$$Promise(A,x,s'_A)\wedge\neg Done(A,x,s'_A)\Rightarrow\neg Rely(x,A,s'_A)$$

(4)x 对 A 提供的服务 s'_A 的不信赖，导致 x 对 A 的信任值下降。

由规则 8.4 可以得出：

$$\neg Rely(x,A,s'_A)\Rightarrow Trust(x,A,s'_A)-1\Rightarrow\downarrow Trust(x,A)$$

根据面向服务的软件动态演化过程中构件信任值的计算方法可知：$tr(x,A,s'_A)=2-1=1$ 以及 $tr(x,A)=tr(x,A,s'_A)=1$。

(5)x 对 A 的信任值下降，导致 A 的可信度下降。

由规则 8.5 可以得出：

$$\downarrow Trust(x,A)\Rightarrow\downarrow Credibility(A)$$

根据面向服务的软件动态演化过程中构件可信度的计算方法可知：$cr(A)=tr(x,A)=1$，即

此时图书馆 A 的可信度动态更新为 1。

同时,对于图书馆 B 而言,因为学生 x 自身的原因,未能及时到图书馆 B 办理借阅手续,故 B 认为 x 不可信赖,从而 B 对 x 的信任值下降,进而影响 x 的可信度,x 的可信度的具体更新过程如下:

(1)由规则 8.2 可知:

$$\neg Offer(x,s) \wedge Promise(x,B,s) \Rightarrow \neg Done(x,B,s)$$

(2)由规则 8.3 可知:

$$Promise(x,B,s) \wedge \neg Done(x,B,s) \Rightarrow \neg Rely(B,x,s)$$

(3)由规则 8.4 可知:

$$\neg Rely(B,x,s) \Rightarrow Trust(B,x,s) - 1 \Rightarrow \downarrow Trust(B,x)$$

根据面向服务的软件动态演化过程中构件信任值的计算方法可知:$tr(B,x,s) = 2 - 1 = 1$ 和 $tr(B,x) = tr(B,x,s) = 1$。

(4)由规则 8.5 可知:

$$\downarrow Trust(B,x) \Rightarrow \downarrow Credibility(x)$$

根据面向服务的软件动态演化过程中构件可信度的计算方法可知:$cr(x) = 0.5 \times tr(A,x) + 0.5 \times tr(B,x) = 0.5 \times 2 + 0.5 \times 1 = 1.5$,即此时学生 x 的可信度动态更新为 1.5。

对于构件 B 的可信度,因服务的需求者中途放弃了服务申请,故 B 的可信度保持不变。构件 x 和构件 A,可信度有所下降,根据构件自动演化策略模型,在后继软件动态演化过程中,将不会被选为第一演化选择对象。

8.3　面向服务的构件推荐信任演化

8.3.1　面向服务的构件推荐信任服务模型

面向服务的构件推荐信任服务模型与面向服务的构件直接信任服务模型相类似,唯一的区别在于,在面向服务的构件直接信任服务模型中,构件是直接相邻的,采用的是直接信任;而在面向服务的构件推荐信任服务模型中,构件是非直接相邻的,而是中间存在着其他的若干个构件,两个彼此需要交互演化的构件,需要中间其他构件的推荐信任后,才能决定构件的信任值。因而,面向服务的构件推荐信任服务模型如图 8.6 所示。

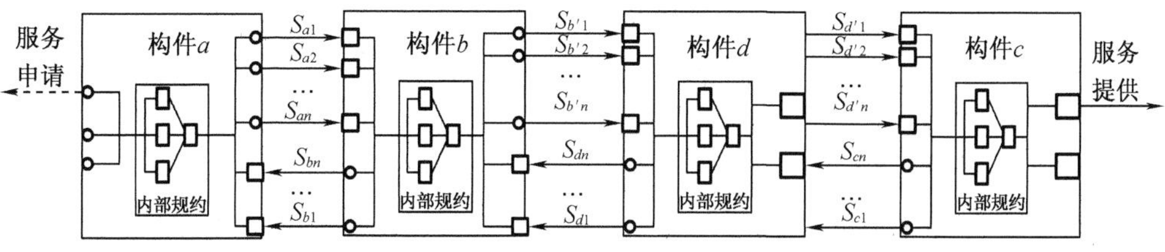

图 8.6　面向服务的构件推荐信任模型图

如图 8.6 中所示，若构件 a 需要非相邻构件 c 提供的某一种服务，按照常理而言，则服务请求构件 a 与服务提供构件 c 之间是需要进行交互动态演化的，然而，构件 a 与构件 c 中间还间隔着构件 b 和构件 d，但因为外部环境的复杂性，构件 a 不一定能够信任构件 c 所提供的服务，所以，为避免最后交互动态演化错误发生的可能性，需要在交互动态演化之前，双方均需要对对方的信任程度即信任值进行评估，即推荐信任值的计算。在经过构件 b 和构件 c 的推荐信任管理后，构件 a 和构件 c 的演化服务模型就演变为以下的省略服务模型，如图 8.7 所示。

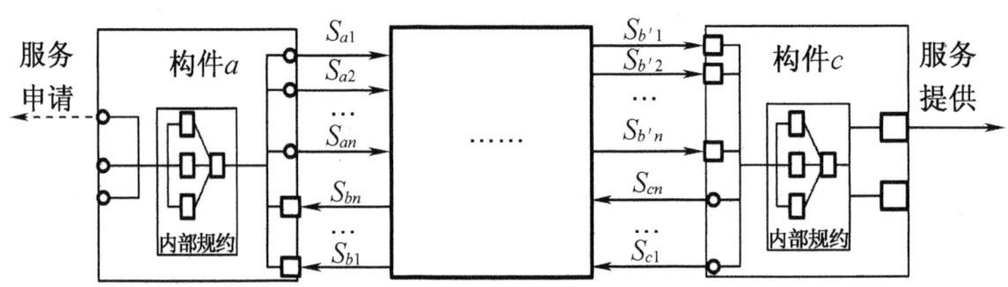

图 8.7 面向服务的构件推荐信任服务省略模型

图 8.7 中，构件 a 与构件 c 之间，省略了其中关联的若干个构件，就相当于构件 a 与构件 c 之间，是不存在其他中间构件，构件 a 与构件 c 之间，存在着一条虚拟的直接相邻的线，使构件 a 与构件 c 可以直接通过连接件，使用对方的某一服务。这种简化模型图如图 8.8 所示。

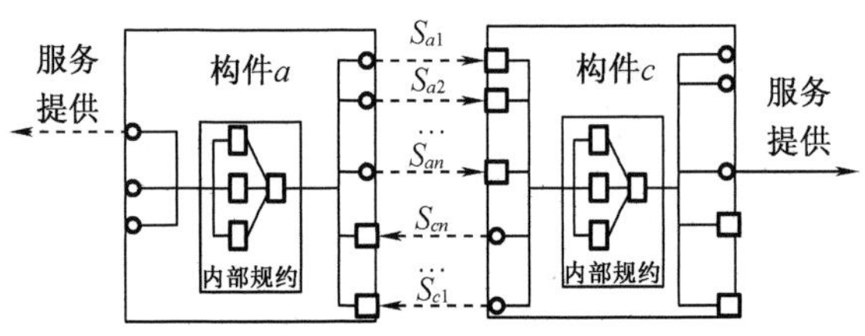

图 8.8 面向服务的构件推荐信任服务简化模型

在图 8.8 中，构件 a 与构件 c 两个构件虚拟出一条直接相连的连接线，使双方可以近似看成是直接通过连接件访问对方中的任一服务。

面向服务的构件推荐信任演化模型与构件的直接信任演化模型的不同之处主要在于，二者间需要交互动态演化的两个构件在软件体系结构中所处的位置是不同的，前者在软件体系结构中，发生动态演化的构件是处于直接相邻的位置上，故可以直接采取信任的方式，对双方的可信度进行评估，以评估结果作为依据，选择是否进行动态演化；而后者在软件体系结构中，发生动态演化的构件是不处于直接相邻的位置上，而是中间存在着其他的构件，即需要发生演化的构件是属于间接相邻的，故而不能采取直接信任的方式，对双方构件的可信度进行评估。本节将采用推荐信任的方式对双方的可信度进行评估，以中间构件的推荐信任值为依据，根据推荐信任值的大小，选择与否进行动态演化。

8.3.2 面向服务的构件推荐信任的相关概念

在借鉴了 Gambetta 对信任[122,146]的理解分析后，又综合学术界对信任的认识，给出推荐

信任所需要的相关定义如下:

定义 8.9(最小信任值)　软件体系结构内的任一构件中,与其直接相邻的所有构件对其的信任值组成一个信任值集合,集合内的最小值即为此构件的最小信任值。

定义 8.10(直接信任度)　软件体系结构中的相邻构件 i 和 j 发生交互动态演化时,构件 i 对构件 j 的直接信任度定义为 i 对 j 的信任值,用符号 $DT(i,j)$ 表示。

定义 8.10(推荐信任度)　软件体系结构中非相邻构件的演化服务需要其他中间构件进行推荐,则中间构件的推荐信任度定义为该中间构件的最小信任值,用符号 $RT_{i,j}(x)$ 表示,代表的是构件 i 对中间构件 j 推荐信任构件 x 的程度。

定义 8.11(综合信任度)　综合考虑中间构件对服务请求构件的推荐信任度和中间构件对服务提供构件的直接信任度,两个信任度通过加权平均而得到构件综合信任值,用符号 $RE(i, j)$ 表示,代表构件 i 对构件 j 服务的综合信任值。综合信任度反映了在一定的上下文环境下,服务请求构件对服务提供构件的综合信任程度。

推荐信任度是一种推荐属性,包括于推荐服务模型的每一个构件内,且独立于构件的其他属性值之外,代表着中间推荐人对被推荐人的信任程度,即推荐信任度越大,说明推荐人越信任被推荐人。

推荐信任度具有数值范围,不同的数值代表着不同的推荐意义,本文规定具体推荐信任度的属性范围见下表 8.1。

表 8.1　推荐信任度的属性描述

<table>
<tr><th>属性值</th><th>意义</th><th>描述</th></tr>
<tr><td>-1</td><td>不相信</td><td>完全不相信</td></tr>
<tr><td>0</td><td>忽略</td><td>不清楚是否值得信任</td></tr>
<tr><td>1</td><td colspan="2" rowspan="4">从 1 到 4 数值刻画推荐信任与直接信任的关联程度</td></tr>
<tr><td>2</td></tr>
<tr><td>3</td></tr>
<tr><td>4</td></tr>
</table>

根据推荐信任度大小的不同,其代表的推荐意义也是不一致的。推荐信任度的取值范围是从最小值 -1 到最大值 4;与直接信任度的不同之处是,在推荐信任度达到 1 以上时,随着推荐数值的上升,与之相邻的构件对其推荐的构件的信任程度是呈正比关系上升,但服务需求构件对它的综合信任度却并不一定是呈正比的关系增长,即推荐信任度的增长,随着中间构件数量的增多,推荐数值是不确定的,一般而言,中间构件数量越多,推荐度越小。

8.3.3　推荐信任度和综合信任度的计算方法

根据上一小节的定义,针对面向服务的构件推荐可信演化模型,本节给出一种推荐信任度和综合信任度的计算方法。具体如下:

1. 推荐信任度的计算方法

本文认为，在周围所有构件对中间构件的信任值集合中，只有当集合中的最小信任值能够满足推荐信任要求的情况时，才认为该推荐是值得信任的。故本文规定，推荐信任度的大小则由中间构件的相邻构件对其的最小信任值决定，具体计算方法如下：

设有如图 8.9 所示的系统部分构件模型，构件 A、B、C、D、Y 对构件 R 的直接信任度分别为：$DT(A,R)$、$DT(B,R)$、$DT(C,R)$、$DT(D,R)$、$DT(Y,R)$，构件 R 对构件 X 的直接信任度分别为 $DT(R,X)$。则 R 向 X 推进 Y 的推荐信任度 $RT_{R,X}(Y)$ 计算为

$$RT_{R,X}(Y)=Min\{DT(A,R),DT(B,R),DT(C,R),DT(D,R),DT(Y,R)\}$$

这样就可以最大限度地保证 R 向 X 的推荐是值得相信的。

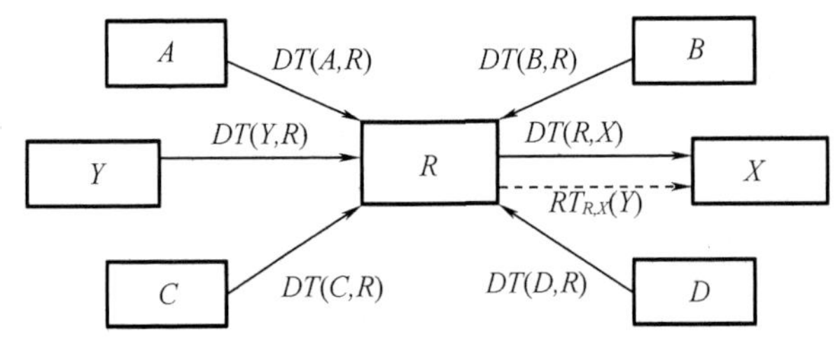

图 8.9 中间构件推荐信任模型图

2. 综合信任度的计算方法

下面以图 8.10 所示的构件推荐信任模型图为例进行说明综合信任度的计算方法。

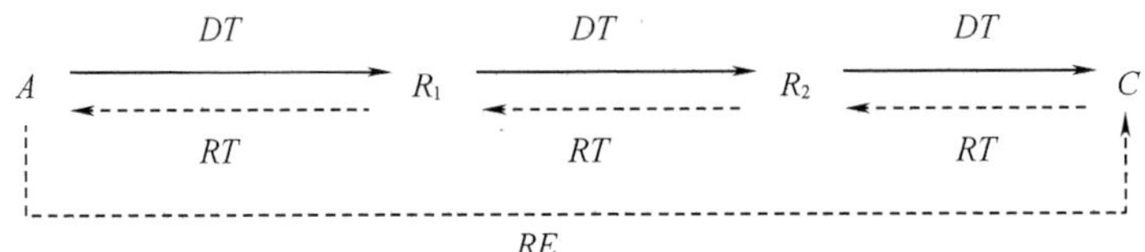

图 8.10 构件推荐信任模型图

在上述图中，构件 A 想要与构件 C 进行交互演化，但构件 A 与构件 C 之间并没有直接相邻，中间存在着两个其他推荐构件 R_1 和 R_2（这里以两个中间构件为例），则构件 A 在对构件 C 的综合信任度进行分析时，采取以下公式进行。

$$RE(A,\ C)=\frac{RT_{R_1,A}(R_2)}{n}*\frac{RT_{R_2,R_1}(C)}{n}*DT(R_2,\ C)$$

其中，n 为推荐信任度的最大数值，下面说明上述公式中各符号代表的含义：

$RT_{R_1,A}(R_2)$：代表构件 R_1 向构件 A 推荐构件 R_2 的推荐信任度大小。

$RT_{R_2,R_1}(C)$：代表构件 R_2 向构件 R_2 推荐构件 C 的推荐信任度大小。

$DT(R_2,\ C)$：代表构件 R_2 对构件 C 的直接信任度大小。

$RE(A,\ C)$：代表服务需求构件 A 对服务提供构件 C 服务的综合信任度大小。

由上述公式可知，构件综合信任度的大小综合考虑了中间构件对服务请求构件的推荐信任度，以及中间构件对服务提供构件的直接信任度这两个方面，反映了服务请求构件对服

务提供构件的整体信任度。另外，构件的综合信任度是由中间构件的所有推荐信任度和距离服务提供构件最近的一个构件对其的直接信任度决定的。

根据图 8.10 的信任模型图知道，构件 A 信任构件 R_1，构件 R_1 信任构件 R_2，最后，构件 R_2 信任构件 C。反过来，也可以得出构件 R_2 向构件 R_1 推荐构件 C，构件 R_1 向构件 A 推荐构件 C，如图 8.11 所示。

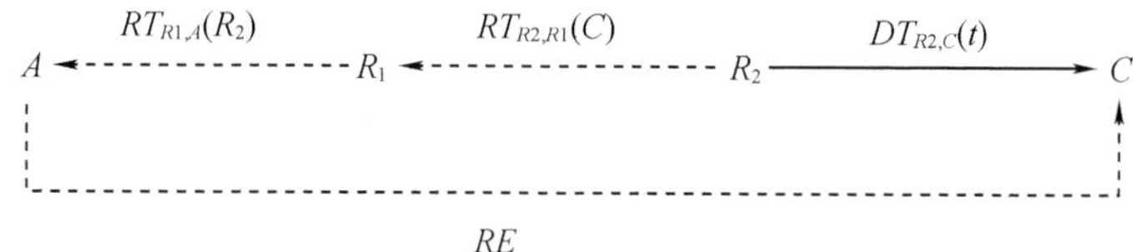

图 8.11　构件推荐信任简化图

具体计算过程如下，这里假定：

(1) 构件 R_1 对构件 A 的推荐信任度为 2，即 $RT_{R_1,A}(R_2)=2$；

(2) 构件 R_2 对构件 R_1 的推荐信任度为 3，即 $RT_{R_2,R_1}(C)=3$；

(3) 构件 R_2 对构件 C 的直接信任度为 3，即 $DT_{R_2,C}(t)=3$。

则构件 C 的综合信任度为

$$\begin{aligned} RE_{A,C}(t) &= \frac{RT_{R_1,A}(R_2)}{n} * \frac{RT_{R_2,R_1}(C)}{n} * DT_{R_2,C}(t) \\ &= \frac{2}{4} * \frac{3}{4} * 3 \\ &= 1.125 \end{aligned}$$

在得出构件 A 对构件 C 的综合信任度后，即可根据信任度的属性描述表 8.1，判断构件 C 是不是可信的，如果是，则与之进行交互动态演化，并根据演化的最终结果，采用上一章的可信度更新模型，对构件的可信度进行更新；若构件 C 是不可信的，则不与之进行交互动态演化。例如，上例中构件 A 对构件 C 的综合信任度为 $RE_{A,C}(t)=1.125$，则根据表 8.1，构件 C 是属于可信的范畴，所以构件 A 可以与之进行交互动态演化。在演化结束后，即可以采用上一章所提出的交互演化策略模型，对演化后的构件的直接信任度和推荐信任度进行相应更新，达到动态演化的目的。

8.3.4　案例分析

本节仍以第 8.2.4 节案例为例进行说明。由上述案例可知，在图书馆 A、图书馆 B 与学生 x 三个构件经过了一次交互动态演化后，各自的信任值和可信值分别动态更新为：$tr(x,A,s'_A)=1$，$tr(x,B,s'_B)=2$，$tr(A,x,s)=1$，$tr(B,x,s)=2$，$tr(x,A)=1$，$tr(x,B)=2$，$tr(A,x)=2$，$tr(B,x)=1$，$cr(x)=1.5$，$cr(A)=1$，$cr(B)=2$。

现假设有如下演化需求，学生 x 想另借一本书，根据上次演化结果，x 选择可信度更高的图书馆 B 申请借阅，已知图书馆 B 的藏书中并没有此书，但图书馆 B 知道图书馆 C 中有收藏此书，则图书馆 B 向 x 推荐到图书馆 C 进行借阅，系统的模型如图 8.12 所示。

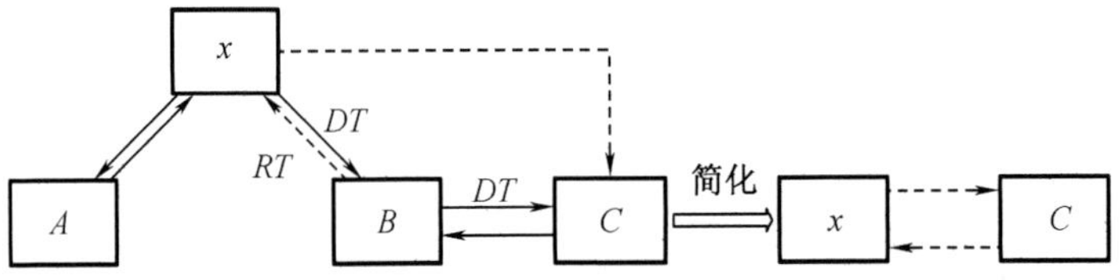

图 8.12 系统演化模型图

构件 x 与构件 C 经中间构件 B 的推荐后，构件 x 与构件 C 的演化模型就类似可看成构件 x 与构件 C 二者是直接相邻的，可直接交互动态演化。此处，现阶段主要工作就在于，确定经过构件 B 推荐后的构件 C 的可信值，即计算构件 C 的综合信任度。

假设有 $tr(B,C)=3$，且 $tr(x,B)=2$，则由上述演化模型可以知道 $DT(B,C)=tr(B,C)=3$，$DT(x,B)=tr(x,B)=2$，再由推荐信任度的定义可知：

$$RT_{B,x}(C)=Min\{DT(x,B),DT(C,B)\}$$

即有

$$RT_{B,x}(C)=Min\{2,3\}=2$$

故构件 x 对构件 C 的综合信任度为

$$\begin{aligned}RE_{x,C}(t)&=\frac{RT_{B,x}(C)}{4}\times DT(B,C)\\&=\frac{2}{4}\times 3\\&=1.5>1\end{aligned}$$

满足软件体系结构动态演化对构件的最小信任值的要求。此时，构件 x 信任构件 C 提供的服务，选择与之进行动态演化，并在演化结束后，根据演化结果，在可信演化推理规则下，动态更新构件 C 的可信度。假设最终演化成功，则有下列步骤：

(1) x 发出服务请求 s，C 对服务进行应答，即有

$$Need(x,s)\Rightarrow Offer(C,s)$$

(2) 动态演化过程中，C 执行服务 s，有

$$Offer(C,s)\wedge Promise(C,x,s)\Rightarrow Done(C,x,s)$$

(3) C 执行服务完成后，根据信任更新规则，导致 x 对 C 的信任值增加 1。

$$Done(C,x,s)\Rightarrow Rely(x,C,s)\Rightarrow Trust(x,C,s)+1\Rightarrow\uparrow Trust(x,C)$$

更新后，有 x 对 B 的信任值更新为 $tr(x,C)=2.5$。

(4) 构件信任值的上升，导致构件的整体可信度也增加 1，即

$$\uparrow Trust(x,C)\Rightarrow\uparrow Credibility(C)$$

即此时构件 C 在软件体系结构中的可信度增加 1。

其他的信任演化过程类似，这里就不再进行描述。

8.4　本章小结

当前，软件动态演化技术越来越多地应用于软件开发过程中。然而，由于软件本身和软件环境的复杂因素影响，现实世界存在着越来越多的恶意的、伪造的、虚假的演化构件，当与这些信誉不好的构件发生动态演化时，不仅动态演化结果达不到理想的状态，也容易造成软件系统信息的泄漏等不安全行为。因此，为了保障软件动态演化的正确性，避免软件动态演化方向的错误性，有必要在软件动态演化时，对参与软件动态演化中的构件的可信性进行研究分析。本章以面向服务的构件为对象，根据构件在软件体系结构之间的关联关系，将构件之间的信任关系分为直接信任和间接信任两种，主要讨论了基于直接信任和推荐信任的面向服务构件系统动态演化方法。

在基于直接信任的构件系统动态演化中，首先给出面向服务的构件直接信任模型，然后建立构件服务信任、构件信任值、构件可信度等定义，接着提出一种面向服务的构件可信度计算方法、面向服务的构件可信演化推理相关机制，以及构件可信度动态更新模型，最后通过案例进行了演示说明。

在基于推荐信任的构件系统动态演化中，首先给出面向服务的构件推荐信任模型，然后建立直接信任度、推荐信任度、综合信任度等定义，接着给出推荐信任度和综合信任度的计算方法，最后通过案例进行了演示说明。

第 9 章　软件体系结构动态演化的状态转移系统构建

9.1　软件体系结构动态演化的验证需求

尽管很长一段时间以来，如何描述、建模软件体系结构动态演化都是软件体系结构研究领域的主要焦点之一[118-119]。然而，如何验证软件体系结构动态演化的正确性是当前软件体系结构领域面临的更大挑战[5,119-124]。为了保证动态演化的质量，软件体系结构动态演化必须满足一定的性质[123-124,126]，例如，在软件体系结构动态演化过程中，必须保证不该发生的演化行为永远不会发生。然而，随着计算机技术和网络技术的不断发展，互联网已经成为当今主流的软件运行环境。在开放互联网环境下，软件通常以构件或服务的形态部署和运行在互联网中，不同的构件分布在不同的领域，产权隶属于不同的业主，人们看到的往往只是构件的接口黑盒，其内部的结构信息被封装起来而不泄露，其运行状态信息也难以收集。这样，软件的外部环境及其本身的复杂度不断增加，概念上的设计错误可能出现在任何高层模型上，即使是使用形式化的建模技术，也不能完全保证软件体系结构动态演化的正确性。因此，迫切需要采用形式化的验证技术来检测软件体系结构动态演化是否满足相关的需求。

模型检测（Model checking）[125]、定理证明（Theorem Proving）[126]和抽象解释（Abstract Interpretation）和模型检测（Model checking）[127]是目前三种主要的软件形式化分析和验证技术，其中模型检测由于具有工具支持，完全自动化处理，并且能够提供反例等优点，已经成为目前主流的软件形式化验证技术。

为了验证动态演化过程中软件体系结构满足相关的性质，本文采用模型检测技术进行验证。模型检测（Model checking）是近二十年来最为流行的形式化验证技术之一[127-130]。近年来，模型检测技术也逐渐被应用于验证软件体系结构规范是否满足所期望的性质。然而，目前这方面的研究工作很少考虑软件体系结构的动态演化特性，验证软件体系结构动态演化的相关性质是运用模型检测验证软件体系结构（简称为模型检测软件体系结构）领域需要解决的关键问题之一[119-121]。

本章将在前面章节的基础上，着重讨论如何构建软件体系结构动态演化的状态转移系统，在介绍相关技术背景的基础上，将软件体系结构超图映射为状态，演化规则运用映射为状态转移关系，软件体系结构动态演化条件超图文法映射为条件状态转移系统，由此建立软件体系结构动态演化的条件状态转移系统，为模型检测软件体系结构动态演化建立相应的模型基础。

9.2 模型检测与状态转移系统

9.2.1 模型检测技术简介

模型检测是一种验证有限状态系统的形式化技术[127-128]。模型检测技术产生于20世纪80年代,由美国的Edmund M. Clarke和E. Allen Emerson,法国的Jean-Pierre Queille和Joseph Safaris分别独立提出,其中Clarke、Emerson和Sifakis因此在2007年获得了计算机领域最高奖项——图灵奖。模型检测是一种有限状态系统的形式化验证(Formal Verification)方法[127-128]。在模型检测中,系统用有穷状态模型来表示,其性质用时态逻辑(Temporal Logic)公式或模态逻辑(Modal Logic)公式进行描述,通过有效搜索来检验有穷状态模型是否满足规定的性质,如果满足规定的性质,则返回真,如果不满足规定的性质,则返回假,并通常给出一个反例(Counter example),显示系统出错的轨迹[127-128]。在模型检测过程中,系统期望满足的性质通常用时态逻辑(Temporal Logic)公式进行表示,用于描述系统所处状态的性质以及状态间转移序列的时序性质[126]。目前广泛使用的时态逻辑有线性时态逻辑LTL(Linear Temporal Logic)、计算树逻辑CTL(Computation Tree Logic)等。

模型检测技术已经被广泛应用于计算机硬件、通信协议、控制系统等方面的分析、验证与测试,取得了令人瞩目的成功[128]。模型检测对信息系统的可靠性、安全性等的形式化保障具有重要的意义。

模型检测的基本思想是用状态转移系统(State Transition System)M表示系统模型,用模态逻辑或时态逻辑公式f描述系统性质,这样,“系统是否具有所期望的性质”就转化为数学问题:状态转移系统M是否满足f,形式化表示为$M|=f$[128]。

近年来,模型检测技术逐渐被应用于验证软件体系结构规范是否满足所期望的性质。意大利拉奎拉大学的Inverardi等[129]提出将软件体系结构模型转换为Promela规范,将描述软件体系结构行为的脚本翻译成线性时态逻辑LTL公式,利用模型检测器SPIN[130],验证了软件体系结构行为脚本和状态图之间的一致性。美国南加利福尼亚大学的Boase[131]提出用模型检测器SPIN验证UML描述的软件体系结构模型的相关性质,并应用于电子商务的NetBil协议中。美国佛罗里达国际大学的He等[132]提出用形式化框架SAM描述软件体系结构模型,计算树逻辑CTL(Computation Tree Logic)公式表示软件体系结构性质,利用模型检测器SMV[133],验证了实例系统的一些软件体系结构性质。法国国家信息与自动化研究所的Mateescu[134]讨论了应用模型检测技术验证软件体系结构正确性(简称模型检测软件体系结构)存在的问题,指出模型检测软件体系结构演化以及解决状态空间爆炸问题是模型检测软件体系结构今后的研究方向。他们利用体系结构分析语言π-AAL描述了软件体系结构的结构和行为性质,提出可以用基于CADP 2011(Construction and Analysis of Distributed Process,一种构建和分析分布式进程的工具箱)的模型检测工具验证软件体系结构的相关性质,但没有给出具体的方法。意大利拉奎拉大学的 Pelliccione 等[59]提出了一个形式化框架 CHARMY,描述和验证软件体系结构,目的是提供一个自动的、易使用的分布式软件体系结构设计和验证工具。意大利布宜诺斯艾利斯大学的 Bucchiarone 等[135]针对案例系统,利用建模语言 DynAlloy[136],对该系统体系结构演化的 3 个特定性质进行了验证。然而,DynAlloy 是建模语言 Alloy 的扩展,主要采用的是模型发现(Model Finding)技术,而不是模型检测(Model Checking)技术。国内北京大学的周立等[137]针对网构软件行为中的不确定性和不完整性,提出了一种支持协商的网构软件体系结构行为建模与验证方法。在验证过程中,他们引入了基于反例引导的抽象/精化过程思想的协商检查机制,应用模型检测器 SPIN 进行了相关的行为验证。然而,目前的模型检测软件体系结构研究很少考虑软件体系结构的演化特性,验证软件体系结构演化的相关性质是模型检测软件体系结构领域目前需要解决的关键问题之一[119-120]。

9.2.2 模型检测工具简介

模型检测技术的优点是可以完全自动地进行验证,这一方法的成功在很大程度上归功于相关模型检测工具的支持[127]。下面分别简要介绍两种常用的模型检测工具:SPIN 和 SMV。

1. SPIN 简介

SPIN[130]是由贝尔实验室的形式化方法与验证小组于 1980 年开发的模型检测工具。它主要使用 on - the - fly(即时生效)技术,用以检测一个有限状态系统是否满足线性时态逻辑 LTL 公式。SPIN 以 Promela 为建模语言,以进程为基本单位,整个系统可以看作一组同步的、可扩展的有限状态机。SPIN 验证系统的基本方法是:以自动机表示各进程和 LTL 公式,通过计算这些自动机的组合可接受的语言是否为空,来检测进程模型是否满足给定的性质[130]。

(1)SPIN 的历史背景

SPIN(Simple Promela Interpreter)[130]是一种适合于并行系统,尤其是协议一致性的辅助分析检测工具,由贝尔实验室的形式化方法与验证小组于 1980 年开始开发的 pan 就是现在 SPIN 的前身。1989 年 SPIN 的 0 版本推出主要用于检测一系列的 ω - regular 属性。1995 年偏序简约和线性时序逻辑转换的引入使得 SPIN 的功能进一步扩大。2001 年推出的 SPIN 4.0版本支持 C 代码的植入,应用的灵活性进一步增强。在随后 2003 年推出的 SPIN4.1 版本加入了深度优先搜索算法,更是使得 SPIN 的发展上了一个新台阶。

早在 1996 年,NASA 就使用 SPIN 检测火星探测者所存在的错误,结果发现一些错误是可以在发射之前就可以被改正的。SPIN 从此就被用来检测土星火箭控制软件和一些应用与外层空间的程序。

Lucent 公司也发现了 SPIN 的优点,PathStar Access Server 是受益于 Holzmann(SPIN 开发者)的工作的第一个 Lucent 产品,Holzmann 用 SPIN 检测了 5ESS Switch 的新版本代码,这个软件现在用于 Lucent 的灵活性部分来改善软件测试的过程。

SPIN 良好的算法设计和非凡的检测能力也得到了 ACM(Association for Computing

Machinery)(世界最早的专业计算机协会)的认可,在 2001 年授予 SPIN 的开发者 Holzmann 享有声望的软件系统奖。Holzmann 由此成为继 Ken Thompson and Dennis Ritchie(UNIX 的开发者)和 John M. Chambers(S 系统的开发者)之后又一个获得此项殊荣的贝尔人。迄今为止 SPIN 也是唯一获得 ACM 软件系统奖的模型检测工具。

2002 年 4 月份在多伦多颁发此奖时,提名表扬 SPIN 为:“使用先进的理论的验证方法可以被用于大型的和高度复杂的软件系统中”。

ACM 的 CEO John R. White 说道:“Gerard Holzmann 的 SPIN 系统有着非常聪明的查找技术,因为它不但可以在有限的内存空间中快速地对软件进行检测,而且它可以保证程序在按照它们原有的工作方式下被检测。”

SPIN 是针对软件的模型检测工具,它是用 ANSI C 开发的,可以在所有 UNIX 操作系统版本使用,也可以在安装了 Linux、Windows 等操作系统中使用。在使用 SPIN 软件进行检测时,系统还要安装 ANSI C 编译软件。

(2)SPIN 的特征

运用 SPIN 进行验证,主要关心的问题是进程之间的信息能否能够正确的交互,而不是进程内部的具体计算。SPIN 是一个基于计算机科学的“形式化方法”,将先进的理论验证方法应用于大型复杂的软件系统当中的模型检测工具。如今 SPIN 已被广泛地应用于工业界和学术界。其特点如下:

①SPIN 以 Promela[138] 为输入语言,可以对网络协议设计中的规格的逻辑一致性进行检验,并报告系统中出现的死锁、无效的循环、未定义的接收和标记不完全等情况;

②SPIN 使用 on - the - fly(即时生效)技术,即不需要构建一个全局的状态图或者 Kripke 结构,就可以根据需要生成系统自动机的部分状态;

③SPIN 可以当作一个完整的 LTL(线性时序逻辑,Linear Temporal Logic)[138] 模型检验系统来使用,支持所有的可用的线性时态逻辑表示的正确性验证要求,也可以在有效的 on - the - fly 检验系统中用来检验协议的安全特征;

④SPIN 可以通过使用会面点来进行同步通信,也可以使用缓冲通道来进行异步通信;

⑤对于给定的一个使用 Promela 描述的协议系统,SPIN 可以对其执行随意的模拟,也可以生成一个 C 代码程序,然后对该系统的正确性进行有效的检验;

⑥在进行检验时,对于中小规模的模型,可以采用穷举状态空间分析,而对于较大规模的系统,则采用 Bit State Hashing 方法来有选择地搜索部分状态空间。

(3)基于 SPIN 的协议分析

SPIN 主要用于对协议进行模拟分析,来确定协议的正确性。正确性是指不存在违背断言(assertion)的情况、不存在死锁(deadlock)、不存在“坏的”循环、满足定义的线性时序逻辑 LTL 公式。在 SPIN/Promela 模型中主要由断言(assertion)、特殊标记和 never claims 三种方式来实现。

一个“断言”(assert 语句)是一个逻辑表达式。它可以出现在所描述的模型中的任何位置,并在任何时候都是可以执行的。它相当于指定系统的一个“不变式”,无论什么时候这个表达式的值都应为真。在 SPIN 执行 assert 语句时,如果该语句所指定的条件成立(表达式的值不为0),则不产生任何影响;但如果条件不成立(表达式的值为0),将产生一个错误报告。在Peomela模型中经常使用assert语句来检验在某状态时某个性质是否成立。

死锁(deadlock)是指系统运行到某个状态后,就不能再转向其他任何一个状态。在SPIN验证过程中如果出现死锁情况,验证器将会给出“invalid end state”提示语句。要验证Promela所描述的一个系统是否存在死锁,验证器就要能够将正确的结束状态和异常的结束状态区别开来。在一个执行序列结束时,最好是所有的进程的实例都运行到了其相应进程体的最后,并且所有的消息通道都为空。然而有的时候,并不一定要求所有的进程都到达了它们进程体的最后才能说明不存在死锁,其中有的进程可能会停留在空闲状态,也可能会在某些状态循环,等待某个消息的到来后再进行其他操作。为此,在建模的过程中可以用“end”标记来标识正确的结束状态。

一个“坏”的循环是指系统不断重复执行一些错的或者是没有意义的行为。建模过程中可以设置“accept”标记(主要用于never声明中),然后指定验证器找出所有至少执行过一次此标记语句的循环,如果这样的循环不存在则说明系统是正确的。也可以设置“progress”来标记一些必须要不断重复被执行的语句,如果存在没有经过“progress”的循环,则说明有“坏”的循环存在。

一个线性时序逻辑公式可以表达比“从不发生”或“总是发生”或“不断的发生”这些属性更复杂的系统要求。比如,系统要求满足“事件P发生则能得到事件Q也发生了”这个规范约束条件,这时你就可以用线性时序逻辑公式[ ](P－>Q)来检测看相关的系统是否能够满足这个条件。SPIN提供了将线性时序逻辑公式翻译为相应的never claims的功能,使用起来相当的方便。

2. SMV简介

(2)SMV(symbolic model verifier)[139]是美国卡耐基梅隆大学的K. L. McMillan博士于1992年开发的模型检测工具。它主要使用符号模型检测(Symbolic Model Checking)技术,用以检验一个有限状态系统是否满足计算树逻辑CTL(Computer Tree Logic)公式。SMV以SMV语言建模相关的系统模型,以计算树逻辑CTL描述系统性质,检测方法是把初始状态和转移关系表示成二叉判定图BDD(Binary Deciding Diagram)[187],通过计算不动点来检测状态的可达性和所满足的性质[188]。

SMV作为功能强大的符号化模型验证工具,能有效地搜索有限状态模型所有的可能事件序列,从而判定系统性质是否得到满足。由于系统的模型是有限的,因此系统状态空间的搜索总是能终止。假如系统的性质有效,则模型检查器输出一个肯定结果。如果性质不满足,则模型检测器输出一个以状态序列形式表示的反例。

SMV在状态机中用变量的元组来表示状态机的状态空间,用向变量赋值的元组来表示状态。SMV把状态迁移机作为模块描述。用属于模块的变量的元组来表示状态,用变量值的变化来表示迁移。在描述 $init(x) = exp$ 中,把变量 x 的初始值作为评价公式 exp 的值、在描述 $next(x) = exp$ 中,把迁移后的变量 x 的值作为评价公式 exp 的值。exp 能够以附带哨卫命令来描述,并能描述汇集的许多迁移。如果公式 exp 的评价结果是集合的话,则从中非确定性地选择代入变量 x。

9.2.3　状态转移系统

运用模型检测技术的一个前提是建立所验证系统的有穷状态模型,该模型通常用状态转移系统[127]表示。一个状态转移系统包含一系列的状态,以及状态之间的转移关系,其中,状态描述了在某一时刻所验证系统的相关信息,状态转移关系描述了所验证系统如何在状态之间进行变换。状态转移系统的形式化定义如下:

定义 9.1(状态转移系统)　一个状态转移系统可以用一个 5 元组 $M=(S,\ s_0,\ R,\ AP,\ L)$表示,其中,

(1)$S=\{s_0,\ s_1,\ \cdots,\ s_n\}$表示有限的状态集;

(2)s_0表示初始状态;

(3)$R\subseteq S\times S$ 表示转移关系集,其中的单步状态转移记为 $s\to s'$,表示系统在状态 s 和状态 s'之间存在一个转移关系;

(4)AP 表示给定的原子命题集;

(5)$L:S\to 2^{AP}$表示标记函数,用于给每个状态标记该状态所满足的原子命题集。

然而,上述定义没有考虑状态转移的条件,为了能进一步表达状态转移的条件,本文扩展传统的状态转移系统,给出以下定义:

定义 9.2(条件状态转移系统)　一个条件状态转移系统可以用一个 6 元组 $M=(S,\ s_0,\ C,\ R,\ AP,\ L)$表示,其中,

(1)$S=\{s_0,\ s_1,\ \cdots,\ s_n\}$表示有限的状态集;

(2)s_0表示初始状态;

(3)C 表示有限的条件集;

(4)$R\subseteq S\times C\times S$ 表示状态转移关系集,其中,R 中的单步状态转移记为 $s\xrightarrow{c}s'$,表示在系统状态 s 上,如果满足条件 c,则存在从状态 s 到状态 s'的一个转移关系,这里 $s,s'\in S,c\in C$;

(5)AP 表示给定的原子命题集;

(6)$L:S\to 2^{AP}$表示标记函数,用于给每个状态标记该状态所满足的原子命题集。

本文将系统每个状态中的变量用状态变量数组 $u_0,u_1,\cdots,u_m$存放,则每个状态 $s_i=(x_{0i},\ x_{1i},\ \cdots,\ x_{mi})$可以表示为 $s_i=(u_0[i],\ u_1[i],\ \cdots,\ u_m[i])$,其中 $u_j[i]=x_{ji},i=0,\ \cdots,\ n,j=0,\ \cdots,\ m$,状态转移 $s_i\xrightarrow{c}s_j$ 则可以表示为:如果在状态 s_i上条件 c 为真,即 $s_i|=c$,则$(u_0[i],\ u_1[i],\ \cdots,\ u_m[i])\to(u_0[j],\ u_1[j],\ \cdots,\ u_m[j])$。为了后文描述方便,状态转移 $s_i\xrightarrow{c}s_j$ 也记为:$c\wedge(u_0[i],\ u_1[i],\ \cdots,\ u_m[i])\to(u_0[j],\ u_1[j],\ \cdots,\ u_m[j])$。原子命题则通常采用如下形式:$u_j[i]=x_{ji}$,这样,在状态 $s_i=(x_{0i},\ x_{1i},\ \cdots,\ x_{mi})$上,原子命题 $u_j[i]=x_{ji}$为真。

本文采用条件状态转移系统表示软件体系结构动态演化的状态模型,为了叙述方便,后文中将条件状态转移系统仍简称为状态转移系统。

9.3 软件体系结构动态演化条件超图文法与状态转移系统的映射

为了更好地利用各种模型检测工具，以便在较高抽象层实现软件体系结构动态演化条件超图文法与状态转移系统的映射，本文将源模型(即软件体系结构动态演化的条件超图文法)和目标模型(即状态转移系统)都用抽象状态机 ASM(Abstract State Machine)[141]进行表示。这样，ASM 不仅可以为软件体系结构动态演化的条件超图文法和状态转移系统提供了统一的语义表示，并且可以证明本章所提出映射方法的正确性和完备性。

9.3.1 软件体系结构动态演化条件超图文法的 ASM 表示

1. 软件体系结构超图的 ASM 表示

本文将软件体系结构动态演化过程中的每个体系结构超图表示为抽象状态机 ASM 中的一个状态，记为 A_{gg}。A_{gg}的超宇宙(superuniverse)，记为$|A_{gg}|$，由软件体系结构超图中的构件、连接件，通信端口和交互关系等的标识符组成。具体的表示方法如下：

(1)软件体系结构超图中的每类构件/连接件用一元谓词 C_j表示，该类构件/连接件的实例用一元谓词命题 $C_j(n_i)_{A_{gg}}$ = True 或 $C_j(n_i)_{A_{gg}}$ = False 表示，其中，$C_j(n_i)_{A_{gg}}$ = True 表示：在当前状态 A_{gg}上，即在该状态对应的软件体系结构超图上，第 n_i个 C_j类型的构件或连接件是存在的，$C_j(n_i)_{A_{gg}}$ = False 表示：在状态 A_{gg}上，第 n_i个 C_j类型的构件或连接件是不存在的。为了描述方便，本文将该构件或连接件对象也记为 n_i。

(2)构件与连接件之间的通信端口类型用二元谓词 P 表示，每个通信端口实例用二元谓词命题 $P(n_i, n_j)_{A_{gg}}$ = True 或 $P(n_i, n_j)_{A_{gg}}$ = False 表示，其中，$P(n_i, n_j)_{A_{gg}}$ = True 表示：在状态 A_{gg}上，构件/连接件实例 n_i和 n_j之间的通信端口是存在的，$P(n_i, n_j)_{A_{gg}}$ = False 表示：在状态 A_{gg}上，构件/连接件实例 n_i和 n_j之间的通信端口是不存在的。

(3)构件与连接件之间的交互关系类型用二元谓词 R_j表示，每个交互关系实例用二元谓词公式 $R_j(n_i, n_j)_{A_{gg}}$ = True 或 $R_j(n_i, n_j)_{A_{gg}}$ = False 表示，其含义和(2)中的解释类似。为了减少状态空间的复杂性和描述方便，本文规定：构件与连接件之间的交互关系只有两类，其中 R_1表示请求关系，记为 R；R_2表示应答关系，记为 A。

因此，一个用 ASM 状态表示的软件体系结构超图实例实际上是所有上述定义的谓词命题的逻辑组合，记为$[[s]]A_{gg}$。为了书写方便，本文将$[[p(n_i)]]A_{gg}$ = True、$[[p(n_i)]]A_{gg}$ = False 分别简写为$[[p(n_i)]]A_{gg}$、$[[\neg p(n_i)]]A_{gg}$，其中 $p(n_i)$表示 A_{gg}状态上的谓词命题。

例 9.1 给定一个软件体系结构，其超图如图 9.1 所示，其中，构件 c_1和 s_1的类型分别为 C 和 S，连接件 cr_1的类型为 Cr，p_1、p_2分别表示 c_1和 cr_1、cr_1和 s_1之间的通信端口，R、A 分别表示构件和连接件之间的请求、应答交互关系，则该软件体系结构超图对应的 ASM 状态 A_{cs}定义为：$[[C(c_1)]]A_{cs} \wedge [[S(s_1)]]A_{cs} \wedge [[Cr(cr_1)]]A_{cs} \wedge [[P(c_1,cr_1)]]A_{cs} \wedge [[P(s_1, cr_1)]]A_{cs} \wedge [[R(c_1,cr_1)]]A_{cs} \wedge [[A(cr_1,c_1)]]A_{cs} \wedge [[R(cr_1,s_1)]]A_{cs} \wedge [[A(s_1,cr_1)]]A_{cs}$。

A_{cs}的超宇宙定义为：$|A_{cs}| = \{C, S, Cr, P, R, A, c_1, cr_1, s_1, p_1, p_2, R, A\}$。为了简便，下标$A_{gg}$在后文中将省略。

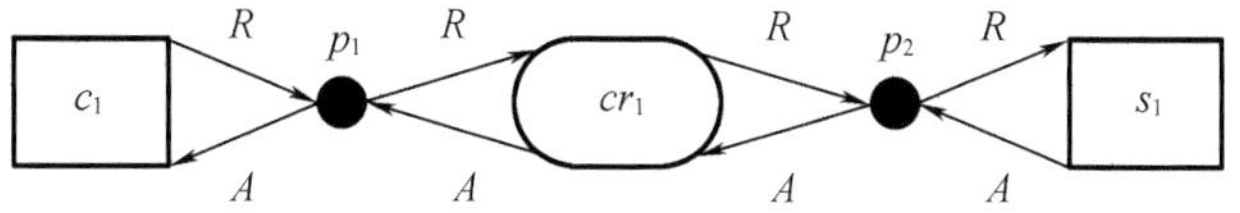

图 9.1　软件体系结构的超图举例

2. 软件体系结构演化规则的 ASM 表示

ASM 通过转移规则（transition rule）描述系统的演化行为[140]。ASM 的转移规则通过 Update 函数实现状态之间的转移，它的基本形式如下：

```
if Condition then
  Update
end if
```

其中 *Update* 为一个赋值函数：$f(t_1, t_2, \cdots, t_n) := S$。ASM 转移规则的语义是：如果在当前状态上满足条件 *Condition*，则将当前状态的各个谓词变量$f(t_1, t_2, \cdots, t_n)$重新赋值为 S，作为下一个状态的各个谓词变量的值。

为了运用 ASM 规则表示软件体系结构的演化规则，则必须在 ASM 转移规则中实现：

（1）软件体系结构演化规则左手边的匹配；

（2）软件体系结构演化规则应用条件的处理；

（3）软件体系结构元素的删除；

（4）软件体系结构元素的增加；

（5）悬挂通信端口和悬挂交互关系的处理。

这里仅以带左应用条件的软件体系结构演化规则为例，讨论其 ASM 的表示，软件体系结构演化规则的右应用条件在实际应用中，通常可转换为其左应用条件（见前文第 3.7 节），故这里不再讨论。

设 $p:L\rightarrow R$ 是一个软件体系结构演化规则，$ac=(pro, neg)$为 p 的左应用条件，其中 pro 为 p 的正左应用条件，neg 为 p 的负左应用条件。p 的左手边 L 用 ASM 状态表示为$[[s_{lhs}]] = p_{lhs}(V_{lhs})$，其中 V_{lhs}表示 L 中相关软件体系结构元素对应的变量，$p_{lhs}(V_{lhs})$表示 L 所对应的谓词命题公式。p 的右手边 R 用 ASM 状态表示为$[[s_{rhs}]] = p_{rhs}(V_{rhs})$，其中 V_{rhs}表示 R 中相关软件体系结构元素对应的变量，$p_{rhs}(V_{rhs})$表示 R 所对应的谓词命题公式。正左应用条件 pro 用 ASM 状态表示为$[[s_{pro}]] = p_{pro}(V_{pro})$，其中 V_{pro}表示 pro 中相关软件体系结构元素对应的变量，$p_{pro}(V_{pro})$表示 pro 所对应的谓词命题公式。负左应用条件 neg 用 ASM 状态表示为$[[s_{neg}]] = p_{neg}(V_{neg})$，其中 V_{neg}表示 neg 中相关软件体系结构元素对应的变量，$p_{neg}(V_{neg})$表示 neg 所对应的谓词命题公式，则该软件体系结构演化规则应用条件的 ASM 表示为：$p_{pro}(V_{pro}) \wedge \neg p_{neg}(V_{neg})$，表示虽然满足演化规则 p 的正左应用条件谓词命题公式 $p_{pro}(V_{pro})$，但是不满足 p 的负左应用条件谓词命题公式 $p_{neg}(V_{neg})$。软件体系结构演化规则 p 左手边的匹配表示为：$p_{lhs}(V_{lhs})$，即存在和左手边完全一样的谓词命题公式（也即存在软件体系结构子超图 L）。按照带应用条件的软件体系结构演化规则实施过程，本章设计如下算法，实现了软件体系结构演化规则的 ASM 表示：

算法 9.1：ASM representations of software architecture evolution rules

---

输入：p 左手边的构件及连接件变量集合 C_{lhs}

p 左手边的通信端口变量集合 P_{lhs}

p 左手边的请求交互变量集合 R_{lhs}

p 左手边的应答交互变量集合 A_{lhs}

p 的左手边变量集合 $V_{lhs} = C_{lhs} \cup P_{lhs} \cup R_{lhs} \cup A_{lhs}$

p 左手边对应的谓词命题公式 $p_{lhs}(V_{lhs})$

p 右手边的构件及连接件变量集合 C_{rhs}

p 右手边的通信端口变量集合 P_{rhs}

p 右手边的请求交互变量集合 R_{rhs}

p 右手边的应答交互变量集合 A_{rhs}

p 的右手边变量集合 $V_{rhs} = C_{rhs} \cup P_{rhs} \cup R_{rhs} \cup A_{rhs}$

p 右手边对应的谓词命题公式 $p_{rhs}(V_{rhs})$

p 的正左应用条件对应的谓词命题公式 $p_{pro}(V_{pro})$

p 的负左应用条件对应的谓词命题公式 $p_{neg}(V_{neg})$

输出：ASM 转移规则 *p*

```
Procedure ASMRuleofSA (C_lhs, P_lhs, R_lhs, A_lhs, V_lhs, p_lhs(V_lhs), C_rhs, P_rhs, R_rhs, A_rhs, V_rhs,
p_rhs(V_rhs), p_pro(V_pro), p_neg(V_neg))
Rule p =
  Choose V_lhs ∪ V_rhs with p_lhs(V_lhs) ∧ p_pro(V_pro) ∧ ¬p_neg(V_neg) do
    forall v ∈ V_lhs with v ∉ V_rhs do              //删除所有在 L 中但不在 R 中的体系结构元素
      if type(v) = C then                           //删除相应的构件/连接件
        C(v) := False
        forall w with P(v, w)_lhs = True or P(w, v)_lhs = True do        //删除悬挂的端口
          if P(v, w)_lhs = True then
            P(v, w) := False
          else
            P(w, v) := False
          end if
        end for
        forall w with R(v, w)_lhs = True or R(w, v)_lhs = True do    //删除悬挂的请求交互
          if R(v, w)_lhs = True then
            R(v, w) := False
          else
```

```
          R(w, v) := False
        end if
      end for
      forall w with A(v, w)_lhs = True or A(w, v)_lhs = True do    //删除悬挂的应答交互
      if A(v, w)_lhs = True then
        A(v, w) := False
      else
        A(w, v) := False
      end if
    end for
  end if
end for
forall v ∈ V_rhs with v ∉ V_lhs do                      //增加所有在 R 中但不在 L 中的体系结构元素
  if type(v) = C then                                   //增加相应的构件/连接件
    C(v) := True
  else if type(v) = P then                              //增加端口
    forall w with P(v, w)_lhs = True or P(w, v)_rhs = True do
      if P(v, w)_rhs = True then
        P(v, w) := True
      else
        P(w, v) := True
      end if
    end for
  else if type(v) = R then                              //增加请求关系
    forall w with R(v, w)_rhs = True or R(w, v)_rhs = True do
      if R(v, w)_rhs = True then
        R(v, w) := True
      else
        R(w, v) := True
      end if
    end for
  else if type(v) = A then                              //增加应答关系
    forall w with A(v, w)_rhs = True or A(w, v)_rhs = True do
      if A(v, w)_rhs = True then
        A(v, w) := True
      else
        A(w, v) := True
      end if
    end for
  end if
```

```
    end for
  end choose
end Procedure
```

其中 $p_{lhs}(V_{lhs}) \wedge p_{pro}(V_{pro}) \wedge \neg p_{neg}(V_{neg})$表示存在与软件体系结构演化规则 p 的左手边 L 相匹配的子图,且满足 p 的左应用条件,Choose $V_{lhs} \cup V_{rhs}$ with $p_{lhs}(V_{lhs}) \wedge p_{pro}(V_{pro}) \wedge \neg p_{neg}(V_{neg})$ *do* 结构表示选择所有满足条件 $p_{lhs}(V_{lhs}) \wedge p_{pro}(V_{pro}) \wedge \neg p_{neg}(V_{neg})$的子图中的变量集 $V_{lhs} \cup V_{rhs}$,这也意味着,在目标软件体系结构超图中,如果存在与演化规则左手边 L 的多个匹配,则一个软件体系结构演化规则可能对应多个 ASM 的转移规则。这里为了方便,将构件/连接件谓词 C_j统一表示为 C。

例 9.2 图 9.2 所示为第 3.5 节案例分析中的增加服务器演化规则,则按照算法 9.1,其对应的 ASM 转移规则为

Rule *addS* = Choose $CS(cs_1)$, $SC(sc_1)$, $S(s_1)$, $P(cs_1, sc_1)$, $P(sc_1, s_1)$, $R(cs_1, sc_1)$, $R(sc_1, s_1)$, $A(sc_1, cs_1)$, $A(s_1, sc_1)$ with $(CS(cs_1)$

$= \text{True} \wedge SC(sc_1)$

$= \text{True} \wedge P(cs_1, sc_1)$

$= \text{True} \wedge R(cs_1, sc_1)$

$= \text{True} \wedge A(sc_1, cs_1))$

$= \text{True} \wedge \neg(S(s_1)$

$= \text{True} \wedge S(s_2)$

$= \text{True})$ do

$S(s_1)$:= True

$P(sc_1, s_1)$:= True

$R(sc_1, s_1)$:= True

$A(s_1, sc_1)$:= True

end choose

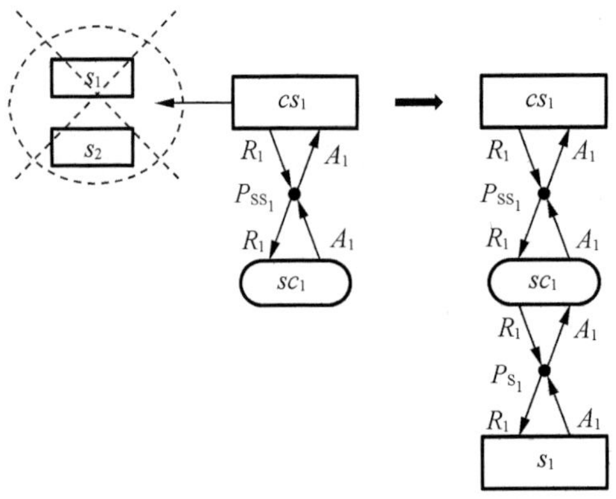

图 9.2 带应用条件的增加服务器演化规则

9.3.2　状态转移系统的 ASM 表示

因为状态转移系统是 ASM 的一种特例，所以用 ASM 表示状态转移系统非常直接，具体表示方法如下：

（1）状态转移系统中的状态在 ASM 中用状态 A_{sts} 表示，其初始状态记为 I_{sts}。在实际编程的实现过程中，状态转移系统的状态变量$\{s_0, s_1, \cdots, s_n\}$在 ASM 中用状态变量数组 $S[n]$ 表示，其中 $S[i]$ 对应状态 s_i，每个状态 s_i 中的变量用$(v_{i0}, v_{i1}, \cdots, v_{im})$表示，这里 m 表示每个状态上可能的变量个数。

（2）状态转移系统中的状态转移关系在 ASM 中表示为，在满足相应的条件后，对状态变量数组中相应的元素进行重新赋值，即状态转移系统的状态转移关系 $s_i \xrightarrow{c} s_j$ 用 ASM 可表示为

```
Rulet_sts =
  if c then
    S[j](v_0) := x_0j, S[j](v_1) := x_1j, …;  S[j](v_m) := x_mj
  end if
```

9.3.3　软件体系结构动态演化条件超图文法与状态转移系统的映射

通过前面两节，将软件体系结构动态演化条件超图文法和状态转移系统都用 ASM 进行了统一的语义表示，本小节将给出软件体系结构动态演化条件超图文法映射为状态转移系统的方法，这样，可以根据软件体系结构动态演化的条件超图文法，建立其对应的状态转移系统，以便后面运用模型检测技术验证软件体系结构动态演化的相关性质。

1. 软件体系结构超图到状态的映射

因为本文将软件体系结构超图和状态转移系统中的状态都用 ASM 状态变量数组进行了表示，故很容易可以实现软件体系结构超图到状态转移系统中状态的映射：

（1）将软件体系结构超图中的每类构件或连接件映射为一个一维布尔状态变量数组 C_j；

（2）将软件体系结构超图中的通信端口、请求关系和应答关系分别映射为二维布尔状态变量数组 P、R 和 A。

这样，软件体系结构动态演化条件超图文法中的初始体系结构超图就相当于给上述状态变量数组赋予了一定的初始值。

为了方便程序实现，这里规定：在软件体系结构动态演化过程中，每类构件、连接件、通信端口、请求关系及应答关系的数量是有限的，即每类状态变量数组均可以事先定义一个上界。

相应地，本文建立一个从 ASM 表示的体系结构超图 A_{SA} 到 ASM 表示的状态转移系统状态 A_{STS} 的映射 $F: A_{SA} \to A_{STS}$，使得：

（1）对每个布尔状态变量数组名 T，$F(T_{SA}) = T_{STS}$；

（2）对每个布尔状态变量数组元素$[[T(n_i)]]$，$F([[T(n_i)=b]]SA) = [[T(n_i)=b]]STS$，

其中 b 等于 True 或 False。

例 9.3 对于图 9.1 所示的软件体系结构超图,其对应的 PROMELA 伪代码如下,这里以模型检测工具 SPIN 为例,描述状态转移系统的状态编码,并且,为了描述方便,对实际的 PROMELA 编码进行了一些改动,例如,用一维数组元素 $C[c_1]$表示客户构件 c_1,二维数组元素 $P[c_1][cr_1]$表示通信端口 $P(c_1, cr_1)$,C 代表客户构类型,P 代表通信端口类型,等等。

```
/* 软件体系结构超图的 PROMELA 状态伪代码 */
boolC[c1] = true;
boolCr[cr1] = true;
boolS[s1] = true;
boolP[c1][cr1] = true;
boolP[cr1] [s1] = true;
boolR[c1] [cr1] = true;
...
```

2. 演化规则运用到状态转移关系的映射

软件体系结构演化规则运用到状态转移关系的映射,主要需要处理以下几个方面:

(1)软件体系结构演化规则左手边图的匹配;

(2)软件体系结构演化规则应用条件的处理;

(3)软件体系结构演化规则运用的处理,即状态转移关系的处理。

这些处理方法和算法 9.1 的处理类似,然而,与 ASM 中转移规则不同的是,状态转移系统中的状态转移必须是确定性的,即满足一定的条件后,进行相应的状态变量赋值。因此,软件体系结构演化规则运用到状态转移关系的映射必须消除算法 9.1 中的 choose 结构,转换为确定性结构。为此,本节设计以下算法,实现了软件体系结构演化规则运用到状态转移关系的映射:

算法 9.2:Maping SA evolution rule applictions to state transitions

---

输入:p 左手边的构件及连接件变量集合 C_{lhs}

p 左手边的通信端口变量集合 P_{lhs}

p 左手边的请求交互变量集合 R_{lhs}

p 左手边的应答交互变量集合 A_{lhs}

p 左手边变量集合 $V_{lhs} = C_{lhs} \cup P_{lhs} \cup R_{lhs} \cup A_{lhs}$

p 左手边对应的谓词命题公式 $p_{hs}(V_{lhs})$

p 右手边的构件及连接件变量集合 C_{rhs}

p 右手边的通信端口变量集合 P_{rhs}

p 右手边的请求交互变量集合 R_{rhs}

p 右手边的应答交互变量集合 A_{rhs}

p 右手边变量集合 $V_{rhs} = C_{rhs} \cup P_{rhs} \cup R_{rhs} \cup A_{rhs}$

p 右手边对应的谓词命题公式 $p_{rhs}(V_{rhs})$

p 的正左应用条件对应的谓词命题公式 p_{pro}

p 的负左应用条件对应的谓词命题公式 p_{neg}

输出:相应的状态转移集合 T

```
Procedure StateTransitionsofSARules (C_lhs, P_lhs, R_lhs, A_lhs, V_lhs, f_lhs(V_lhs), C_rhs, P_rhs,
R_rhs, A_rhs, V_rhs, f_rhs(V_rhs), f_pro(V_pro), f_neg(V_neg))
1  let  V_lhs := {v_0, v_1, …, v_n}, V_rhs := {w_0, w_1, …, w_m}, assignment := True, T := ϕ
2  forall (x_0, x_1, …, x_n) ∈ dom(v_0) × dom(v_1) ×…× dom(v_n)  do
3    v_0 := x_0, v_1 := x_1, …, v_n := x_n                //软件体系结构元素变量赋值
4    g_lhs := p_lhs(x_0, x_1, …, x_n)                     //相应的谓词命题公式
5    if g_lhs ≡ p_lhs  then                              //和左手边图匹配
6      forall updates p_k(y_k) := b_k in p do            //p 是相应的演化规则
7        assignment := assignment ∧ (p_k(y_k) := b_k)
8      end for
9      t := (g_lhs ∧ p_pro ∧ ¬p_neg) → assignment         //生成状态转移关系
10      T := T ∪ { t }
11    end if
12  end for
13  return T
end Procedure
```

其中,软件体系结构演化规则 p 的左手边 L 中所有体系结构元素对应的变量集合设为 $V_{lhs} = \{v_0, v_1, \cdots, v_n\}$,其对应的软件体系结构元素值为$(x_0, x_1, \cdots, x_n)$,相应的谓词命题公式为 $p_{lhs}(x_0, x_1, \cdots, x_n)$,$\mathrm{dom}(v_i)$表示变量 v_i对应的域,即该类体系结构元素所有可能的取值,$g_{lhs} \equiv p_{lhs}$表示与软件体系结构演化规则 p 的左手边完全匹配,赋值语句第 6 ~8 行对应于算法 9.1 中相应的赋值语句第 3 ~57 行,这里为了表示方便,仅用 $p_k(y_k) := b_k$表示所有相关的赋值,b_k表示 True 或 False。

例 9.4　假设系统当前体系结构超图如图 9.3 所示,则图 9.2 所示的增加服务器演化规则运用映射成的状态转移关系,其对应的 PROMELA 伪代码如下,

```
if
::(Cs[cs1] == true && Sc[sc1] == true && P[cs1][sc1] == true && R[cs1][sc1] ==
true && A[sc1][cs1] == true && S[s1] == false) -> S[s1] = true; P[sc1][s1] = true; R
[sc1][s1] = true; A[s1][sc1] = true;
::(Cs[cs1] == true && Sc[sc2] == true && P[cs1][sc2] == true && R[cs1][sc2] ==
true && A[sc2][cs1] == true && S[s2] == false) -> S[s2] = true; P[sc2][s2] = true; R
[sc2][s2] = true; A[s2][sc2] = true;
fi
```

其中,每个“::”为一个状态转移关系,即每个“::”对应一次可能的软件体系结构演化规则运用。

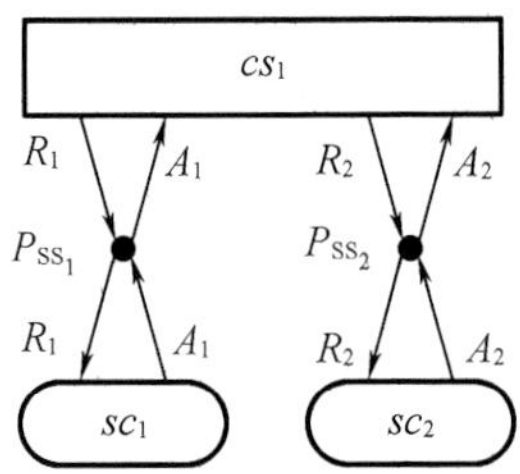

图 9.3 系统当前软件体系结构超图

9.4 映射的正确性与完备性

本节将证明,在 *ASM* 表示的抽象层上,软件体系结构动态演化的条件超图文法(其 *ASM* 表示为 ASM_{SA})与按照算法 9.2 生成的状态转移系统(其 *ASM* 表示为 ASM_{STS})是互模拟等价(bisimulation equivalence)[141]的。为了证明 ASM_{SA} 和 ASM_{STS} 是互模拟等价的,则必须证明:

(1)ASM_{SA} 的初始状态 I_{SA} 和 ASM_{STS} 的初始状态 I_{STS} 是互模拟等价的,即 I_{SA} 和 I_{STS} 之间存在一一对应关系;

(2)ASM_{SA} 的软件体系结构演化规则运用与 ASM_{STS} 的状态转移关系是互模拟等价的,这里又可分为两部分:

①对 ASM_{SA} 的软件体系结构演化规则运用,都存在 ASM_{STS} 中的一个状态转移关系与之对应;

②对 ASM_{STS} 中的每个状态转移关系,都对应于 ASM_{SA} 中的一次软件体系结构演化规则运用。

本文采用文献[141]的精化模式(refinement scheme),将 ASM_{SA} 看成是一个抽象状态机,ASM_{STS} 看成是 ASM_{SA} 的精化状态机。为此定义一个精化函数 F,使得按照第 9.3.3 节中的映射方法,ASM_{SA} 中每个状态 A_{SA},都对应于 ASM_{STS} 中的一个状态 $A_{STS}=F(A_{SA})$,且对 ASM_{SA} 中的每个软件体系结构演化规则 p,对应于 ASM_{STS} 中的一系列状态转移关系 $T=F(p)$,如图 9.4 所示。

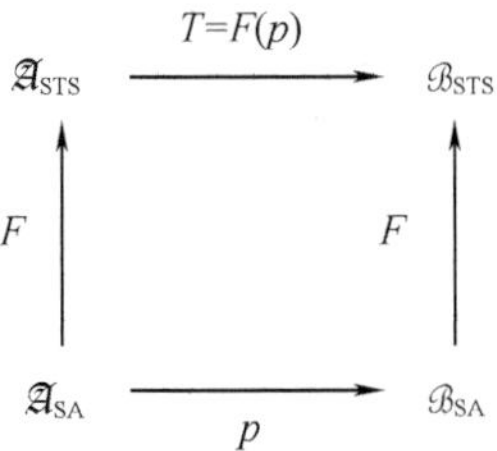

图 9.4 *ASM* 精化模式

则上述互模拟等价中的第(2)点转换为要证明:

①映射 F 的正确性：通过映射 F，每个抽象的计算都被一个具体的计算实现，即 ASM_{SA} 中的每次软件体系结构演化规则运用，通过映射 F 的作用，都对应于 ASM_{STS} 中的一个状态转移关系，本文称之为映射的正确性；

②映射 F 的完备性：通过映射 F，每个具体的计算都实现了一个抽象的计算，即 ASM_{STS} 中的每个状态转移关系，都是通过映射 F 的作用，对应于 ASM_{SA} 中的一次软件体系结构演化规则运用，本文称之为映射的完备性。

下面分别进行证明：

命题 9.1（初始状态的互模拟等价）　ASM_{SA} 的初始状态 I_{SA} 和 ASM_{STS} 的初始状态 I_{STS} 是互模拟等价的。形式上表示为，对 $\forall I_{SA}$，$\exists I_{STS}$，使得 $I_{STS} = F(I_{SA})$，且对 $\forall I_{STS}$，$\exists I_{SA}$，使得 $I_{STS} = F(I_{SA})$。

证明：由第 9.3.3.1 节显然可知，ASM_{SA} 中的状态与 ASM_{STS} 中的状态具有一一对应关系，从而，ASM_{SA} 的初始状态 I_{SA} 和 ASM_{STS} 的初始状态 I_{STS} 具有一一对应关系，故本命题成立。

证毕。

命题 9.2（软件体系结构演化规则运用与状态转移关系的互模拟等价）

（1）正确性：对 $\forall A_{SA} \wedge \forall A_{STS} \wedge \forall B_{SA}$，满足 $A_{STS} = F(A_{SA})$ 且 $B_{SA} = next_p(A_{SA})$，则存在 B_{STS}，使得 $B_{STS} = next_{F(p)}(A_{STS})$ 且 $B_{STS} = F(B_{SA})$。

（2）完备性：对 $\forall A_{SA} \wedge \forall A_{STS} \wedge \forall B_{STS}$，满足 $A_{STS} = F(A_{SA})$ 且 $B_{STS} = next_{F(p)}(A_{STS})$，则存在 B_{SA}，使得 $B_{SA} = next_p(A_{SA})$ 且 $B_{STS} = F(B_{SA})$。

证明：

（1）设 p 是 ASM_{SA} 中的一个软件体系结构演化规则，T 是按照算法 9.2 由 p 生成的 ASM_{STS} 中的一系列状态转移关系，$v_0 = x_0$, $v_1 = x_1$, $\cdots$, $v_n = x_n$ 是满足 p 的应用条件，且与 p 左手边匹配的所有状态变量的一次赋值。则显然有 $(x_0, x_1, \cdots, x_n) \in \mathrm{dom}(v_0) \times \mathrm{dom}(v_1) \times \cdots \times \mathrm{dom}(v_n)$，故由算法 9.2 可生成 $(x_0, x_1, \cdots, x_n)$ 对应的一个状态转移 $t \in T$，即对 $\forall A_{SA} \wedge \forall A_{STS} \wedge \forall B_{SA}$，如果满足 $A_{STS} = F(A_{SA})$ 且 $B_{SA} = next_p(A_{SA})$，则存在 B_{STS}，使得 $B_{STS} = next_{F(p)}(A_{STS})$。

又由于算法 9.2 的赋值语句（第 6 ~ 8 行）完全对应于算法 9.1 中相应的赋值语句（第 3 ~ 57 行），即进行状态转移 t 后，状态 B_{STS} 的相应赋值完全对应于运用软件体系结构演化规则 p 后状态 B_{SA} 的相应赋值，故有 $B_{STS} = F(B_{SA})$。

（2）设 $t \in T$ 是由算法 9.2 生成的 ASM_{STS} 中一个使能的状态转移关系，使得对 $\forall A_{SA} \wedge \forall A_{STS} \wedge \forall B_{STS}$，满足 $A_{STS} = F(A_{SA})$ 且 $B_{STS} = next_t(A_{STS})$。因为 t 使能且 $t = (g_{lhs} \wedge p_{pro} \wedge \neg p_{neg}) \rightarrow$ assignment，则显然对 ASM_{STS} 中所有出现在 g_{lhs} 中的变量 x_0, x_1, $\cdots$, x_n，它们的值为真，且满足 $(p_{pro} \wedge \neg p_{neg})$。

因为 t 是由算法 9.2 生成的，故存在 ASM_{SA} 中的一个软件体系结构演化规则 p，由 p 可生成 t，即 $t = F(p)$。又因为 $A_{STS} = F(A_{SA})$，即 A_{STS} 的状态变量和 A_{SA} 的状态变量存在一一对应关系（包括它们的值），所以，对 ASM_{SA} 中的相应变量 x_0, x_1, $\cdots$, x_n，其 g_{lhs} 也为真，且满足 $(p_{pro} \wedge \neg p_{neg})$，从而软件体系结构演化规则 p 可运用于 ASM_{SA} 中的状态 A_{SA}，即存在 B_{SA}，使得 $B_{SA} = next_p(A_{SA})$。

又由于算法 9.2 的赋值语句(第 6 ~ 8 行)完全对应于算法 9.1 中相应的赋值语句(第 3 ~ 57 行),即运用软件体系结构演化规则 p 后,状态 B_{SA} 的相应赋值完全对应于运用状态转移关系 t 后状态 B_{STS} 的相应赋值,故有 $B_{STS} = F(B_{SA})$。

故命题成立。

证毕。

9.5 软件体系结构动态演化状态转移系统的构建

根据第 9.3 节的方法,本文将动态演化过程中的软件体系结构超图映射为状态,每次软件体系结构演化规则运用映射为一个状态转移关系,由此可定义软件体系结构动态演化的状态转移系统:

定义 9.3(软件体系结构动态演化的状态转移系统) 给定一个软件体系结构演化的条件超图文法,该软件体系结构动态演化的状态转移系统定义为一个六元组 $M = (S, s_0, C, R, AP, L)$,其中:

(1) $S = \{s_0, s_1, \cdots, s_n\}$ 表示有限的状态集,对应于软件体系结构动态演化条件超图文法中的软件体系结构超图集;

(2) $s_0 = H_0$ 表示初始状态,对应于软件体系结构动态演化条件超图文法中的初始软件体系结构超图;

(3) C 表示状态转移关系的条件集,对应于软件体系结构动态演化条件超图文法中的应用条件集;

(4) $R \subseteq S \times C \times S$ 表示状态转移关系集,其中每个状态转移关系对应于软件体系结构动态演化条件超图文法中的一次演化规则应用;

(5) AP 表示原子命题集;

(6) $L: S \to 2^{AP}$ 表示标记函数,用于给每个状态标记该状态所满足的原子命题集。

根据第 9.3 节的映射方法,软件体系结构动态演化条件超图文法与状态转移系统的对应关系可描述如下:给定一个软件体系结构动态演化的条件超图文法 $G = \{\{H_0, H_1, \cdots, H_n\}, P, H_0, AC\}$,令 $s_i = H_i, i = 1, 2, \cdots, n, s_0 = H_0$, $C = AC, R = \{s_i \xrightarrow{c} s_j \mid \exists H_i = s_i \wedge \exists H_j = s_j \wedge \exists p \in P \wedge \exists c \in AC \wedge H_i \xrightarrow[p,c]{} H_j\}$,其中 c 为软件体系结构演化规则 p 的应用条件,$H_i \xrightarrow[p,c]{} H_j$ 表示满足应用条件 c 时,运用 p 进行的软件体系结构动态演化,再给定原子命题集 AP 和标记函数 L,则得对应的软件体系结构动态演化状态转移系统 $M = (S, s_0, C, R, AP, L)$。这样,$M$ 中的每个状态对应于条件超图文法中的一个软件体系结构超图,每个状态转移关系对应于一次软件体系结构演化规则运用,即软件体系结构演化条件超图文法 G 和状态转移系统 M 可以建立一一对应关系。

有了软件体系结构动态演化的状态转移系统,则可以运用模型检测技术来验证软件体系结构动态演化的相关性质,具体验证过程将在下一章中进行详细讨论。

9.6 本章小结

当前,软件体系结构已经成为复杂软件系统设计过程中的核心部分。软件体系结构从较高的抽象层描述了系统的多个方面,从软件体系结构的结构组成如构件、连接件、交互关系到系统的全局组织结构等。然而,随着外部环境和软件系统本身复杂度的不断增加,概念上的设计错误可能出现在任何高层模型上,即使使用形式化的建模技术,也不能完全保证软件体系结构动态演化的正确性。因此,迫切需要采用形式化的验证技术,来检测软件体系结构动态演化是否满足相关的需求。本章在介绍相关验证需求和模型检测等技术背景的基础上,提出用模型检测技术来验证软件体系结构的动态演化,着重讨论了如何构建软件体系结构动态演化的状态转移系统。首先讨论了分别用抽象状态机 ASM 对软件体系结构动态演化的条件超图文法和状态转移系统进行统一的语义表示,接着建立了软件体系结构动态演化条件超图文法到状态转移系统的映射方法,然后证明了该映射方法的正确性和完备性,最后根据所给的映射方法,建立了软件体系结动态构演化的状态转移系统,为运用模型检测技术验证软件体系结构的动态演化奠定了模型基础。

第 10 章　软件体系结构动态演化的不变性和活性验证

10.1　模型检测软件体系结构演化的基本思路

根据模型检测的基本思路,运用模型检测技术来验证软件体系结构动态演化的相关性质,其基本过程如下[5,119,123,127]:

(1)建立软件体系结构动态演化的状态转移系统 M;

(2)用时态逻辑公式描述软件体系结构动态演化的相关性质 f;

(3)通过有效搜索,检验软件体系结构动态演化的状态转移系统是否满足规定的性质,即 $M| =f$ 是否成立。

在上一章中,本文已经讨论了如何构建软件体系结构动态演化的状态转移系统,本章将主要讨论软件体系结构动态演化相关性质的时态逻辑描述,以及相应的验证算法。本章仅讨论系统软件体系结构动态演化过程中具有有限个体系结构超图,即软件体系结构动态演化的状态转移系统为有限状态集的情形,且着重介绍软件体系结构动态演化的不变性和活性验证,给出相应的时态逻辑表示,以及相应的验证算法,并通过模型检测工具进行实验分析。

10.2　软件体系结构动态演化的性质

在软件体系结构动态演化的过程中,为了保证动态演化的正确性,软件体系结构动态演化必须满足一定的性质,且必须验证这些性质是否得到满足。人们期望软件体系结构动态演化满足的性质有多种多样,它们分别从不同的角度给出了系统应该具有的要求。总体来说,系统软件体系结构动态演化应该满足的常见性质可分为不变性、安全性、活性、公平性等[126,142]。下面分别给出这些性质的一般性定义:

定义 10.1(软件体系结构动态演化的不变性)　在系统软件体系结构动态演化的过程中,始终保持不变的性质称为软件体系结构动态演化的不变性。

不变性要求在系统软件体系结构动态演化的过程中,某些重要的性质必须一直保留。例如,死锁免除是在整个软件体系结构动态演化的过程中都必须保持的不变性。

定义 10.2(软件体系结构动态演化的安全性)　在系统软件体系结构动态演化的过程中,不应该发生的行为应该永远不会发生,即某个危险事件在系统软件体系结构动态演化的过程中永远不发生,这种性质称为软件体系结构动态演化的安全性。

安全性要求是软件体系结构动态演化过程中非常重要的性质。不满足安全性的软件体系结构动态演化是必须要杜绝的。上述安全性定义要求,可能造成灾难的软件体系结构动态演化事件必须保证不能出现,如不能出现死锁、互斥等。

定义 10.3(软件体系结构动态演化的活性)　软件体系结构动态演化的活性是指,在系统软件体系结构动态演化的过程中,必需事件最终将发生。

例如,“有效合法的客户请求最终必须得到响应”便是一个软件体系结构动态演化的活性。

定义 10.4(软件体系结构动态演化的公平性)　软件体系结构动态演化的公平性是指,在系统软件体系结构动态演化的过程中,某些事件必须无限经常发生,换而言之,不能永远不发生。

例如,“假设合法的客户请求无限经常地发送,则将被无限经常地被响应”便是一个公平性性质。

10.3　软件体系结构动态演化性质的描述逻辑

在运用模型检测验证软件体系结构动态演化的(简称为模型检测软件体系结构动态演化)的过程中,判断软件体系结构动态演化是否满足某些期望的性质,则需要对这些性质进行精确描述。软件体系结构动态演化期望满足的性质通常用时态逻辑(Temporal Logic)公式进行表示,用于描述软件体系结构动态演化所处状态的性质,以及状态间动态演化的时序性质。时态逻辑是在经典命题逻辑、谓词逻辑的基础上,通过增加新的时态算子扩展而成的[127]。常用的时态逻辑有两种:线性时态逻辑 LTL(Linear Temporal Logic)和分支时态逻辑 BTL(Branching Temporal Logic),前者表示从某一时刻起,只有一个未来时刻,后者则表示有多个选择,可以达到多个未来[127]。

10.3.1　线性时态逻辑 LTL

线性时态逻辑 LTL(Linear Temporal Logic)关注系统执行迹中的状态以及状态之间的性质[127]。线性时态逻辑 LTL 公式由原子命题、逻辑连接符和时态算子组成,其中逻辑连接符包括∧(与)、∨(或)、¬(非)等,时态算子包括“下一时刻”算子 X(neXt time)、“将来”算子 F(Future)、“全部”算子 G(Globally)和“直到”算子 U(Until)等。

定义 10.5 (线性时态逻辑 LTL 公式)　给定有穷原子命题集 AP,则线性时态逻辑 LTL 公式可以归纳定义如下:

(1)任意原子命题 $p \in AP$ 均是 LTL 公式;

(2)如果 f 和 g 是线性时态逻辑 LTL 公式,则 $\neg f$,$f \wedge g$,$f \vee g$,Xf,$f \cup g$,Ff,Gf 也是线性时

态逻辑 LTL 公式。

例 10.1 设 white、black 为两个命题，分别用于标识白色状态、黑色状态，如图 10.1 所示。从当前状态出发，则 F black 表示性质 black 最终将出现，G black 表示性质 black 永远出现，X black 表示性质 black 将在下一时刻出现，white U black 表示性质 black 最终将出现，且在此之前的所有状态上，white 一直出现，如图 10.1(a)到(d)所示。

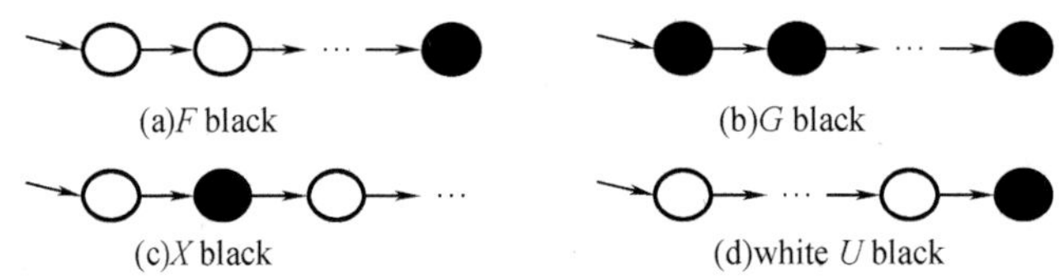

图 10.1 LTL 时态算子示例

可以证明，集合{ ∧，¬，X，U }为线性时态逻辑 LTL 公式的完备时态算子集[127]，所以根据某些等价变换，所有的线性时态逻辑 LTL 公式都可由原子命题、∧、¬、X、U 表示。

线性时态逻辑 LTL 公式的语义定义如下：

定义 10.6（线性时态逻辑 LTL 公式的语义） 给定状态路径 $\pi = s_0 s_1 \cdots$，π_i表示从 s_i 出发的状态序列 $s_i s_{i+1} \cdots$，f 和 g 是线性时态逻辑 LTL 公式，则线性时态逻辑 LTL 公式的语义归纳定义如下：

(1) $\pi \vDash p$ iff $p \in AP \wedge p \in L(s_0)$；

(2) $\pi \vDash \neg f$ iff $\pi \nvDash f$;

(3) $\pi \vDash f \wedge g$ iff $\pi \vDash f \wedge \pi \vDash g$;

(4) $\pi \vDash Xf$ iff $\pi_1 \vDash f$;

(5) $\pi \vDash f \cup g$ iff $\exists i \geqslant 0.(\pi_i \vDash g \wedge \forall j.(0 \leqslant j < i \wedge \pi_j \vDash f))$。

其中，“iff”表示当且仅当。

10.3.2 计算树逻辑 CTL

计算树逻辑 CTL（Computation Tree Logic）是一种分支时态逻辑，可以描述具有分支路径的状态之间的时序关系[127]。与线性时态逻辑 LTL 公式一样，计算树逻辑 CTL 公式也是由原子命题、逻辑连接符和时态算子组成。计算树逻辑 CTL 公式中的逻辑连接符与 LTL 公式中的逻辑连接符一样。除了线性时态逻辑 LTL 公式中可用的时态算子外，计算树逻辑 CTL 还包括两种刻画分支关系的路径量词，其中全称量词 A 表示所有路径或所有分支，存在量词 E 表示至少存在一条路径或一个分支。在线性时序逻辑 LTL 的时态算子 X、F、G、U 前面加上路径量词，则构成计算树逻辑 CTL 的时态算子[127]。

定义 10.7（计算树逻辑 CTL 公式） 给定有穷原子命题集合 AP，则计算树逻辑 CTL 公式可以归纳定义如下：

(1) 任意原子命题 $p \in AP$ 均是计算树逻辑 CTL 公式；

(2) 如果 p，q 是计算树逻辑 CTL 公式，则$\neg p$，$p \wedge q$，$p \vee q$，$E\,X\,p$，$E\,p\,U\,q$，$E\,F\,p$，$E\,G\,p$，$A\,X\,p$，$A\,p\,U\,q$，$A\,F\,p$，$A\,G\,p$ 也是计算树逻辑 CTL 公式。

例 10.2　计算树逻辑 CTL 公式 EFp 表示：存在一条路径，在该路径上将来一定可以达到一个满足 p 的状态。

10.4　软件体系结构动态演化不变性的验证

10.4.1　软件体系结构动态演化不变性的逻辑描述

本节主要讨论验证软件体系结构动态演化的不变性（invariant），其基于逻辑的定义如下：

定义 10.8（软件体系结构动态演化的不变性）　软件体系结构动态演化的性质 p 为不变性，是指存在一个 p 对应的逻辑公式 f，对任意的软件体系结构动态演化系列 $H_0,H_1,\cdots,H_n$，H_i 均满足 f，其中 H_0 为系统的初始软件体系结构超图，$H_i \xrightarrow[p_i]{} H_{i+1}$，$0\leqslant i<n$，$p_i$ 为软件体系结构演化规则，n 为自然数，即

$$\forall i,\quad H_i \mid = f,\quad 0\leqslant i<n$$

上式用一个线性时态逻辑 LTL 公式可表示：$G(H_i \mid = f)$，$i=0,1,\cdots,n$，简记为 Gf，即对所有动态演化过程中的软件体系结构超图 H_i，逻辑公式 f 均满足，其中 G 为线性时态逻辑算子，表示全部。

例 10.3（软件体系结构动态演化不变性举例）　在第 3.5 节定义的案例系统中，每个软件体系结构中的每个客户必须且只能通过一个通信端口和客户连接件相连，进行通信。

为了保证系统通信过程中不出现环路，则必须保证上述性质为真。该性质是软件体系结构动态演化的不变性，将其用逻辑公式表示为

$$f=(\forall c, c\in H_i \rightarrow \exists Pc, Pc(c,cr)\in H_i \wedge (\forall Pc_1, Pc_2, Pc_1(c,cr)\in H_i \wedge Pc_2(c,cr)\in H_i \rightarrow Pc_1=Pc_2)) \tag{10.1}$$

其中 c 表示客户，cr 表示对应的客户连接件，Pc、Pc_1、Pc_2 为通信端口，H_i 为软件体系结构超图，$i=0,1,\cdots,n$。上述性质用线性时态逻辑 LTL 公式表示为：Gf。

10.4.2　软件体系结构动态演化不变性的验证算法

根据定义 10.8，为了验证某性质 p 是软件体系结构动态演化的不变性，则必须验证：在软件体系结构动态演化的状态转移系统 M 中，每个由初始状态（即初始软件体系结构超图）出发的可达状态（即动态演化可以到达的软件体系结构超图）上，p 对应的逻辑公式 f 均为真。为此，本文在 M 上设计一种深度优先遍历 DFS（Depth First Search）算法，在每步到达的状态上验证逻辑公式 f 的正确性，算法结束即可验证 f 对应的性质 p 是否为软件体系结构动态演化的不变性，如果是，则返回“yes”，如果不是，则给出相应的反例，并返回“no”。

算法如下图所示。算法从 M 的初始状态 s_0，即系统初始软件体系结构超图开始，按深度优先遍历每个可达的软件体系结构超图，同时在每个可达的软件体系结构超图上，判断公式 f 是否满足。如果公式 f 满足，则继续按深度优先遍历，否则，表明 f 对应的性质 p 不是软件

体系结构动态演化不变性，给出相应的反例。为了提高遍历效率，这里定义一个布尔变量 b 监控算法的运行，当 b 为假时立即退出算法，表示 p 不是软件体系结构动态演化的不变性，当 b 为真时继续遍历，同时，用集合 *RH* 存放所有访问过的软件体系结构超图，避免状态转移系统中的每个可达状态被访问多次。算法中，U 为一个栈，存放所有即将访问的软件体系结构超图，ε 为空栈，*push*、*pop*、*top* 为标准的入栈、出栈和取栈顶元素操作。

Algorithm 10.1 Invariant checking based on depth first search

Input: Finite states transition system M = (S, s_0, C, R, AP, L), initial state s_0, property f.

```
Output: yes if M satisfies the invariant, otherwise no and give a counterexample
Procedure IsInvariantDFS (transition system M, state s0, property f)
RH := ∅;                                  //RH是访问过的状态集
U := ε;
bool b := true;
push (s0, U);
RH := RH∪{s0};
do
  s1 := top(U);
  if post(s1)⊆RH then                     //post(s1)是s1的直接后继状态集
    pop(U);
     b := b∧(s1 |= f );                   //检测 f 在s1处的可满足性
   else
     let s2 ∈ post(s1) \ RH
     push(s2, U);
     RH := RH∪{s2};
     end if
     while(U != ε)∧b
     if b then                            //该性质是不变性
       return("yes")
     else                                 //该性质不是不变性，输出反例并返回no
       U' := ε;                           //U'为另一个栈
       while U != ε
         pop(U, e)
         push(e, U')
       end while
       while U' != ε
         pop(U', e)
         print(e)
       end while
```

```
        return("no")
    end if
end Procedure
```

该不变性验证算法的时间复杂性主要在于深度优先遍历过程。由于在深度优先遍历的过程中，每个被访问过的状态都存放在集合 RH 中，故在实际的深度优先遍历过程中，每个可达的状态只被访问一次。因此，这里的深度优先遍历的过程实质上是对每个可达去状态检测性质公式 f 是否满足以及查找后继状态的过程。在单个状态上，检测性质公式 f 是否满足的复杂度为 $|f|$，如果用邻接表表示状态转移系统中的后继关系，即 post(s) 用 s 的邻接表表示，则该不变性验证算法的时间复杂度为深度优先遍历的时间复杂度乘以判断公式 f 的时间复杂度，即 $O((n+k)*|f|)$，其中 n 为 M 中的可达状态数，即系统软件体系结构动态演化过程中可达的体系结构超图数，k 为 M 中的转移数。

10.4.3　实验分析

本节仍采用第 3 章基于 C/S 风格的应用系统作为案例，讨论如何运用模型检测技术，验证公式(10.1)表示的性质是软件体系结构动态演化的不变性。如图 10.2 所示，该系统包含三类构件：客户 c_i、控制服务器 cs_1 和服务器 s_i；两类连接件：客户连接件 cc_i 和服务器连接件 sc_i；客户 c_i 和客户连接件 cc_i 之间的通信端口为 Pc_i，客户连接件 cc_i 和控制服务器 cs_1 之间的通信端口为 Pcs_i，控制服务器 cs_1 和服务器连接件 sc_i 之间的通信端口为 Pss_i，服务器连接件 sc_i 和服务器 s_i 之间的通信端口为 Ps_i；CR_i、CA_i、SR_i、SA_i 分别代表客户请求(Client Request)、客户响应(Client Answer)、服务器请求(Server Request)、服务器响应(Server Answer)等交互关系。

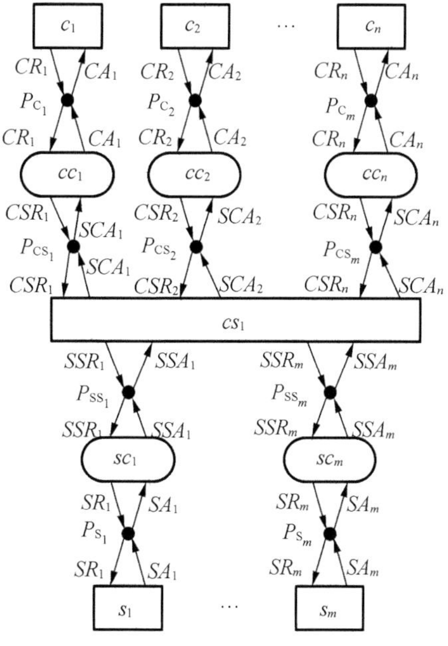

图 10.2　客户/服务器系统例子

另外,系统软件体系结构正确动态演化还必须满足一些约束,本章约定:

(1)在系统动态演化过程中,软件体系结构始终只能包含一台控制服务器;

(2)在系统动态演化过程中,软件体系结构最多只能有 m 台服务器,不妨设 $m=2$;

(3)系统最多只能接受 n 个客户的连接请求,不妨设 $n=10$;

(4)为了保证软件体系结构通信时不出现环路,每个构件和连接件只能通过一个通信端口相连。

假设系统软件体系结构的演化规则及其应用条件如第 3.5 节所述,则可定义该系统软件体系结构动态演化的一个条件超图文法 $G=\{\{H_0, H_1, \cdots, H_n\}, P, H_0, AC\}$,其中,$H_0$为系统初始体系结构超图,$H_1,\cdots,H_n$为系统动态演化过程中的有限软件体系结构超图系列,$P$为如第 3.5.2 节所定义的演化规则集,$AC$ 为如第 3.5.3 节所定义演化规则的应用条件集。

为了运用模型检测技术验证系统软件体系结构动态演化的相关性质,按照第 9 章的方法,将上述软件体系结构动态演化的条件超图文法转换为软件体系结构动态演化的状态转移系统 M。设 $S=\{H_0, H_1, \cdots, H_n\}$,$s_0=H_0$,$C=AC$,$R=\{s_i \xrightarrow{c} s_j \mid \exists H_i=s_i \wedge \exists H_j=s_j \wedge \exists p \in P \wedge \exists c \in AC \wedge H_i \xrightarrow[p,c]{} H_j\}$,按照第 9.2.2 节中的方法,给定所需的原子命题集 AP 和标记函数 L,则得案例系统软件体系结构动态演化的状态转移系统 $M=(S, s_0, R, C, AP, L)$。

为了验证性质(10.1)是软件体系结构动态演化的不变性,本节使用模型检测工具 SPIN[130]实现了上述动态演化不变性的验证。SPIN 是贝尔实验室开发的开源模型检测工具,其中系统模型用 PROMELA 语言进行描述。它通过模拟系统的执行,生成 C 程序探测系统的状态空间。按照第 9 章中的方法,本节利用 PROMELA 语言定义了相应的软件体系结构动态演化的状态转移系统,其中软件体系结构超图定义为 PROMELA 中的进程,演化规则定义为 PROMELA 中的事件,上述软件体系结构动态演化不变性表示为时态逻辑公式 $<>f$,则可运用 SPIN 验证案例系统的性质(10.1)是否为软件体系结构动态演化的不变性。

表 10.1 为部分实验结果,其中实验机器为 Dell OptiPlex320,双 CPU,主频 1.60 GHz,内存 1 GB。实验结果表明,使用本文方法生成的每个状态,即动态演化后的软件体系结构超图均满足:每个客户必须且最多只能通过一个通信端口和客户连接件相连,即性质(10.1)为不变性。

表 10.1 部分实验结果

状态数	转移数	验证时间/s	结果
40	66	0.112	True
100	83	0.934	True
220	285	5.778	True

10.5　软件体系结构动态演化活性的验证

10.5.1　软件体系结构动态演化活性的逻辑描述

本节主要讨论验证软件体系结构动态演化过程中的活性(liveness property),其基于逻辑的定义为:

定义 10.9(软件体系结构动态演化的活性)　软件体系结构动态演化的性质 p 是一个活性,是指存在一个将来演化到的软件体系结构超图 H_m,使得 H_m 满足 p 对应的逻辑命题公式 f,即

$$\exists r \in P^* \wedge \exists m \in \mathbb{N} \wedge H_0 \underset{r}{\rightarrow} H_m \wedge H_m \mid = f$$

其中 P 为软件体系结构的演化规则集,r 为一个软件体系结构的演化规则序列,H_0 为初始软件体系结构超图,¥ 为自然数集。

上述逻辑命题公式用一个计算树逻辑 CTL 公式可表示为:$EF(H_m \mid = f)$,简记为 EFf,即存在一个将来演化到的软件体系结构超图实例 H_m,使得 f 满足,其中 E、F 均为时态逻辑算子,E 表示存在一条路径,F 表示将来。

例 10.4(软件体系结构动态演化活性举例)　在第 10.4.3 节定义的案例系统中,如果一个客户接入本系统,要求使用系统服务,则最终必须有一台服务器提供相应的服务。

为了保证系统的可用性,则必须保证该性质被满足。该性质用逻辑公式可表示为:假设系统初始软件体系结构超图为 H_0,对任意客户 $c_i \in H_t$,H_t 为系统动态演化过程中的某个软件体系结构超图,有

$$\begin{aligned} &\exists r \in P^* \wedge \exists m \in \mathbb{N} \wedge t < m \wedge H_0 \xrightarrow[r]{} H_m \wedge H_m \mid \\ &= (\exists (cc_i \wedge Pc_i \wedge Pcs_i) \wedge (Pc_i(c_i, cc_i) \wedge Pcs_i(cc_i, cs_1)) \\ &\in H_m \wedge \exists (s_j \wedge sc_j \wedge Ps_j \wedge Pss_j) \wedge (Ps_j(sc_j, s_j) \wedge Pss_j(sc_j, cs_j)) \in H_m) \end{aligned} \tag{10.2}$$

其中 cc_i 表示某个客户连接件实体,s_j 表示某个服务器实体,Pc_i、Pcs_i、Ps_j、Pss_j 为通信端口,P 为案例系统中所定义的演化规则集,r 为一个演化规则序列,H_m 为系统动态演化过程中的某个软件体系结构超图。该公式改写为计算树逻辑 CTL 公式如下:

$$\begin{aligned} &EF((\exists (cc_i \wedge Pc_i \wedge Pcs_i) \wedge (Pc_i(c_i, cc_i) \wedge Pcs_i(cc_i, cs_1)) \\ &\in H_m \wedge \exists (s_j \wedge sc_j \wedge Ps_j \wedge Pss_j) \wedge (Ps_j(sc_j, s_j) \wedge Pss_j(sc_j, cs_j)) \in H_m) = EFf \end{aligned} \tag{10.3}$$

10.5.2　软件体系结构动态演化活性的验证算法

为了验证某性质公式 f 是软件体系结构动态演化的活性,则必须验证:在软件体系结构动态演化的状态转移系统 M 中,存在一条由初始状态 s_0(即初始软件体系结构超图 H_0)出发的可达路径,在该路径上,将来存在一个状态,使得该状态满足公式 f。

本章的解决方法是,首先在 M 中找出所有满足逻辑公式 f 的状态,然后按照 M 中的转移

关系进行逆向搜索，如果存在一条路径能逆向达到初始状态 s_0，则验证成立。

为了找出 M 中所有满足逻辑公式 f 的状态，本文设计一个标记性质函数。该函数对 M 的每个状态 s 引入记号函数 $label(s)$，表示 s 上满足的逻辑公式集合，然后再利用深度优先搜索在 M 上进行遍历。开始时 $label(s) = L(s)$，$L(s)$ 是 s 上满足的原子命题集合。接着在每步深度搜索过程中，判断在当前状态 s 是否满足逻辑公式 f，如满足，则 $label(s) = label(s) \cup \{f\}$，否则，不做任何处理。当深度优先遍历结束后，便可找到所有满足公式 f 的状态，即 $f \in label(s)$，则 $s| = f$。该算法如下所示，其中用集合 RS 存放所有访问过的软件体系结构超图实例，避免 M 中的每个可达状态被访问多次，US 为一个栈，存放所有即将访问的软件体系结构超图实例，$\varnothing$ 为空集，ε 为空栈，*push*、*pop*、*top* 为标准的入栈、出栈和取栈顶元素操作。

```
Algorithm 10.2:Label property based on depth first search
```

```
Input:Finite states transition system M = (S, s0, C, R, AP, L),
      initial states0, a propositional logic formula f.
Output:label(s)
```

```
Procedure LabelPropertyDFS (transition system M, state s0, formula f )
RS := ∅;
US := ε;
label(s0) = L(s0);
push(s0, US);
RS := RS∪{s0};
do
  s1 := top(US);
  if post(s1)⊆RS then                     //post(s1)是 s1 的直接后继状态集
    pop(US);
     if s1| = f then
       label(s1) := label(s1)∪{f};        //检测 f 在 s1 处的可满足性
     end if
   else
     let s2 ∈ post(s1) \ RS
     push(s2, US);
     RS := RS∪{ s2};
   end if
 while US ! = ε
end Procedure
```

然后，设计如下算法，判定 f 是否为软件体系结构动态演化的活性：算法按照 M 中的转移关系进行逆向搜索，判断哪些状态满足公式 EFf，即如果 $EFf \in label(s)$，则 $s| = EFf$。若初

始状态 s_0 满足 EFf,则系统满足 EFf,算法返回 yes,表示 f 代表的性质为软件体系结构动态演化的活性,否则,算法返回 no,表示 f 代表的性质不是软件体系结构动态演化的活性。

```
Algorithm 10.3:checking EFf
Input:Finite states transition system M = (S, s0, C, R, AP, L),
      label functionlabel(s), a propositional logic formula f.
Output:yes if M| = EFf, or no
```

```
Procedure CheckEF (transition system M, label function label(s), formula f)
W: = {s| f ∈ label(s);
for each s ∈ W do
  label(s) := label(s) ∪ {EFf};
end for
while W ≠ ∅ do
  choose s ∈ W;
  W := W \ {s};
  for each t such that R(t, s) do               //存在从 t 到 s 的转移
    if EFf ∉ label(t) then
      label(t) := label(t) ∪ {EFf};
      W := W \ {t};
    end if
  end for
end while
if EFf ∈ label(s0) then
  return yes;
else
  return no;
end if
end Procedure
```

算法 10.2 的时间复杂性主要在于深度优先遍历。和第 10.4.2 中算法 10.1 中的处理类似,设在单个状态上检测公司 f 是否满足的复杂度为 $|f|$,用邻接表表示状态转移系统中的后继关系,即 $post(s)$ 用 s 的邻接表表示,则算法 10.2 的时间复杂度为深度优先遍历的时间复杂度乘以判断公式 f 的时间复杂度,即 $O((n+k)*|f|)$,其中 n 为 M 中的可达状态数,即系统软件体系结构动态演化过程中可达的体系结构超图数,k 为 M 中的转移数。类似地,算法 10.3 的时间复杂度也为 $O((n+k)*|f|)$,故整个软件体系结构动态演化活性验证算法的时间复杂度为 $O((n+e)*|f|)$。

10.5.3 实验分析

因为模型检测工具 SPIN 主要是检测线性时态逻辑 LTL 公式,为了运用 SPIN 实现如公

式(10.3)所示的软件体系结构动态演化活性验证,本文对(10.2)所示的逻辑公式进行了微调,将任意客户 c_i加入案例系统时的软件体系结构超图假定为系统初始软件体系结构超图 H_0,则(10.2)所示的逻辑公式可修改为:对任意客户 $c_i \in H_0$,有

$$\exists r \in P^* \wedge \exists m \in \mathbb{N} \wedge H_0 \xrightarrow[r]{} H_m \wedge H_m \mid$$
$$= (\exists (cc_i \wedge Pc_i \wedge Pcs_i) \wedge (Pc_i(c_i, cc_i) \wedge Pcs_i(cc_i, cs_1))$$
$$\in H_m \wedge \exists (s_j \wedge sc_j \wedge Ps_j \wedge Pss_j) \wedge (Ps_j(sc_j, s_j) \wedge Pss_j(sc_j, cs_j)) \in H_m) \tag{10.4}$$

该公式用线性时态逻辑 LTL 公式可表示如下:

$$F((\exists (cc_i \wedge Pc_i \wedge Pcs_i) \wedge (Pc_i(c_i, cc_i) \wedge Pcs_i(cc_i, cs_1))$$
$$\in H_m \wedge \exists (s_j \wedge sc_j \wedge Ps_j \wedge Pss_j) \wedge (Ps_j(sc_j, s_j) \wedge Pss_j(sc_j, cs_j)) \in H_m) = Ff \tag{10.5}$$

则和第 10.4.3 节类似,可运用 SPIN 工具验证性质(10.5)是否为软件体系结构动态演化的活性。表 10.2 为部分实验结果,其中实验机器为 Dell OptiPlex320,双 CPU,主频 1.60 GHz,内存 1 GB。实验结果表明,使用本文方法生成的软件体系结构动态演化条件超图文法,满足如果一个客户接入本系统,要求使用系统服务,则最终必须有一个服务器提供服务,即性质(10.5)为软件体系结构动态演化活性。

表 10.2 部分实验结果

状态数	转移数	验证时间/s	结果
40	81	0.352	True
100	120	1.137	True
200	255	5.378	True

10.6 本章小结

模型检测软件体系结构动态演化已经成为软件体系结构动态演化研究的趋势。如何精确描述软件体系结构动态演化满足的性质,则是模型检测软件体系结构动态演化的重要组成部分。在模型检测中,系统性质通常采用时态逻辑公式进行描述。本章在介绍两种重要的时态逻辑:线性时态逻辑 LTL 和计算树逻辑 CTL 的基础上,讨论了如何运用这两种时态逻辑描述软件体系结构动态演化的相关性质,并以软件体系结构动态演化的不变性和活性为例,给出了相应的定义,并以线性时态逻辑 LTL 公式和计算树逻辑 CTL 公式进行性质描述,然后设计相应的验证算法,讨论了如何运用模型检测技术验证软件体系结构动态演化的相关性质。本章给出的相关验证算法,尤其是基于深度优先搜索的标记性质函数,可为运用模型检测技术验证软件体系结构动态演化的其他性质提供参考。

第 11 章　总结与展望

11.1　总　　结

软件体系结构从较高的抽象层描述了系统的多个方面，从系统的组成如构件、连接件、交互关系到系统的全局组织结构等。软件体系结构已经成为当前复杂软件系统设计过程中的核心部分。因此，如何在软件体系结构层次上刻画、分析软件动态演化也成为软件动态演化研究的关键问题。相比其他的动态演化方法，基于体系结构的软件动态演化从全局角度刻画了系统的配置状态，有利于对系统级特征属性的监控，以及对关键约束是否满足进行检测。然而，当前的软件体系结构动态演化研究还处于早期阶段，还存在诸多问题没有解决。例如，缺乏通用的演化规则和组合演化规则，缺乏演化约束或应用条件的深入分析，很少关注动态演化过程中的冲突检测、效率分析和形式化验证等等。针对这些问题，本文提出了若干软件体系结构动态演化的建模方法和验证方法：

第一，提出了一种基于超图文法的软件体系结构动态演化方法。首先，利用超图表示软件体系结构，设计了基于超图和超图态射的软件体系结构的通用演化规则，包括增加构件、增加连接件、删除构件和删除连接件等通用的原子演化规则，以及替换构件、替换连接件、拆分构件、拆分连接件、重组构件、重组连接件、串行演化和并行演化等通用的组合演化规则，讨论了基于超图文法的软件体系结构动态演化建模过程；

第二，提出了一种基于条件超图文法的软件体系结构动态演化方法。首先建立超图约束的定义，然后运用超图约束表示软件体系结构动态演化的约束，左、右应用条件描述软件体系结构演化规则运用的前断言和后断言，最后并构建条件超图文法刻画软件体系结构的整个动态演化过程；

第三，提出了一种基于临界对的软件体系结构动态演化冲突演化方法。讨论了基于超图文法的软件体系结构动态演化过程中，演化规则运用的冲突定义和冲突特征，建立了软件体系结构动态演化冲突临界对的定义，通过分析临界对的完备性，设计了基于临界对的软件体系结构动态演化冲突的有效检测算法；

第四，提出了一种基于关联矩阵的软件体系结构动态演化方法。从关联矩阵出发，首先建立软件体系结构动态演化的关联矩阵、关联度矩阵等概念，然后给出软件体系结构的关联矩阵、关联度矩阵表示，接着以添加、删除和替换三类基本演化操作为例，给出基于关联矩阵的软件体系结构动态演化方法，并讨论了软体系结构动态演化过程中关联读矩阵的特征，最

后从算法实现的角度,讨论了软件体系结构动态演化实现的相关算法;

第五,提出了一种基于偏序矩阵的软件体系结构动态演化方法。首先介绍了分层软件体系结构动态演化的相关概念,建立了分层软件体系结构的包含关系矩阵、层级关系矩阵等偏序矩阵表示,讨论了描述分层软件体系结构及其动态演化行为的偏序矩阵之间的关系及证明;然后以添加、删除和替换三类基本演化操作为例,给出基于偏序矩阵的分层软件体系结构的动态演化过程,基于偏序矩阵的软件体系结构动态演化方法,并讨论了分层软件体系结构动态演化过程中偏序矩阵的特征,最后从算法实现的角度,讨论了分层软件体系结构动态演化实现的相关算法;

第六,提出了一种基于狼群算法的软件体系结构动态演化方法。首先,综合考虑云服务通用 QoS 属性和负载均衡因素后,构建了一个八维的云服务 QoS 评价指标体系,并分别给出了各个评价指标的量化表达式;接着分析了云服务组合动态演化的流程和几种基本结构,并给出了每种基本结构中云服务 QoS 属性的计算公式;然后采用狼群算法对云服务组合动态演化进行求解,在求解过程中对人工狼的位置采用整数编码的方式来对应候选云服务集中云服务的编号,并对所求的结果做离散化处理;最后针对狼群算法可能陷入局部最优,过早收敛等不足,通过应用信息熵初始化狼群,对游走步长进行自适应修改,引入自适应共享因子和越界处理等,对狼群算法进行改进,采用改进后的狼群算法求解云服务的组合动态演化问题;

第七,提出了一种基于信任的软件体系结构动态演化方法。以面向服务的构件为对象,根据构件在软件体系结构之间的关联关系,将构件之间的信任关系分为直接信任和间接信任两种,主要讨论了基于直接信任和推荐信任的面向服务构件系统动态演化方法。在基于直接信任的构件系统动态演化中,首先给出面向服务的构件直接信任模型,然后建立构件服务信任、构件信任值、构件可信度等定义,接着提出一种面向服务的构件可信度计算方法、面向服务的构件可信演化推理相关机制,以及构件可信度动态更新模型,最后通过案例进行了演示说明。在基于推荐信任的构件系统动态演化中,首先给出面向服务的构件推荐信任模型,然后建立直接信任度、推荐信任度、综合信任度等定义,接着给出推荐信任度和综合信任度的计算方法,最后通过案例进行了演示说明;

最后,提出了一种基于模型检测的软件体系结构动态演化形式化验证方法,为了运用模型检测技术对软件体系结构动态演化进行形式化验证,提出一种软件体系结构动态演化条件超图文法到状态转移系统的映射方法,通过该映射方法,构建了软件体系结构动态演化的状态转移系统,并利用线性时态逻辑 LTL 公式和计算树逻辑 CTL 公式,描述软件体系结构动态演化的不变性和活性,设计相应的验证算法,实现了相关性质的形式化验证。

11.2 展　望

随着外部环境、用户需求和软件系统本身复杂程度的不断加深,软件体系结构动态演化也日益复杂,软件体系结构动态演化也将面临的更大的问题和挑战。尽管本文从通用演化规则、演化规则的应用条件、演化规则运用的冲突检测、分层软件体系结构动态演化、动态演化状态转移系统的构建、动态演化性质的时态逻辑描述及验证算法等方面开展了研究,取得了初步的成果,但依然任重道远,还有很多问题尚待进一步研究。总的来说,后续研究工作主要集中于以下几个方面:

(1)软件体系结构动态演化的支撑环境。尽管当前已有研究者提出并实现了一些软件体系结构动态演化的支撑环境,但这些支撑环境都没有考虑软件体系结构动态演化的条件和冲突问题。因此,下一步的工作是,整合本文中的演化约束、应用条件和冲突检测,实现一个软件体系结构动态演化的支撑环境。

(2)软件体系结构的自适应演化。软件体系结构的自适应演化是未来软件发展的趋势,下一步的研究工作是考虑软件体系结构自适应演化的建模方法,以及相关的理论分析。

(3)软件体系结构动态演化形式化验证的状态空间约简技术。如何采用有效的约简方法,减少软件体系结构动态演化生成的状态空间,是下一步模型检测软件体系结构动态演化需要重点研究的内容。

参 考 文 献

[1] GODFREY, MICHAEL W, GERMAN, et al. The past, present, and future of software evolution[C]//Proceedings of the 24th IEEE International Conference on Software Maintenance. Piscataway:IEEE Computer Society, 2008.

[2] WANG Q X, HUANG G, SHEN J R, et al. Runtime software architecture based software online evolution[C]// Beijing: Proceedings of the 27th Annual International Computer Software and Applications Conference, 2003.

[3] 徐洪珍, 曾国荪. 基于超图文法的软件体系结构动态演化[J]. 同济大学学报(自然科学版), 2011, 39(5): 745 -750.

[4] 徐洪珍, 曾国荪, 陈波. 软件体系结构动态演化的条件超图文法及分析[J]. 软件学报, 2011, 22(6): 1210 -1223.

[5] XU H Z, ZENG G S. Modeling and verifying composite dynamic evolution of software architectures using hypergraph grammars[J]. International Journal of Software Engineering and Knowledge Engineering, 2013, 23(6): 775 -799.

[6] XU H Z, SONG W L, LIU Z Q. A specification and detection approach for parallel evolution conflicts of software architectures [J]. International Journal of Software Engineering and Knowledge Engineering, 2017, 27(3):373 -398.

[7] GROTTKE M, MATIAS R, TRIVEDI K S. The fundamentals of software aging[C]// Proceedings of the 1st International Workshop on Software Aging and Rejuvenation/19th IEEE International Symposium on Software Reliability Engineering. Piscataway: IEEE Computer Society, 2008.

[8] LEHMAN M M, PERYY D E, RAMIL J F. Metrics and laws of software evolution - the nineties views[C]//Proceeding of the 4th International Symposium on Software Metrics. Piscataway:IEEE Computer Society, 2000.

[9] SALEHIE M, TAHVILDARI L. Self - adaptive software: landscape and research challenges [J]. ACM Transactions on Autonomous and Adaptive Systems, 2009, 4(2): 1 -42.

[10] 张海藩, 牟永敏. 软件工程导论[M]. 6 版. 北京:清华大学出版社, 2013.

[11] IEEE Std 1219 -1998: IEEE Standard for Software Maintenance[EB/OL]. The Institute of Electrical and Electronics Engineers, Inc., New York, NY, 1998. 14.

[12] LEHMAN M M, RAMIL J F. Software evolution—background, theory, practice[J]. Information Processing Letters, 2003, 88(1 -2): 33 -44.

[13] 李长云，何频捷，李玉龙．软件动态演化技术[M]．北京:北京大学出版社，2007.

[14] LEHMAN M, RAMIL J F, KAHEN G. Evolution as a noun and evolution as a verb[C]//Proceeding of Workshop on Software and Organization Co - evolution (SOCE). London: Imperial College London, 2000.

[15] BUCKLEY J, MENS T, ZENGER M, et al. Towards a taxonomy of software change[J]. Journal of Software Maintenance and Evolution: Research and Practice, 2005, 17(5): 309 - 332.

[16] MADHAVJI N H, RAMIL J F, PERRY D E. Software evolution and feedback: theory and practice[M]. New York: John Wiley&Sons, 2006.

[17] MENS T. Introduction and roadmap: history and challenges of software evolution[M]// MENS T, DEMEYER S. Software Evolution, chapter 1. Berlin:Springer, 2008.

[18] BREIVOLD H P, CRNKOVIC, I LARSSON M. A systematic review of software architecture evolution research[J]. Information and Software Technology, 2012, 54(1): 16 - 40.

[19] 王怀民，史佩昌，丁博,等．软件服务的在线演化[J]．计算机学报，2011，34(2): 318 - 328.

[20] DOWLING J, CAHILL V, CLARKE S. Dynamic software evolution and the k - component model[C]//Proceedings of OOPSLA 2001 Workshop on Software Evolution. New York: Association for Computing Machinery, 2001.

[21] ALLEN R, GARLAN D. A formal basis for architectural connection[J]. ACM Transaction on Software Engineering Notes, 1992, 6(3):214 - 249.

[22] SHAW M, GARLAN D. Software architecture: perspective on an emerging discipline[M]. New York: Prentice Hall, 1996.

[23] 孙昌爱，金茂忠，刘超．软件体系结构研究综述[J]．软件学报，2002，13(7): 1228 - 1237.

[24] KRUCHTEN P, OBBINK H, STAFFORD J. The past, present and future of software architecture[J]. IEEE Software, 2006, 23(2): 22 - 30.

[25] 汪玲．基于 Bigraph 的面向方面动态软件体系结构建模与演化研究[D]．苏州:苏州大学，2010.

[26] PERRY D E, WOLF A L. Foundations for the study of software architecture[J]. ACM SIGSOFT Software Engineering Notes, 1992, 17(4):40 - 52.

[27] KRUCHTEN P. Architectural blueprints—the"4 + 1" view model of software architecture [J]. IEEE Software, 1995, 12(6):42 - 50.

[28] GARLAN D, PERRY D. Introduction to the special issue on software architecture[J]. IEEE Transactions on Software Engineering,1995, 21(4):269 - 274.

[29] BASS L, CLEMENTS P, KAZMAN R. Software architecture in practice[M]. Boston: MA Addison Wesley in the SEI Series, 1998.

[30] IEEE. IEEE Glossary of Software Engineering Terminology[EB/OL], 610.12 - 1990, 1998.

[31] ROSHANDEL R, HOEK A V D, MIKIC - RAKIC M, et al. Mae—a system model and

environment for managing architectural evolution [J]. ACM Transactions on Software Engineering and Methodology, 2004, 13(2): 240 - 276.

[32] ABOWD G D, ALLEN R, GARLAN D. Using style to understand descriptions of software architectures[J]. ACM Software Engineering Notes, 1993, 18(5): 9 - 20.

[33] LI B, LIAO L, YU X. A verification - based approach to evaluate software architecture evolution[J]. Chinese Journal of Electronics, 2017, 26(3):485 - 492.

[34] BEHNAMGHADER P, LE D M, GARCIA J, et al. A large - scale study of architectural evolution in open - source software systems[J]. Empirical Software Engineering, 2017, 22(3): 1146 - 1193.

[35] GOMAA H, HUSSEIN M. Software reconfiguration patterns for dynamic evolution of software architectures [C] // Proceedings of the 4th Working IEEE/IFIP Conference on Software Architecture (WICSA'04). Piscataway:IEEE Computer Society, 2004.

[36] OREIZY P, MEDVIDOVIC N, TAYLOR R N. Architecture - based runtime software evolution[J]. Proceedings of the 20th international conference on Software engineering. 1998:177 - 186.

[37] FALCARIN P, ALONSO G. Software architecture evolution through dynamic AOP[J]. Lecture Notes in Computer Science, 2004, 3047: 57 - 73.

[38] GARLAN D. Software architecture: a roadmap[C]//Proceedings of the Conference of the Future of Software Engineering. New York:Association for Computing Machinery, 2000.

[39] 李长云. 基于体系结构的软件动态演化研究[D]. 杭州:浙江大学, 2006.

[40] HALIMA R B, JMAIEL M, DRIRA K. Graphical simulation of the dynamic evolution of the software architectures specified in Z [C] // Proceedings of the 8th International Workshop on Principles of Software Evolution. Piscataway:IEEE Computer Society,2005.

[41] 程晓瑜,曾国荪,徐洪珍. 基于 Delta - Grammar 的软件体系结构演化的描述[J]. 计算机科学,2010,37(9): 127 - 130, 150.

[42] CANAL C, PIMENTEL E, TROYA J M. Specification and refinement of dynamic software architectures[C]//Proceedings of the TC_2 First Working IFIP Conference on Software Architecture. Boston:Spring - Verlag. 1999.

[43] MEDVIDOVIC N, TAYLOR R N. A classification and comparison framework for software architecture description languages[J]. IEEE Transactions on Software Engineering, 2000, 26(1):70 - 93.

[44] LUCKHAM D C. Rapide: a language and toolset for simulation of distributed systems by partial orderings of events[C]//Proceedings of the DIMACS Workshop on Partial Order Methods in Verification. Providence: American Mathematical Society, 1997.

[45] GARLAN D, MONROE R, WILE D. Acme: an architecture description interchange language[C]//Proceedings of CASCON First Decade High Impact Papers (CASCON'10). Toronto: IBM Canada Software Laboratory, 2010.

[46] DASHOFY E M, HOEK A V D, TAYLOR R N. A highly – extensible, XML – based architecture description language[C]//Proceedings of the Working IEEE/IFIP Conference on Software Architecture (WISCA'01). Piscataway:IEEE Computer Society, 2001.

[47] MILADI M N, KRICHEN I, JMAIEL M, et al. An xADL Extension for managing dynamic deployment in distributed service oriented architectures. Lecture Notes in Computer Science[C] Berlin: Springer – Verlag, 2010.

[48] OQUENDO F. π – ADL: an architecture description language based on the higher – order typed π – calculus for specifying dynamic and mobile software architectures[J]. ACM Sigsoft Software Engineering Notes, 2004, 29 (4): 1 – 14.

[49] MEI H, CHEN F, WANG Q X, et al. ABC/ADL: an ADL supporting component composition[C]//Lecture Notes in Computer Science. Berlin: Springer – Verlag, 2002.

[50] 王晓光,冯耀东,梅宏. ABC/ADL:一种基于 XML 的软件体系结构描述语言[J]. 计算机研究与发展,2004 41(9): 1522 – 1531.

[51] CORTELLESSA V, MARCO A D, INVERARDI P, et al. Using UML for SA – based modeling and analysis [C] // Proceedings of International Workshop on Software Architecture Description & the 7th International Conference on UML Modeling Languages and Applications. Berlin:Springer – Verlag, 2004.

[52] KACEMM H, KACEM A H, JMAIEL M, et al. Describing dynamic software architectures using an extended UML model[C]//Proceedings of 21st Annual ACM Symposium on Applied Computing. New York:Association for Computing Machinery, 2006.

[53] MILADI M N, JMAIEL M, KACEM M H. A UML profile and a Fujaba plugin for modelling dynamic software architectures[C]//Proceedings of the Workshop on Model – Driven Software Evolution. Piscataway:IEEE Computer Society, 2007.

[54] AYED D, BERBERS Y. UML profile for the design of a platform – independent context – aware applications[C]//Proceedings of the 1st workshop on MOdel Driven Development for Middleware (MODDM'06). New York:Association for Computing Machinery, 2006.

[55] ANASTASAKIS K, BORDBAR B, GEORG G, et al. UML2Alloy: a challenging model transformation [C]// Lecture Notes in Computer Science. Berlin:Springer – Verlag, 2007.

[56] MéTAYER D L. Describing software architecture styles using graph grammars[J]. IEEE Transactions on Software Engineering, 1998, 24(7): 521 – 533.

[57] WERMELINGER M, FIADEIRO J L. A graph transformation approach to software architecture reconfiguration[J]. Science of Computer Programming, 2002, 44(2): 133 – 155.

[58] BRUNI R, BUCCHIARONE A, GNESI S, et al. Modelling dynamic software architectures using typed graph grammars[J]. Electronic Notes in Theoretical Computer Science, 2008, 213 (1):39 – 53.

[59] PELLICCIONE P, INVERARDI P, MUCCINI H. Charmy: a framework for designing and verifying architectural specifications[J]. IEEE Transactions on Software Engineering,

2009, 35(3): 325 -346.

[60] 马晓星, 曹春, 余萍, 等. 基于图文法的动态软件体系结构支撑环境[J]. 软件学报, 2008, 19(8): 1881 -1892.

[61] XU H Z, ZENG G S, CHEN B. Description and Verification of Dynamic Software Architectures for Distributed Systems[J]. Journal of Software, 2010, 5(7): 721 -728.

[62] JENSEN O H, MILNER R. Bigraphs and mobile processes (revised) [EB/OL]. Computer Laboratory, University of Cambridge, Cambridge: Technical Report UCAM2CL2TR2580, 2003.

[63] AGUIRRE N, MAIBAUM T. A temporal logic approach to the specification of reconfigurable component - based systems[C]// Proceedings of the 17th IEEE International Conference on Automated Software Engineering. Piscataway:IEEE Computer Society, 2002.

[64] DORMOY J, KOUCHNARENKO O,LANOIX A. Using temporal logic for dynamic reconfigurations of components[C]// Lecture Notes in Computer Science. Berlin:Springer - Verlag, 2012.

[65] CANAL C, PIMENTEL E, TROYA J M. Specification and refinement of dynamic software architectures[C]//Proceedings of the TC2 First Working IFIP Conference on Software Architecture. Boston:Springer - Verlag, 1999.

[66] 王映辉,刘瑜, 王立福. 基于不动点转移的 SA 动态演化模型[J]. 计算机学报, 2004, 27(11): 1451 -1456.

[67] 曾晋, 孙海龙, 刘旭东, 等. 基于服务组合的可信软件动态演化机制[J]. 软件学报, 2010, 21(2): 261 -276.

[68] CAZZOLA W, SAVIGNI A, SOSIO A, et al. Architectural reflection: concepts, design, and evaluation [EB/OL]. Technical Report RI - DSI 234 - 99, DSI, University degli Studi di Milano, May 1999.

[69] SADOU N, TAMZALIT D, OUSSALAH M. A unified approach for software architecture evolution at different abstraction levels[C]// Proceedings of the Eighth International Workshop on Principles of Software Evolution. Piscataway:IEEE Computer Society, 2005.

[70] 黄罡,梅宏,杨芙清. 基于反射式软件中间件的运行时软件体系结构[J]. 中国科学, E辑:技术科学, 2004, 34 (2):121 -138.

[71] 余萍, 马晓星, 吕建,等. 一种面向动态软件体系结构的在线演化方法[J]. 软件学报, 2006, 17(6): 1360 -1371.

[72] WU Y J, PENG X, ZHAO W Y. Architecture evolution in software product line: an industrial case study[C]// Lecture Notes in Computer Science. Berlin:Springer - Verlag, 2011.

[73] EHRIG H, EHRIG K, PRANGE U, et al. Fundamentals of algebraic graph transformation [M]. Monographs in Theoretical Computer Science. Heidelberg:Springer,2006.

[74] HOARE C A R. Communicating sequential processes[M]. New York:Prentice Hall, 1985.

[75] HIRSCH D, MONTANARI U. Shaped hierarchical architectural design[J]. Electronic Notes

in Theoretical Computer Science. 2004, 109: 97 - 109.

[76] FIELDING R T, TAYLOR R N, ERENKRANTZ J R, et al. Reflections on the REST architectural style and principled design of the modern web architecture (impact paper award) [C] // Proceedings of the 2017 11th Joint Meeting on Foundations of Software Engineering. New York: Association for Computing Machinery, 2017.

[77] RHODE M G, PRESICCE F P, SIMEONI M. Formal software specification with refinements and modules of typed graph transformation systems [J]. Journal of Computer and System Sciences, 2002, 64(2): 171 - 218.

[78] EHRIG H, HECKEL R, KORFF M, et al. Algebraic approaches to graph transformation. Part II: single pushout approach and comparison with double pushout approach, Handbook of graph grammars and computing by graph transformation: volume I. foundations[M]. River Edge: World Scientific Publishing, 1997.

[79] MELLOR - CRUMMEY J M, SCOTT M L. Algorithms for scalable synchronization on shared - memory multiprocessors [J]. ACM Transactions on Computer Systems, 1991, 9(1): 21 - 65.

[80] PARAKKAL G, ZHU R, KAPOOR S G, et al. Modeling of turning process cutting forces for grooved tools[J]. International Journal of Machine Tools and Manufacture, 2002, 42 (2): 179 - 191.

[81] BONNER A J, KIFER M. A logic for programming database transactions. In Logics for databases and information systems [M]. Jan Chomicki and Gunter Saake (Eds.). Norwell: Kluwer Academic Publishers, 1988.

[82] HABEL A, HECKEL R, TAENTZER G. Graph grammars with negative application conditions [J]. Fundamenta Informaticae, 1996, 26: 287 - 313.

[83] TIBERMACINE C, FLEURQUIN R, SADOU S. Preserving architectural choices throughout the component - based software development process [C] // Proceedings of the 5th Working IEEE/IFIP Conference on Software Architecture. Piscataway: IEEE Computer Society, 2005.

[84] ZHANG J, CHENG B H C. Using temporal logic to specify adaptive program semantics [J]. Journal of Systems and Software, 2006, 79(10): 1361 - 1369.

[85] PAIGE R F, BROOKE P J, JONATHAN S, et al. Metamodel - based model conformance and multiview consistency checking[J]. ACM Transactions on Software Engineering and Methodology, 2007, 16(3): 1 - 49.

[86] The Attributed Graph Grammar System: A Development Environment for Attributed Graph Transformation Systems[EB/OL]. http://www. user. tu - berlin. de/o. runge/AGG/.

[87] 徐洪珍，朱雪琴，宋文琳. 一种软件体系结构并行演化冲突的检测方法，201210319784.5[P]. 2012 - 12 - 19.

[88] MENS T, D'HONDT T. Automating support for evolution in UML [J]. Automated Software Engineering, 2000, 7(1): 39 - 59.

[89] MENS T, TAENTZER G, RUNGE O. Detecting structural refactoring conflicts using critical pair analysis[J]. Electronic Notes in Theoretical Computer Science, 2005, 127(3): 113 – 128.

[90] PLUMP D. Hypergraph rewriting: critical pairs and undecidability of confluence[M]. New Jersey:John Wiley sons, Ltd, 1993.

[91] HUET G. Confluent reductions: confluent reductions: abstract properties and applications to term rewriting systems[J]. Journal of the ACM, 1980, 27(4): 797 – 821.

[92] 徐洪珍,王晓燕,陈利平,等. 一种基于关联矩阵的软件体系结构动态演化方法:中国,201210298318.3[P]. 2012 – 12 – 19.

[93] 陈利平, 徐洪珍. 基于关联矩阵的软件体系结构动态演化及其实现[J]. 计算机应用研究,2013, 30(9): 2726 – 2729.

[94] 陈利平. 基于矩阵演算的软件体系结构动态演化及实现[D]. 南昌:东华理工大学, 2013.

[95] 徐洪珍,宋文琳,陈利平,等. 一种分层软件体系结构的动态演化方法:中国,201310244243.5[P]. 2013 – 09 – 04.

[96] 曲开社, 翟岩慧. 偏序集、包含度与形式概念分析[J]. 计算机学报, 2006, 29(2): 219 – 226.

[97] JOSEP A D, KATZ R A D, KONWINSKI A D, et al. A view of cloud computing[J]. Communications of the ACM, 2010, 53(4).

[98] CALINESCU R, GHEZZI C, JOHNSON K, et al. Formal verification with confidence intervals to establish quality of service properties of software systems [J]. IEEE Transactions on Reliability, 2016, 65(1): 107 – 125.

[99] CHEN T, BAHSOON R. Self – adaptive and online qos modeling for cloud – based software services[J]. IEEE Transactions on Software Engineering, 2016, 43(5): 453 – 475.

[100] RIMAL B P, CHOI E, LUMB I. A Taxonomy and Survey of Cloud Computing Systems[C]// Proceedings of the Fifth International Joint Conference on Inc, Ims and IDC. Piscataway: IEEE Computer Society, 2009.

[101] 徐洪珍, 宋文琳, 王晓燕,等. 云服务组合方法: 中国,201810964960.8 [P]. 2019 – 02 – 15.

[102] 徐洪珍,李星星,邹国华,等. 基于改进狼群算法的云服务系统自适应演化方法: 中国,201810964938.3 [P]. 2019 – 02 – 15.

[103] 李星星. 基于狼群算法的云服务组合研究[D]. 南昌:东华理工大学, 2018.

[104] 吴虎胜, 张凤鸣, 吴庐山. 一种新的群体智能算法:狼群算法[J]. 系统工程与电子技术, 2013, 35(11): 2430 – 2438.

[105] DA SILVA A S, MOSHI E, MA H, et al. A QoS – aware web service composition approach based on genetic programming and graph databases [C] // Proceedings of International Conference on Database and Expert Systems Applications. Cham:Springer Nature, 2017.

[106] 简琤峰, 王斌, 张美玉,等. 一种求解云服务组合全局 QoS 最优问题的改进杂交粒

子群算法[J]. 小型微型计算机系统, 2017, 38(7):1562 - 1567.

[107] TAO F, ZHAO D, HU Y, et al. Resource Service Composition and Its Optimal - Selection Based on Particle Swarm Optimization in Manufacturing Grid System[J]. IEEE Transactions on Industrial Informatics, 2009, 4(4):315 - 327.

[108] 王国胤, 于洪, 杨大春. 基于条件信息熵的决策表约简[J]. 计算机学报, 2002, 25(7):759 - 766.

[109] 刘卫宁, 李一鸣, 刘波. 基于自适应粒子群算法的制造云服务组合研究[J]. 计算机应用, 2012, 32(10):2869 - 2874.

[110] 徐洪珍,许杰云,张一坤,等. 一种面向服务协同演化的软件构件可信度计算系统: 中国,201510040561.9[P]. 2015 - 04 - 29.

[111] 蔡文华, 徐洪珍. 面向服务的构件可信演化策略[J]. 计算机应用与软件,2016,33(4): 11 - 13,55.

[112] 蔡文华. 面向服务的软件体系结构可信演化及其实现[D]. 南昌:东华理工大学, 2015.

[113] 郑志明, 马世龙, 李未,等. 软件可信性动力学特征及其演化复杂性[J]. 中国科学(F 辑:信息科学), 2009, 39(9):946 - 950.

[114] CALINESCU R, WEYNS D, GERASIMOU S, et al. Engineering trustworthy self - adaptive software with dynamic assurance cases[J]. IEEE Transactions on Software Engineering, 2017, 44(11): 1039 - 1069.

[115] FERRY N, SOLBERG A, SONG H, et al. ENACT: Development, Operation, and Quality Assurance of Trustworthy Smart IoT Systems[C]//Proceedings of International Workshop on Software Engineering Aspects of Continuous Development and New Paradigms of Software Production and Deployment. Cham: Springer, 2018.

[116] GAMBETTA D. Can We Trust Trust? [J]. Trust Making & Breaking Cooperative Relations, 1988: 213 - 237.

[117] BARAIS O, LEMEUR A F, DUCHIEN L,et al. Software Architecture Evolution[M]. Berlin: Springer - Verlag, 2008.

[118] ZHANG P, MUCCINI H, LI B. A classification and comparison of model checking software architecture techniques[J]. Journal of Systems and Software, 2010, 83(5): 723 - 744.

[119] 徐洪珍, 曾国荪, 王晓燕. 一种演化超图文法到状态转移系统的映射方法[J]. 软件学报,2016, 27(7):1772 - 1788.

[120] KEIM J, KOZIOLEK A. Towards consistency checking between software architecture and informal documentation[C]//Proceedings of 2019 IEEE International Conference on Software Architecture Companion (ICSA - C). Piscataway: IEEE Computer Society, 2019.

[121] QUILBEUF J, CAVALCANTE E, TRAONOUEZ L M, et al. A logic for the statistical

model checking of dynamic software architectures [C] // Proceedings of International Symposium on Leveraging Applications of Formal Methods. Cham: Springer Nature, 2016.

[122] CAVALCANTE E, QUILBEUF J, TRAONOUEZ L M, et al. Statistical model checking of dynamic software architectures[C]//Proceedings of European Conference on Software Architecture. Cham: Springer Nature, 2016.

[123] CHEN L, HUANG L, LI C, et al. Self - adaptive architecture evolution with model checking: A software cybernetics approach[J]. Journal of Systems & Software, 2017, 124(FEB.):228 - 246.

[124] CLARKE E M, EMERSON E A, SISTLA A P. Automatic verification of finite state concurrent systems using temporal logic specifications [C] // Proceedings of the 10th Annual ACM Symposium on Principles of Programming Languages. New York: Association for Computing Machinery, 1983.

[125] FLOYD R W. Assigning meaning to programs[C]//Proceedings of the Symposium on Applied Mathematics. New York:Association for Computing Machinery, 1967.

[126] COUSOT P, COUSOT R. Abstract interpretation: a unified lattice model for static analysis of programs by construction or approximation of fixpoints[C]// Proceedings of the 4th ACM SIGACT - SIGPLAN Symposium on Principles of Programming Languages. New York: Association for Computing Machinery,1977.

[127] CLARKE E, GRUMBERG O, PELED D. Model checking [M]. Cambridge:MIT Press, 2000.

[128] 林惠民,张文辉. 模型检测:理论、方法与应用[J]. 电子学报, 2002, 30(12A): 1907 - 1912.

[129] INVERARDI P, MUCCINI H, PELLICCIONE P. Automated check of architectural models consistency using spin[C]// Proceedings of the 16th IEEE International Conference on Automated Software Engineering. Piscataway:IEEE Computer Society, 2001.

[130] HOLZMANN G. The model checker SPIN[J]. IEEE Transactions on Software Engineering, 1997, 23(5): 279 - 295.

[131] BOSE P. Automated translation of UML models of architectures for verification and simulation using SPIN[C]//Proceedings of the 14th IEEE international conference on Automated software engineering. Piscataway:IEEE Computer Society, 2002.

[132] HE X, DING J, DENG Y. Model checking software architecture specifications in SAM [C]//Proceedings of the 14th International Conference on Software Engineering and Knowledge Engineering. New York: Association for Computing Machinery, 2002.

[133] MCMILLAN K L. Symbolic model checking[M]. Boston:Kluwer Academic Publishers, 1993.

[134] MATEESCU R, OQUENDO F. π - AAL: an architecture analysis language for formally specifying and verifying structural and behavioural properties of software architectures

[J]. ACM SIGSOFT Software Engineering Notes, 2006, 31(2): 1 - 19.

[135] BUCCHIARONE A, GALEOTTI J P. Dynamic software architectures verification using DynAlloy[C]//Proceedings of the 7th International Workshop on Graph Transformation and Visual Modeling Techniques. Berlin:Technical University of Berlin, 2008.

[136] FRIAS M, GALEOTTI J P, LOPEZ POMBO C G, et al. DynAlloy: upgrading Alloy with actions[C]//Proceedings of the 27th ACM - IEEE International Conference on Software Engineering (ICSE 2005). New York:Association for Computing Machinery, 2005.

[137] 周立, 陈湘萍, 黄罡,等. 支持协商的网构软件体系结构行为建模与验证[J]. 软件学报, 2008, 19(5): 1099 - 1112.

[138] LUO C, MA X, TIAN Y, et al. A Variation of Quicksort for Model Checking with Promela and SPIN[C]//Proceedings of 2018 IEEE International Conference of Safety Produce Informatization (IICSPI). Piscataway:IEEE Computer Society, 2018.

[139] MCMILLAN K L. Symbolic model checking: an approach to the state explosion problem [EB/OL]. Carnegie - Mellon Univeristy, Department of Computer Science, Report CMU - CS - 92 - 131, 1992.

[140] BÖRGER E, STARK R F. Abstract state machines: a method for high - level system design and analysis[M]. New York:Springer - Verlag, 2003.

[141] BAETEN J C M, BERGSTRA J A, KLOP J W. Decidability of bisimulation equivalence for process generating context - free languages[J]. Journal of the ACM, 1993, 40(3): 653 - 682.

[142] MAHDAVI - HEZAVEHI S, AVGERIOU P, WEYNS D. A classification framework of uncertainty in architecture - based self - adaptive systems with multiple quality requirements[M]. Sam Francisco: Morgan Kaufmann Publishers, 2017.